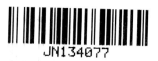

電気接触現象とその表面・界面

―接触機構デバイスの基礎と応用―

玉井 輝雄　著

コロナ社

ま　え　が　き

電気接触とはいわゆる電気接点であって，電気回路を接続したり切り離したりするものである。大きく静止接触部，開閉接触部，摺動接触部の三つに分けられ，すべての電気機器になくてはならない機能を持っている。5 mm 立方ぐらいの小さなリレー（継電器）から大きな遮断器や，プリント基板に張り付けるテープのような微小なコネクタから大きな電線を遮断機や断路器につなぐコネクタ，マイクロモータのブラシとスリップリングから鉄道の架線とパンタグラフのすり板に至る摺動接触部など，いろいろな形状，大きさやさまざまな形の電気接触部がある。これらは信頼性を高く保つ必要があり，不良が生じては機器本体の特性が維持できないほど重要である。

電気接触部で生じる接触現象の問題の存在の指摘は非常に古く，1800 年代の，オームの法則を発見したドイツのオーム（G. S. Ohm）博士や，ストックホルムのエールステッド（H. C. Øersted）教授にさかのぼる。オームはいみじくも一つの提言をしている。それは，接触部が清浄であることが肝要で，錆びたり油で汚れていてはいけないと。これは，人類が電気現象を手中に収めたそのときからついてまわってきているということである。つまり，電気の歴史とともに歩んでいる。それゆえ，電気接触の問題には華やかさはない。「電気接点は古臭い問題で，いまだになにをやっているのか」と。接触部はその構造が一見単純に見られるが，そこで起きている現象は，本書で取り上げているようにたいへん複雑である。振り返って見れば，電気接触部に使われる金属材料やその接触部が関係する電気条件などはたいへん広く，さらに接触部にかかる荷重や摺動は接触部が用いられる機械に多くの場合依存している。このような不特定な状況で，周囲の環境には接触表面に悪影響を及ぼす気体で満ち満ちている。

「接触現象の研究は間口を広く取り，深く掘り下げることは犠牲にする」といわれたことがあった。接触部材料の金属材料，電気負荷条件，形状を取ってみても間口が広いので，このようなことがいわれたものと思う。浅く研究せよということでは本質を見誤ってしまう。このような非科学的思想が流布されていた時代があった。また，学会を牛耳り電気接触の世界は自分一人ということもあった。このような状況下では，この分野の学術研究の進展がずいぶん遅れたと思われる。

電気機械が進歩し接触部もその影響を強く受ける。しかし，接触問題がなくなることはなく，200年来の対応が繰り返されるのである。接触不良が出現するとその問題を解決すべく頑張るが，それが解決すると，その周辺を広く研究するが現象や法則の発見につながらない。このように考えれば，電気接触現象は科学でもなく学術問題でもないといわれそうであるが，一つひとつの現象にはその意味があり，突き詰めて究明すれば現象や法則の発見もある。これを系統的にまとめると，学問すなわちサイエンスとしての学術的大系が構築される。

この種の著作には，古くはホルム（Ragner Holm）博士の「Electrical Contact」，最近ではスレイド（P. Slade）博士の「Electrical Contact - Application and Fundamentals」などの大作はあるが，Slade氏は自身が筆者として，また編者として各章ごとにその道の権威を駆使して総合的にまとめたものである。電気接触現象は接触部材料，接触抵抗，放電現象，発熱，汚染気体や塵埃などの環境問題等々と非常に間口が広く，また奥がたいへん深いのが特徴である。これに対して本書では，筆者の単著としてまとめたので，筆者の専門を中心として表面科学，接触抵抗を本書の内容の柱としてとらえてまとめた。したがって，広く接触問題を勉強しようとする人々にとっては必ずしも十分とはいえないかもしれない。

本書では筆者の専門から，微弱電気条件から低電気条件までの範囲の接触部問題を中心に取り上げた。本書は10年以上前に出版される予定であったが，筆者が転職し，執筆に時間が取れない事情があり，すべての公職から離れて取り組もうとしたとき，すでに遅し，執筆へのエネルギーが減退し始めたのであった。しかし，定年直前に IEEE（アメリカ電子電気学会）から Holm Scientific Achievement Award を受賞（2010 年）したので，この際，準備した資料をまとめなければと，コロナ社の皆様にたいへんなご迷惑をおかけしながら，やっとの思いでここに形となることができた。本書の特徴は，広く接触現象全体を網羅することなく，筆者が推し進めた研究を中心にまとめたものである。

読者の皆様方が本書を手に取っていただき，少しでもお役に立てればと望む次第である。間違いなどがあればご指摘をいただければ幸甚である。

本書の企画立案から今日に至るまで，終始お世話になりましたコロナ社の方々ならびに，電子情報通信学会をはじめとする諸学会，研究会，国際会議，Holm 会議，筆者が代表を務める継電器・コンタクトテクノロジ研究会を支える賛助会の皆様や毎回の研究会でご講演いただく諸氏に心身より御礼申し上げます。最後に，本書をまとめるにあたり強く後ろから押してくれた妻富子にも感謝いたします。

2019 年 3 月　千葉県柏にて

玉井 輝雄

目　　　次

1. 電気接触現象とその解明に尽力した人々

2. 接触表面の性質

3. 金属表面どうしの接触

4. 接触部の導電機構

5. 接触境界部の発熱現象

6. 接触抵抗の印加電気条件依存性

7. 接触部皮膜の機械的特性と低接触抵抗の回復

8. 表面を覆う汚染皮膜の厚さの測定

9. 接触面に対する湿度の影響

10. 低温下の接触抵抗特性

11. めっき表面の接触現象

12. 真の接触境界部を介しての摩擦と接触抵抗の関係

13. シリコーン汚染と接触障害

1. 電気接触現象とその解明に尽力した人々

電気接触現象がいつのころから認識され，それがどのような不都合を引き起こしたか，さらに科学技術史上のどのような人々がこの問題に関係し，どのように解決したかを知ることは興味深いことである。電気接触はすべての電気や電気機器の応用に関係している基本であるので，本章では，その歴史を取り上げ，ついで，接触現象とその応用の大家，ラグナー・ホルム（Ragnar Holm）博士の生涯を中心に，この問題に概括的に説明することを試みた。

接触現象は，電気の黎明期に電気現象を研究する研究者の実験装置の接触不良による不具合でその問題の存在が認識され，電気の応用の歴史とともに電気機器の不具合として大きな問題となって，現在にまで至っている。この間，電気接触の現象の問題は接触抵抗の解明という観点からここ100年でたいへん進んできている。ここで，ホルム博士の業績は特筆に値する。その原点は，オームの法則を発見したミュンヘン工科大学のオーム（Georg Simon Ohm）教授にある。

特に，本章ではこれらの偉人について多くの紙面を割くこととする。

1.1 歴史に見る電気接触現象

1.1.1 ガルバニーの発見

電気といえば雷，摩擦帯電などしかない時代の1791年にイタリアのボローニァ（Bologna）大学医学部の外科教授のガルバニー（Luigi Aloysio Galvani；1737～1798）がカエルの足をピンセットでつまんだときから，人類の電気との関わりが身近に始まったといえる。確かに，それ以前でも摩擦電気を発電さ

図 1.1　ルイージ・ガルバニー（Luigi Aloysio Galvani；1737 年 9 月 9 日 ～ 1798 年 12 月 4 日）（イタリアのボローニァ出身，ボローニァ大学医学部外科教授。医師，物理学者[1)]）

せ，放電現象を体感することが可能であった。ガルバニーの肖像を**図 1.1** に示す[1)†]。

ガルバニーは，ピンセットでカエルの足をつまんだときにカエルの足が，**図 1.2**[1)] に示すように，ぴくぴく動くことを見つけたのである。当時，電気ウナギや電気ナマズが発電し，体内の細胞にその原因があることがわかっていた。そこで，ガルバニー教授は直感的にカエルの足が電気を発生しているとしたのである。これで，ガルバニーは電気の世界からその名が消えたのである。確かに，微小な電流を測定するのに，最近まで彼の名を冠したガルバノメータなるものがあった。しかしそのくらいである。

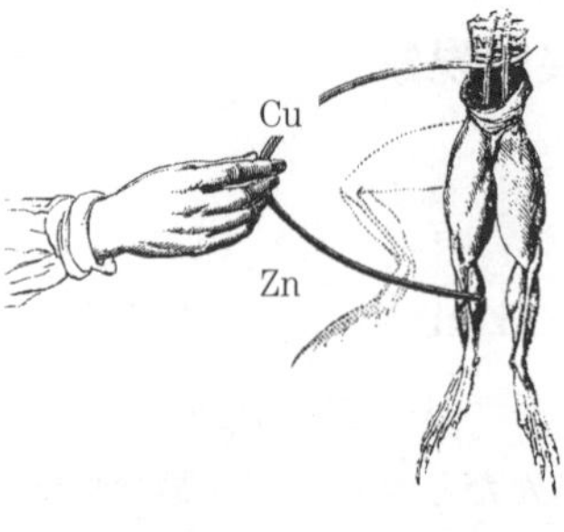

図 1.2　ガルバニーの実験（Cu と Zn からなるピンセットで触れるとカエルの足が動いた[1)]）

† 肩付きの数字は，章末の引用・参考文献を表す。

このカエルの足の現象に対して，同じくイタリアのパビア（Pavia）大学物理学教授のヴォルタ（Alessandro Volta；1745 ～ 1827，**図 1.3**）はカエルの足をつまんだピンセット側に原因があると唱えた。ここで，このピンセットは一方の足が Cu 製で，他方が Zn 製であった [2)]。すなわち，異種金属の接触で，接触電位が生じていたのである。これはピンセットの防食のためであったのか。この発見は電池の実現へと導いた。すなわち，ヴォルタの電池であって，単位電池を積み重ねたものが**図 1.4** に示すヴォルタの電堆である。電池の発明によって，人類は机の上で容易に電気を発生させることができるようになったのである [2)]。

図 1.3 アレッサンドロ・ジュゼッペ・アントニオ・アナスタージオ・ヴォルタ伯爵（Il Conte Alessandro Giuseppe Antonio Anastasio Volta；1745 年 2 月 18 日 ～ 1827 年 3 月 5 日）〔イタリアの自然哲学者（物理学者）[1),2)]〕

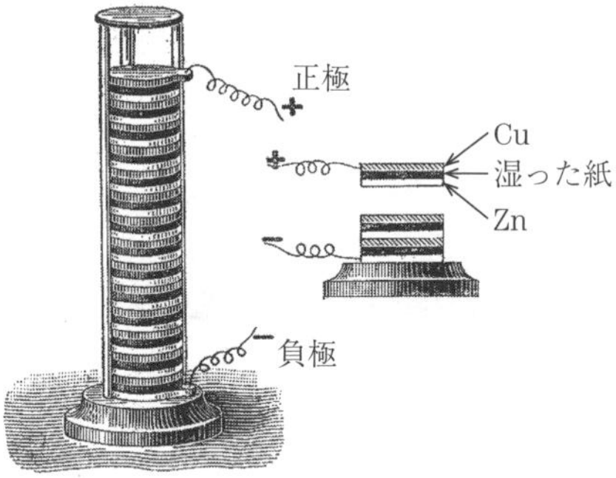

図 1.4 ヴォルタの電池を直列にしたヴォルタの電堆

これを契機に，特にヨーロッパでは電気の性質の解明に花が咲いた。当時，このような研究を行うことをガルバニズム（Galvanism）と呼んでいた。このような時代において，コペンハーゲン（Copenhagen）大学教授のエールステッド（Hans Christian Ørsted；1777 ～ 1851）は，このヴォルタの電池を電線で短絡することにより電線の周囲に方位磁石の針を動かす作用のあることを1820年の冬学期に見いだした。学生のための演示実験では何度も失敗したといわれている。電線部の接触が問題としてあったのか。つまり，現代風にいえば電流と磁界の関係である。エールステッドの電流と磁界の関係が明らかになると，この実験がヨーロッパ中に広まった。このとき，電流や電圧，磁界の概念はなかった。エールステッドの肖像を**図1.5**に，エールステッドの実験装置を**図1.6**に示す[3)]。

図1.5　ハンス・クリスチャン・エールステッド（Hans Christian Ørsted; 1777年8月14日～1851年3月9日）（デンマーク・コペンハーゲン大学教授。物理学者，化学者[3)]）

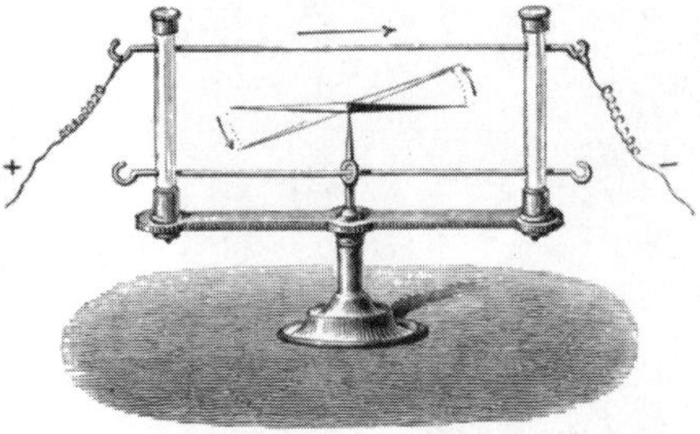

図1.6　エールステッドの実験装置（電流を電線に流すことにより方位磁石が触れる。）

1.1.2　オームの接触抵抗の発見

ドイツのババリア地方，ニュールンベルグから列車で30分ほどの小都市，エアランゲン（Erlangen）に錠前師の長男として生まれたゲオルグ・ジーモン・オーム（Georg Simon Ohm；1789～1854）は当時，実課学校すなわち，今流にいうと中学校の技術科か工業高校の教師をしていた。CuとZnを接触させた異種金属の接触で生じる接触電位差によるヴォルタの電池の電極を用いて，種々の金属で，その太さや長さを変えた導電体をつないだ。そして，導電体の下に方位磁石を置き，その触れ角がどのように変化するかを調べた。ここで，オームの肖像を**図1.7**に，改良の末の最終的な実験装置の概要を**図1.8**に示す[2),4)]。

図1.7　ゲオルグ・ジーモン・オーム（Georg Simon Ohm; 1789年3月16日～1854年7月6日）（ドイツの物理学者[2),4)]。初めて接触抵抗に触れた論文を記載した。）

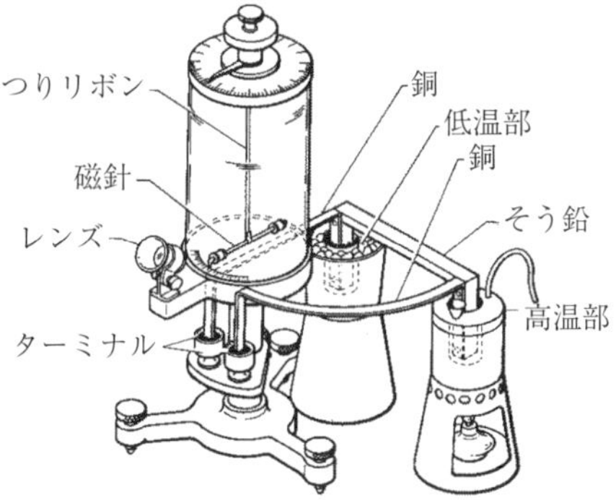

図1.8　オームの法則を見いだした実験装置

現代的にいうと，1.5Vの単一乾電池を電線で短絡して，電線の下に置いた方位磁石の触れ角を読み取るといった実験であった。この実験の最中に，Cu電線の接続部が古くて錆びたり油で汚れたりしていると，方位磁石の触れ角に再現性がなくなり，その値が非常にばらつくことに気がついた。そして，実験に際しては，つねに接続部は清浄にしておかなければならないと結論づけている。現在の接触問題そのものである。この事実は，1827年5月リーマン書店（Riemann）から出版された「Die galvanische Kette, mathematisch schbearbeitet（電気回路の数学的研究）」に記載されている。すなわち，接触問題が報告された初めての論文である。時に1827年であった[4)]。

この問題を解決するために，オームは接触部に水銀溜めを用いて機械的接触部をなくし，さらに，ヴォルタの電池を短絡すると内部抵抗が増加して出力電圧が低下するが，これを除去するために友人ポッケンドルフ（Pggendorff）の勧めでCu-Znに熱電対を用いた。これらのことによりはっきりとした再現性のあるオームの法則（電圧Vは電流Iと抵抗Rの積$V=I{\cdot}R$）が見いだされたのである。この時代，電流や電圧という用語はなく，電圧が「力：Kraft」と電流が「作用：Wirkung」というような表現が取られていた。

この論文が出版されると，ベルリン（Berlin）大学哲学部長のヘーゲル（Hegel）教授らから「神の摂理である自然現象を扱うには，このようなちゃちな装置の結果を論じることはもってのほかで，より深い哲学的考察が必要である」と手厳しく批判された。彼にとって非常に厳しく，これに耐えなければならない暗黒の時代であった。オームは長年にわたり十分に時間をかけて研究に没頭できる環境を望んでいたが，まったく報われることはなかった。しかし，オームの法則はドイツの周辺国，特にイギリスで認められ，1841年春ロンドン王立学会からコプレイ・メダル（Copley Medal）が贈られた。この賞はドイツ人ではオームのほかはガウス（K. F. Gauss）のみが受賞した。このような客観的な状況のために，ドイツの学会もオームの法則を完全に認めざるを得なかった。このことがあって，1849年10月23日やっとバイエルン国王マクシミリアン2世（Maximirian II）から辞令が出され，ミュンヘン（Münhen）工科大学の物理学科の正教授の地位を得たのである。このとき，63歳であった。しかし，結婚し家庭を持つことなく寂しく1854年7月6日65歳で死去した。現在，ミュンヘン工科大学のキャンパスにはオームの座像が建立されている。たいへん苦難な一生であった。

当時，ガルバニズムが盛んに行われていたので，多くの人はこの接触問題に気がついていたと思われるが，論文に記載されたのはオームが初めてである。なお，オーム生誕の地エアランゲンは現在，ジーメンスの真空遮断機の工場があり，また，オームを忍んで彼の名を冠したオーム公園やオーム通りがある。

それ以後は，電磁石，継電器，ホイートストンブリッジ，電信と著しく電気の利用が発展するが，その都度，接触問題が起こっていることが容易に推測される[2),5)~7)]。特に電話が発達し電話網が普及すると，自動交換機がニューヨークの葬儀屋によって考案され，電気接触部で回線を切り替えるこの機械では接触不良の問題が電話網における重要な課題となった。

この時代，接触抵抗の発生メカニズムは解明されておらず，接触問題の暗闇の時代であった。ここで，ケンブリッジ（Cambridge）大学の電磁気学の神様といわれ，電波の存在を数学的に予言したマクスウェル（J. C. Maxwell；1831 ～ 1879）が導電線が一部細くなってくびれた部分の抵抗をラプラス（Laplace）の方程式を境界値問題として解くことで導いた。これが，接触抵抗の一部である集中抵抗（constriction resistance）を与えるのである。ここに，マクスウェルの肖像を**図 1.9** に示す[2)]。皮膜などの接触境界部の汚れの接触抵抗への影響は，つぎに述べるラグナー・ホルム博士の研究成果を待つことになる。

図 1.9 マクスウェル（James Clerk Maxwell; 1831 ～ 1879）（イギリス・ケンブリッジ大学教授。磁波の存在を予言し，接触抵抗を構成する一つの抵抗である集中抵抗に対応する抵抗を空間電界分布に関するLaplaceの方程式の境界値問題として解いた[2)]。）

1.2 ラグナー・ホルムの業績と生涯

1.2.1 若き時代のホルム

電気接触現象を語るうえで偉大な業績を残し，名著「Electric Contacts

Handbook」を著したラグナー・ホルム（Ragner Holm）博士を取り上げなくてはならない。ここで，彼の業績と人となりを少し詳しく振り返ってみよう[8)]。

ラグナー・ホルムはスウェーデンの南に位置するスカラ（Skara）で，町の中学校の数学教師を父として1879年に生まれた。1898年に大学の町ウプサラ（Uppsala）へ居を移し，自然科学をウプサラ大学で勉強した。彼は1901年に数学と理論物理で学士を取り卒業した。数年後には，同じ分野で修士の称号を得た。そして，ウプサラ大学の物理科の助手として採用され，その後，1906年，奨学金を得てドイツのゲティンゲン（Gettingen）大学へ留学し，放電理論の大家エドワード・リーケ（Edward Riecke）教授のもとでガス放電の研究を行った。ホルムは1908年の初頭にここでの研究をまとめてウプサラ大学に学位請求論文を提出した。しかし，論文選考委員会での彼の論文の評価は芳しくなかった。それは，ガス放電の実験に使用したガスの純度が低いためにデータに信頼性がないというものであった。スウェーデンの大学で研究を続けるためには学位論文の評価が上位でなければならず，これはホルムにとって悲劇そのものであった。

しかし，ベルリンのジーメンス（Siemens）の研究所の所長（ゲティンゲン大学の留学時代の友人）の手づるで1909年になって，研究者としてジーメンスで新しい仕事に就くことができた。当時，ホルムのような外国人がドイツで職に就くことはきわめてまれな困難な時代であった。

20世紀の初め，ベルリンはアルバート・アインシュタイン（Albert Einstein）の指導のもと，新しい独立した研究所の計画が立案され，世界の物理学の都であった。工業以外では物理工学帝国研究所（Physikalisch-Technische Reichsanstalt）が物理学の研究で際立っていた。これはホルムにとって，エキサイティングな環境であった。ジーメンスでのホルムの研究はコロナ放電であって，その成果は物理学会誌（Pysikalische Zeitschrift）に発表された。ホルムはジーメンスの研究員として研究に没頭していたが，またスウェーデンの大学で教職に就くことも強く望んでいた。しかしながら，1914年の第一次世界大戦の勃発によってこの望みは実現しなかった。

彼は 1911 年，スエード・ヘレナ（Swede Helna）と結婚し，1913 年に長女グドラン（Gudrun）が誕生した。ホルムは大戦中ドイツにとどまったが，ストックホルムのスウェーデンの王立電話局の研究所に職を得ることを希望した。それは助手の地位であったが，ホルムが興味を持った接触現象の理論を展開したのはこの電話局であった。ここでカーボンマイクロホンの問題を研究し，広範な接触抵抗の研究を始めた。彼の実験はマイクロホン中のカーボン粒子間の接触抵抗に焦点を合わせたもので，結論の一つは大きなカーボン粒子はマイクロホンの抵抗を低くするというものであった。

粒子間の接触面積は非常に小さく，単純に円形であると考えた。全面積は微視的レベルの異なる形の微細結晶から構成されるので，ホルムは微小な接触面積は多数の非常に小さい接触面から構成されるとの考えに及んだ。これら二つの過程から，彼はカーボンマイクロホンを流れる電流はカーボン粒子間の見掛けの全接触面を流れるものではないということを見いだした。見掛けの接触面に比べて，極端に小さい面を電流が流れるとの結論に到達した。このホルムの理論によると，接触状態にある二つの導体間を流れる電流は，網目を通して水が流れるというよりは，ある特定の面を通して流れるというものである。

この理論ののち，ホルムはこれを実験で調べ，カーボンマイクロホンの電気抵抗は彼が提案した理論に従って変化するという結論を得た。この結果はオランダ科学アカデミーのレター（Danish Academy of Science and Letters）に投稿された。1921 年の初めにこの研究で，彼はクラッセン（Classen）賞を受賞したが，これは最も大きな賞の一つであった。翌年に，彼はその理論と実験的基礎を固めるために一連の論文を物理工学誌（Zeitschrift für technische Physic）に投稿した。この理論の成功は，ホルムの科学者としての転換点であった。

1.2.2 高等学校教師の時代

1921 年にホルムは，電話局からストックホルムの大きな高等学校に移ることを決めた。ここは電気技術研究所を持つ大きな学校で，ここで彼は電気接点理論の仕事を続け，教壇にも立った。

この間もホルムは大学の教授への希望を持ち続け，多くの大学へ応募を続けたが，採用には至らなかった。彼はこの状況で「私はより広く知られるまで耐え，望まれるまで耐える。しかし，私にとって状況は非常に厳しい。これは私の知的問題に関係している。もし，私の能力を試すよい機会を得られなければ，失望することを運命づけられている」と苦悩している[8)]。

1.2.3 ジーメンスでの研究生活

彼の教師としての仕事のほかに，先の1920年の初めに設立されたジーメンスの新しい研究所（当時，世界最大級の物理学研究所）に非常勤で勤務した。1926年のイースターのとき，彼はドイツの物理学者エルゼ・コッホ（Else Koch）を助手に採用し，翌年に彼女と再婚した。このときホルムは，電気接触現象を研究するために恒久的にベルリンへ戻ったときでもあった。ここジーメンスでのおもな仕事は大電流遮断器の開発であった。

1929年にホルムの指導のもとに電気接触研究のグループが組織され，1930年代に電気接触分野の研究するうえでよい機会が到来した。**図1.10**にこの研究グループのメンバーを示す[7)]。この研究所で，彼は接触抵抗の構成要素を解

図1.10 ジーメンス研究所時代の接点グループを率いるホルム（右端）[7)]

明したのである。超電導現象が生じると外部から印加した磁束は導体の外にはじき出される現象であるマイスナー効果を発見したマイスナー（Meissner）がこの研究所にいた。ホルムは彼と組んで，超電導材料で作った接触部を極低温に冷却することを試み，マクスウェル（Maxwell）が提示した電流路のくびれで生じる，いわゆる集中抵抗がなくなることを見いだした[9)]。これにより，残されたほかの抵抗は表面の汚れの皮膜抵抗（境界抵抗）によるもので，接触抵抗は集中抵抗と皮膜抵抗（境界抵抗）との和であることを発見したのである。さらに，この研究所のショットキー（W. Schottky）の提唱した薄膜の導電機構の一つであるSchottky効果を接触部に適用したのは，彼が初めてのことであった。現在ではトンネル効果のほうが有名であるが，複数の薄膜の導電機構が同時に存在するということである。温度が高くなるとSchottky効果で，温度が低くなるとトンネル効果で電流が流れることになる。ここで，ホルムの肖像を彼のサインとともに**図1.11**に示す。

図1.11 ラグナー・ホルム（Ragnar Holm）博士（1879～1970）の肖像と彼のサイン（電気接触現象とその応用の基礎を築いたホルム[8),12)]）

このほか，彼はベルリン大学などのセミナーやジーメンスの遮断器工場で一連の講義を持った。ここで，彼の理論をおおいに展開することができたのである。この背景には，1920年から1930年代の変電所での遮断器の非常に大きな進歩があったためであり，彼の興味が遮断器工場にあった。そのころ，白熱電球，送電電圧の高電圧化，落雷による回路短絡などの難しい技術的問題があり，それが大きい電気会社での研究所の仕事となっていた。

Technische Physik
in Einzeldarstellungen
Herausgegeben von
W. Meißner, München und G. Holst, Eindhoven
4

Die technische Physik
der elektrischen Kontakte

Von
Dr. Ragnar Holm

Mit 130 Abbildungen

Springer-Verlag Berlin Heidelberg GmbH
1941

図 1.12　ホルムの電気接点に関するドイツ語の初版本の表紙（1941 年発行）[10)]

ここで述べなければならないことは，彼のガス中の放電や電気接触の理論研究がどのようにジーメンスで使われたかに関係なく，スウェーデンでの教授の地位が得られなくとも，彼はそこで満足していた。1930 年の終わりに向かってホルムは電気接触の本をまとめることを思い立った。しかし，第二次世界大戦の勃発で中断しながらも，第二次大戦の真っ只中の 1941 年に「Die technische Physik der elektrischen Kontakte（電気接触の応用物理）」をシュプリンガー（Springer）より出版した。初版の表紙を**図 1.12** に示す [10)]。

1.2.4　スウェーデンでの電気接触現象の研究所

ベルリンでは戦況が悪化し，ホルム夫妻は 1945 年 1 月スウェーデンへ逃れた。ここで，彼らはただちに科学専門家の地位を獲得する研究を始めた。1930 年代，スウェーデンにおける工学や科学の研究の組織は大きく変わり，研究所の設立が活発化していた。その一つに，政府や関係会社によって設立され，古い友人が責任者であるゴセンベルグ（Gothenburg）のチャルマー（Chalmers）工科大学の研究所がある。彼は友人の責任者に自身の就職や，電気接触の研究所設立の可能性について相談した。1945 年春に，ホルムはストックホルムの王立工科大学で電気接触理論の講座を担当することになった。さらに，スウェーデンの電気会社 ASEA の研究所での講義を持った。同時に，新しい工学的観点からの電気接触研究に対する研究所設立について，王立科学技術アカデミーなどから資金援助を受けた。

スウェーデンにおける電気接触理論の研究推進は，もはや古い大学のシステムや教授職に就いて行うことでなかった。科学技術の研究所発展に向けた趨勢のもとにあって，彼は仕事を推進するために工学的研究に興味ある組織や基金への接近を試みたが成功しなかった。当時，ホルムは年齢を重ねすぎていた。

ホルムは，スウェーデンで経験した電気接触に関する研究に対する厳しい状況にいささか落胆した。これに反して，アメリカでの電気接触に対する研究はここ数年著しく発展していることを彼は見て取った。そこで，彼の電気接触に関する書物の第2版を英語で出版することを計画した。1940年代，ちょうど第二次世界大戦中に，この決心は接触現象研究の焦点をドイツからアメリカへシフトすることになった。技術研究協会からアメリカへの研究旅費として13 400クラウンを支給されたときで，これはホルムの人生にとっては非常に重要なことであった。

1.3 アメリカ時代のホルム

ペンシルベニア（Pennsylvania）のスタックポールカーボン社（Stackpole Carbon Co.）[11]のショーベルト（Erle I. Shobert, II）博士の招きで，アメリカ行きを決意した。しかし，当時，ホルムのアメリカ合衆国への出発は迅速にはいかなかった。それは，第二次世界大戦の影響で，ドイツ関連のビザの発給が難しいためであった。やっと1947年3月になって，ホルムはノルウェーの北のノルビック（Narvik）から鉱石運搬船で出発した。この船旅は春の嵐が襲いかかり，15 m以上もの波浪に翻弄され順風ではなかった。しかし，アメリカに着くや否や，会議はまわり，数多くの講演依頼が舞い込んだ。申し出を受け，スタックポールカーボン社に雇われた。ショーベルト博士はアメリカのサスケハナ（Susquehanna）大学を卒業し，プリンストン（Princeton）大学で修士を，サスケハナ大学で博士の学位を得ている。その後，ジョージオーガスタ

(George August) 大学（ゲティンゲン，ドイツ）で研究を行っている。

スタックポールカーボン社はホルムにとって理想的な環境であった[11)]。晩年に差し掛かったホルムはこの会社のコンサルタントとして，広範囲な講義活動を行った。ペンシルベニア州立大学は1950年の初頭に接触理論の講義の講座を開設した。この講座はイリノイ工科大学（Illinois Institute of Technology）教授のアーミントン（Armington）博士が主催し，のちにIEEEによって組織され毎年開催される会議に発展した。現在のアメリカ電気電子工学会（IEEE）のホルム会議（IEEE Holm Conference）である。ちなみに，アーミントン教授は現在のホルム会議の重鎮であるスレイド（Slade）博士夫人の尊父である。1960年には，ホルムを客員教授とした規模の大きい講義が用意された。このコース期間中，彼自身「教授」職に就いた。3年後，彼はメイン（Maine）大学でもまた客員教授となった。これは彼が出席した膨大な会議と彼が行った講義とともに，スタックポールカーボン社のコンサルタントとして，学会と彼を結びつける閉成接点（closed contacts）であったことは明らかである。ホルムの著書は第3版で全面的に改訂され，1958にシュプリンガー（Springer）より出版され，現在は第4版が最も新しく，広く世界の研究者や技術者に読まれている。**図1.13**に第3版の表紙を示す[12)]。

Ragnar Holm
Electric Contacts Handbook
Third completely rewritten Edition
Elektrische Kontakte
Dritte völlig neubearbeitete Auflage

Constriction- and film resistance
Friction and wear, Commutation
Arcs in switching contacts, Arc quenching
Material transfer in switching contacts

Engewiderstand und Fremdschichtwiderstand
Reibung und Verschleiß, Stromwendung
Lichtbogen in Schaltern, Löschkreise
Materialwanderung in Abhebekontakten

1958
Springer-Verlag Berlin Heidelberg GmbH

図1.13　1958年に発行された英文改訂第3版[12)]の表紙

科学と工学との国際社会における彼の立場で最も重要なことは，1959年にオーストリアのグラーツ（Graz）大学から名誉学位を授与されたことである。ホルムの科学的解析と工学的実験とからなる開発研究の成果を証明するものである。ホルムは，1970年に90歳で亡くなった。

先のオームといい，ホルムもまた，たいへんな苦労をしながら接触現象を解明したのである。電気接触現象の研究の領域に携わる者にはつねに苦労が降りかかるものなのか。しかし晩年は，研究環境を得て研究に没頭できたようである。いつの世も同じであるかのように見える。

1.4 ま と め

電気の発見から電気に関する諸法則の発見，電気機器の発明，その進歩から今日に至るまでつねに接触問題は存在する。現在では，対象や形態は種々複雑化しているがなくなることはない。ここでは，この分野で触れなければならないオームとホルムの生涯を中心にまとめた。

引用・参考文献

1） Ryder, J. D. and Fink, D. G.：Engineers & Electrons, IEEE Press（1984）
2） Dibner, B.：Ten Founding Fathers of the Electrical Science, Burndy Library Publications in the History of Science and Technology, No.2, Burndy Corporation（1941）
3） 高木純一：電気の歴史—計測を中心として—，オーム社（1964）
4） 田中剛三郎編：Georg Simon Ohm その生涯と業績，オーム社（1954）
5） Dibner, B.：Eary Electrical Machines, Burndy Library, Burndy Corporation（1957）
6） Wager, P.：Switching Relay Design, D. Nostrand Company（1955）
7） Brittain, J. E.：Scanning the Past, A History of Electrical Engineering and its Pioneers, which was contributed to Proceedings of the IEEE, from January 1991 - January 1999（1999）
8） Kaiserfeld, T.：Ragner Holm and electrical contacts, A career biography in the shadow of industrial interests, Proc. 20th Int. Conf. Electrical Contacts, Stochholm, pp.13-22（2000）
9） Maxwell, J. C.：A Treatise on Electricity and Magnetism, Vol.1, Dover new edition, Dover Publications（1954）
10） Holm, R.：Die technische Physik der elektrischen Kontakte, Springer-Verlag（1941）
11） Shobert, E. T., II：Carbon Brushes, The Physics and Chemistry of Sliding Contacts, Chemical Publishing Company（1965）
12） Holm, R.：Electric Contacts Handbook, 3rd ed., Springer-Verlag（1958）

2. 接触表面の性質

表面は，肉眼的には単純に見えるが，顕微鏡的にはその物体の内部とはたいへん異なり，種々の未知の問題を包含している。特にナノスケールの原子レベルで見ると，最表面の原子の持つ性質が表面の性質に大きく関係し，結果として摩擦，摩耗，電気接触抵抗，化学反応，触媒作用等々の表面現象を支配している。

本章では，電気接触現象に関わる表面現象である凝着，吸着，酸化などの汚染皮膜の生成などを広く解説する。

2.1 表面の構造

2.1.1 表面の原子に作用する力

ケンブリッジ（Cambridge）大学教授のバウデン（Bowden）博士によると，「固体は神が作り，表面は悪魔が作った」と[1)]。この言葉が示すように，表面は一筋縄ではいかないということである。固体は原子間の働く力によって作られているので，どのような力が働いているのか知る必要がある。

水素（H）原子2個の間に働く力についてみると，**図2.1**に示すように，距離を置いた状態を保持すると，s_1 軌道の電子のマイナスの電気と原子核のプラスの電気とによる引力と斥力が相互間に働く。これらの力は6通りの組み合わせができ，最終的に引力が作用することになる。一対の分子間に働く力の問題であって，いま，多数の原子から構成される平面（表面）と1個の分子との間に働く力は，**図2.2**に示すように，平面と曲率半径 R の曲面とが距離 r を置いて接近すると，平面を構成する個々の原子と1個の原子間の力を積算して求

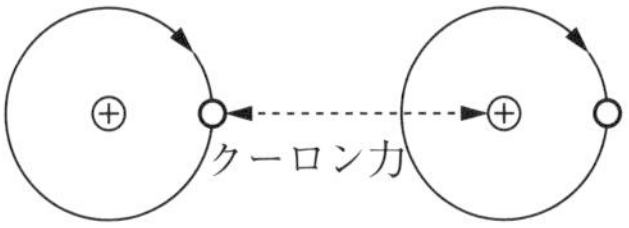

図 2.1 隣接した H 原子間に作用する力は 6 通りあり，合計で引力となる

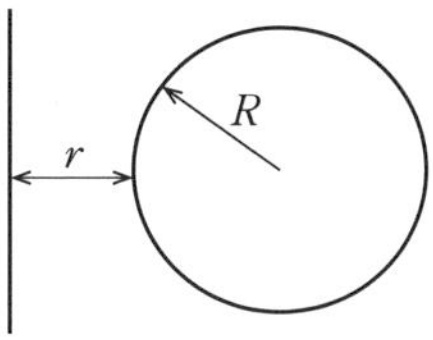

図 2.2 分子間力の計算結果

めるとその間に作用する引力 F は式 (2.1)，(2.2) のようになる。これはレナード・ジョーンズ（J. E. Lenard-Jones）が 1931 年に提案し，ハナカー（H. Hanaker）らによって導かれたものである[2),3)]。

$$F=\frac{AR}{Br^2}\quad (r\leqq 10\ \mathrm{nm}) \tag{2.1}$$

$$F=\frac{BR}{r^3}\quad (r>100\ \mathrm{nm}) \tag{2.2}$$

ここに，A と B は定数である。

これらの式はつぎの方法で検証されている。すなわち，高精度の石英ガラス平面と石英レンズ曲面を用いて，精密天秤で測定され，距離と引力（分子間力）の関係を実測値と理論値を比較した。この結果を**図 2.3** に示す。この図が示すように，理論値と実験値がよく一致していて上式の成立を物語ってい

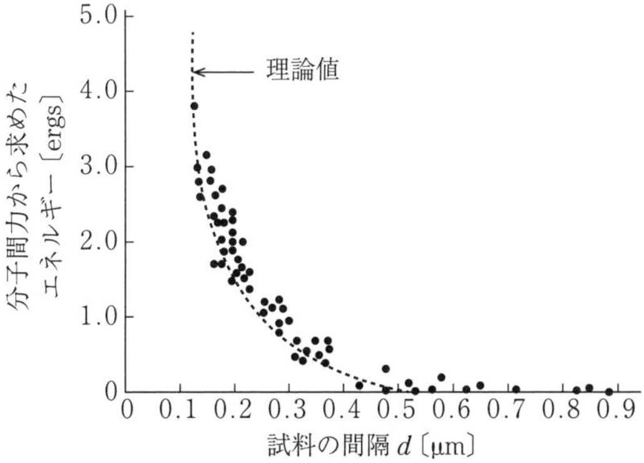

図 2.3 石英ガラス面間に作用する分子間力と両面の間隔との関係

る。

溶融金属のように溶融した金属原子が分散している状態から原子が相互の引力によって集団化し，温度が下がって固体化する。互いの原子は価電子を利用しながら金属結合を作り，固体金属となる。そこで，見方を変えると，金属などの固体の表面は，内部から連続してきた原子の配列が途絶え，その先は自由空間（真空）となることが特徴である。当然，表面では内部（バルク：bulk）の原子配列が突然なくなるのではなく，一番先端の表面から内部に向かって順次に力のバランスが崩れ，原子配列は変化し，その下部では定常的なバルクとしての原子配列となる。正常な固体表面は表面近傍の断面をモデル的に示す**図 2.4** のように，表面でその連続性が途切れるわけであるが，この図に示されているように表面の最前列（最表面：outermost surface）で原子の配列が整然としていることはない。原子の配列を考えるとき，原子間の距離が離れすぎているときはクーロン力が働き，原子間距離を小さくするように引力が働く。接近しすぎると，パウリの排他律（Pouli exclusion principle）で反発力が生じる[18]。その結果として，原子は一定の距離を保って拘束されて配列する。それゆえ，3 次元の空間に規則的な配列をした結晶構造が構成される。

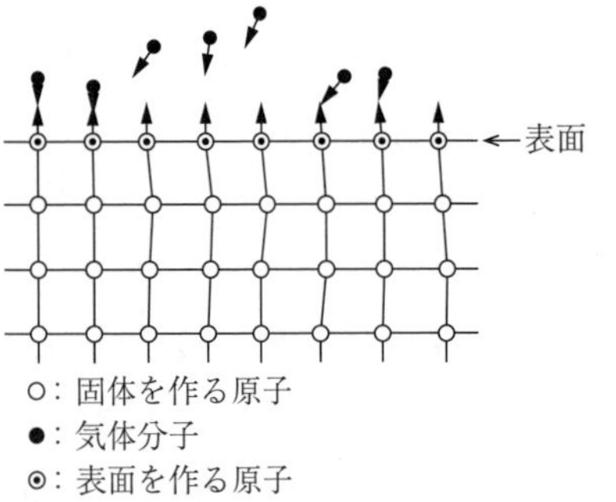

図 2.4　表面近くを構成する原子と表面に位置する原子への気体分子の吸着

ところが，図 2.4 に示したように，表面を形成する最表面原子は，その下半分が結晶を構成する原子との間で力を及ぼし合うが，上半分は自由空間となるので，その原子の引力は空間に及ぶ。液体のように，原子や分子が弱い力（ファンデルワールス力：Van der Waals force）で結ばれていれば，最表面原子の引力の場は，表面に位置するそれぞれの原子が互いに安定するように原子が移動したり，向きを変えたりすることができる。その結果，一番安定な形である球面を形成する。すなわち，空間に作用する表面原子の作る引力は表面張力となって現れる[4)]。

固体では原子間の結合が強いので，表面を構成する原子は液体のように自由に動けず，最表面原子の引力の場は空間に及び，エネルギー状態が高くなっている。これは表面エネルギー（surface energy）と呼ばれている。つまり，劈開や掘り起こしで生じる新生面では，**図 2.5**（a）のシリコン（Si）で示すように，最表面原子からダングリングボンド（dangling bond）の手が空間に出ていて相手の原子を求めていることになる。最表面の原子は図のように，その下半分が結晶内の原子とのみ相互作用があり，したがってこの原子には不均一な力が働いているので，一番強く作用する引力に引き込まれて安定化する。この変化は表面の第 1 層目と第 2 層目付近の表面に非常に近い原子に生じ，表面層の原子に再配列が起こる。この現象を表面緩和（surface relaxation）という。この状況を図 2.5（b）に示す。この表面構造は再構成構造（reconstruction）といわれる。

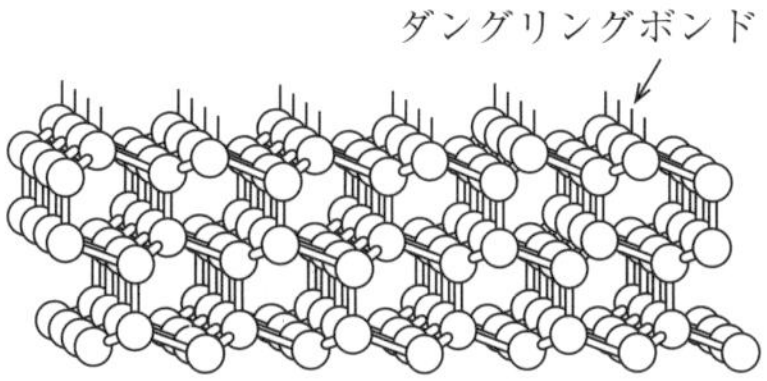

（a） 表面原子が配置を変える以前の仮想モデル

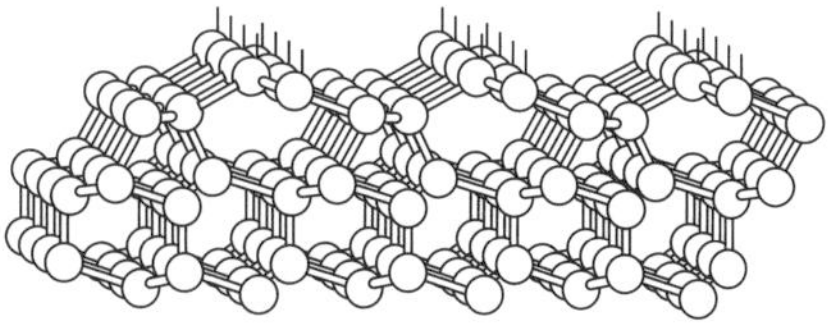

（b） 表面原子の配置が安定状態となった再構成表面，Si (1,1,1) 面

図 2.5 新生面でのダングリングボンドと原子配列

この表面エネルギーは摩擦力，摩耗，凝着などの接触境界部で生じる現象に深く関係する。それは，二つの金属表面が接触すると，接触境界面のどこかで双方の面内の原子の引力が最も強く働き，原子間の結合が生じ一体化する。つまり金属間の連続が生じる。この結合を凝着（adhesion）という。摺動によってこの凝着部をむしり取ると，そのときの力が摩擦力の一部となり，また摩耗が発生する。

2.1.2　表面の原子配列と構成

固体をなんらかの方法で半分に切って二つの表面を作ると，マクロ的に見るように幾何学的に対称な面ができるかというとそう単純ではない。低速電子線回折（LEED：low energy electron diffraction）のような装置で表面を調べると，電子は内部情報を持ってくるので，完全な表面は見ることができない。そこで，フィールドイオン顕微鏡（field ion microscope）や電界放射顕微鏡（field emission microscope）などを用いると，表面の状況をかなり正確につかむことができる。

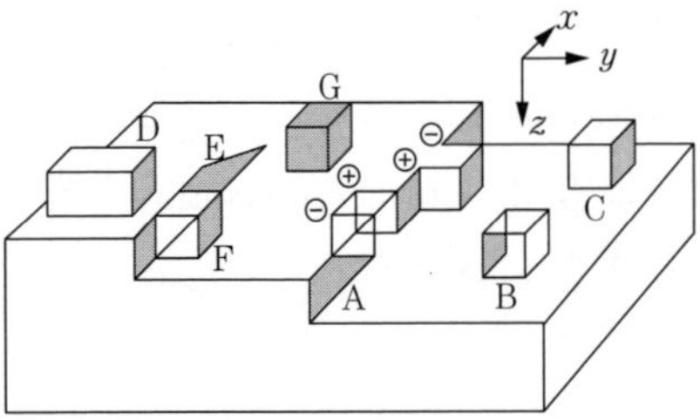

図 2.6　立方格子で表される原子の表面での挙動

一般的な表面の状況を**図 2.6** に示す。例えば，なめらかな表面の A 地点でそれを境として 1 原子層を除去してできる段をステップ（step）A という。また，B のところから 1 個の原子が抜け出して C の場所に移ると，そこは表面空孔（surface vacancy）B ができる。表面に吸着している原子 C は吸着原子（adsorbed atom）という。さらに，D の部分は 2 個の原子の集合体で，E はらせん転移（screw dislocation）に伴うステップである。F はステップに吸着した原子，G は表面に吸着した不純物原子を示している。これらはすべて表面格子欠陥（surface lattice defect）と呼ばれるが，特に重要な欠陥はキンク（kink）と呼ばれるものである。ステップ A に沿って x 軸を取り，この軸の正の向きに進むと，⊕で示したように y 軸の正の向きに 1 原子距離だけ突出した点を正のキンク（positive kink），逆のものを負のキンク（negative kink）と呼ばれ，⊖で表される。

図中の 1 個の原子を表す立方体をキンクに 1 個を付着させても，あるいは取り去っても全体としての表面積に変化を与えないので，キンクは原子の離脱や付着の最も起こりやすい確率を持つ場所とみることができる。結晶の成長（crystal growth）や溶解（dissolution）において中心的で重要な役割を持つ場所である。キンクのほかのもう一つの重要な性質は，キンク周囲の原子配列から明らかなように，キンクにおける原子の結合エネルギーが結晶の格子エネルギー（lattice energy）と同じということである。これらのことから，キンクは結晶成長点（crystal growth site）あるいは半結晶位置（half-crystal site）と呼ばれる。このように，表面ではかなりの確率で原子が吸着したり，離脱していることがわかる。しかし，表面原子を遠方まで取り出すのに必要なエネルギーは6 eV程度といわれている。室温程度の温度ではこの値にならず，表面原子は表面から自由に飛び出すことはできない。結果として，表面上を離れず動きまわることとなる。

実際の一般に用いられる金属などでは，いろいろな結晶方位の細かい単結晶が多数集まってできている多結晶であって，緩和過程や再構成構造は個々の単結晶で生じていると考えられるが，非常に複雑な状態となっている。さらに，固体表面は劈開の場合以外は表面を削ったり，切り出したり，磨いたりして，いわゆる機械加工によって表面が作られる。したがって，表面近傍の断面を示す**図2.7**のモデル図のように最表面原子や，その下部近傍の原子は非常に撹乱され，内部の結晶構造とは異なる微細化構造となり，その硬さなどの機械的特性も異なる。このような加工変質層のことを，その研究者にちなんでベイルビー（Beilby）層と呼ばれている。さらに，大気に露出している表面では，表面から出ているダングリングボンドの手が作用して，大気を構成する気体分子

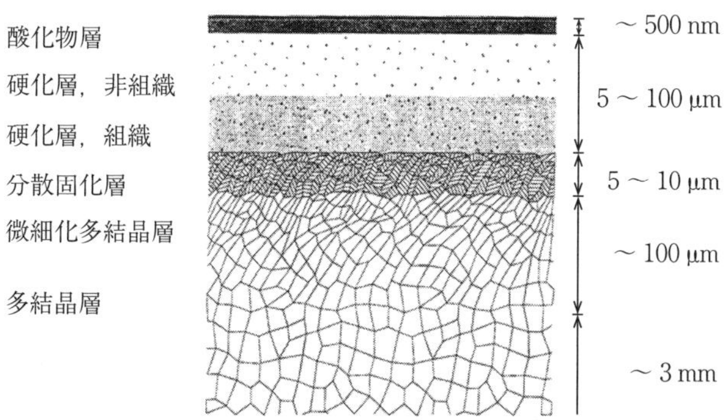

図2.7　ポリッシした表面下の加工を受けた結晶状態（断面図）

が吸着し，気体吸着層を作る。

金属表面を機械的にポリッシ（琢磨，polish）していくと，粗さは減少して鏡面となり表面状態は一定のように見える。しかし，実は表面層を構成する結晶は微細化し，上述のような特殊な変質層となるので，結晶の誘電率などで決まる光の屈折率や吸収率は**図 2.8** に示すように磨くたびに変化していく。金（Au）の表面をポリッシ（琢磨）し，その面の光学定数のポリッシ時間に対する変化は，図 2.8 に示すように，つねに一定ではなく変化していく。このことは，最表面原子の配列がポリッシのたびに微細化しながら変化していることを意味している。

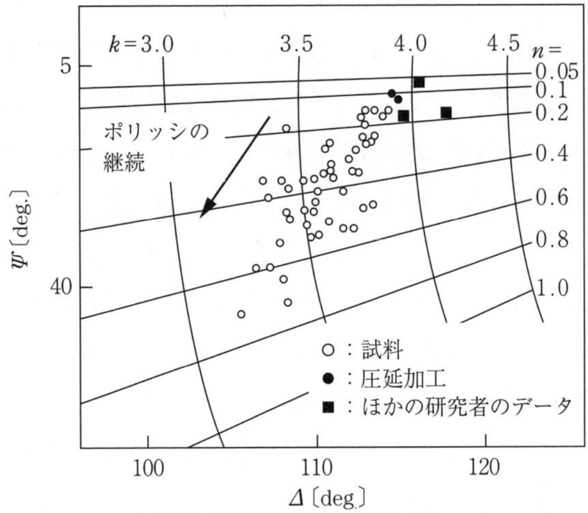

図 2.8　ポリッシに伴う Au 表面の光学定数（n：屈折率と k：吸収率の変化）のエリプソメトリの楕円偏光に関するデータから示した図（内部の座標系が屈折率と吸収係数の関係を示している。）

また，図 2.4 に示したように，Au 以外の金属ではその表面はほとんど酸素と反応して酸化物層の汚染皮膜で覆われる。詳しくは，次節以降で取り上げる。

2.2 固体表面と気体分子との作用

金属表面近傍での気体分子1個と表面との関係は**図2.9**のように両者の間の距離をrとし，位置エネルギーをϕとすると，その関係は**図2.10**に示すようなレナード・ジョーンズのポテンシャル曲線（L-J曲線）として表される。気体分子を金属表面に近づけていくと，すなわちrを順次0に近づけていくと，原子内電子の運動に伴う電気的磁気的揺らぎによって生じる弱い力であるファンデルワールス力のために表面に引きつけられる。これは物理吸着（physisorption）といわれている。しかし，近づきすぎると反発力が生じる。この結果，分子はL-J曲線上の安定点のr_pにとどまる。これが物理吸着である。このとき，吸着分子も金属原子も熱振動しているので，r_pを中心に振動運動するが，r_pにとどまる時間は10^{-13}秒（s）と計算されている。すなわち，金属表面へ飛んできた気体分子はほんのわずかな時間そこにとどまり，金属原子との反応がなければまた離れていくというわけである。

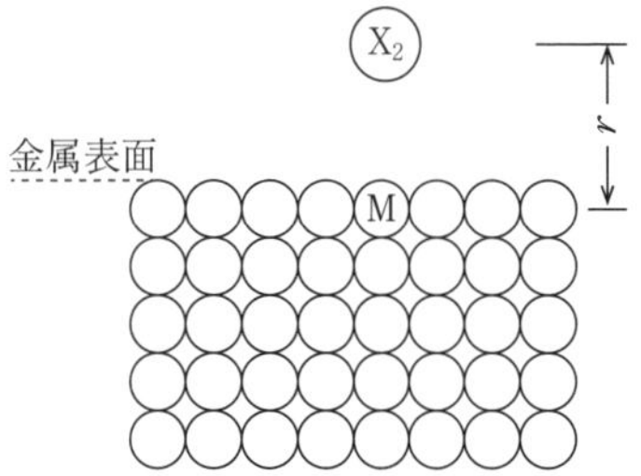

図2.9 金属（M）結晶面への2原子分子気体（X_2）の近接

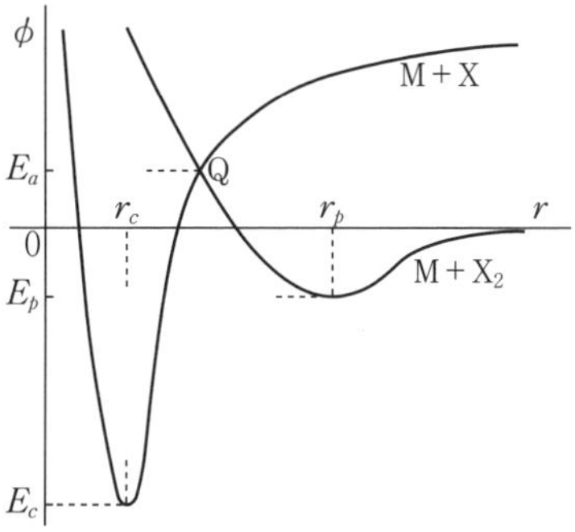

図2.10 金属表面に対する気体分子と表面を構成する原子との間の位置エネルギー（図2.9に対応）（L-J曲線）

L-J曲線上のr_pでの分子にE_aのエネルギーを与えると，気体分子は点Qに達し，分子は別のポテンシャルカーブ（M＋X）に達する。その結果，（M＋X）のカーブに乗り移り，エネルギーの低いE_cのr_cに固定される。この状態は化学吸着（chemisorption）といわれる。このメカニズムは金属の導電電子による遮へい効果と鏡像力効果，表面電子との軌道混成による分子の荷電子軌道の広がりの相乗効果による。つまり，吸着分子と金属表面原子との間で電子のやり取りが行われ，化学的に結合することである。このような過程を経て気体分子は金属表面に吸着し，化学反応が生じて気体が酸素（O_2）であれば，酸化が起こる[5),8)]。

図2.9に示した例はモデルであって，実際に起こりうる表面は，**図2.11**に示すように，清浄面が接触すると真の金属接触部で凝着が生じて一体化する。すなわち，双方の面は連続する。それを引き離すと新生面が現れて，周囲の気体分子が新生面の引力に引かれて物理吸着する。

ここで，具体例として，鎖状分子のステアリン酸分子が金属表面に吸着する

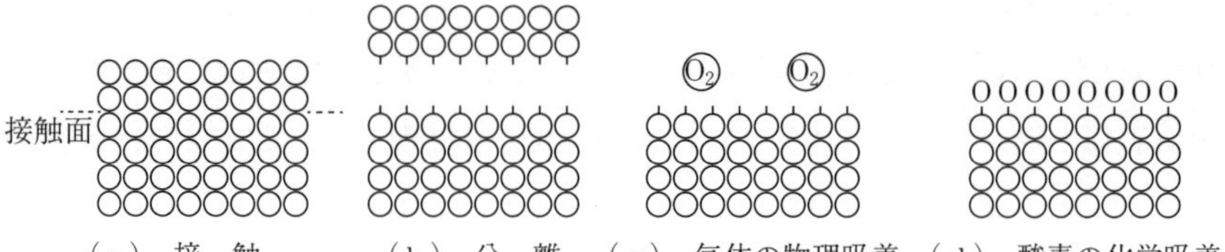

（a） 接　触
（b） 分　離
（c） 気体の物理吸着
（d） 酸素の化学吸着

図2.11　接触状態（凝着状態）から分離して生じる固体の活性面

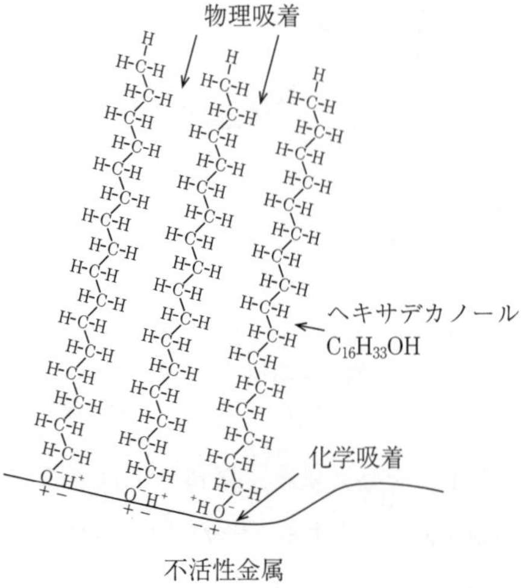

図2.12　非極性鎖状分子（ヘキサデカノール：$C_{16}H_{33}OH$）の表面への吸着

様子を物理吸着と化学吸着について**図 2.12** に示す。ステアリン酸分子の端末の極部の正電気力で表面に弱く吸着する。これに対して**図 2.13** の化学吸着の例では，水の存在を介して金属表面の酸化可能な金属，Fe と化学反応（酸化）を通して強く結合する。すなわち，極を持つ鎖状分子は表面に強く吸着する。

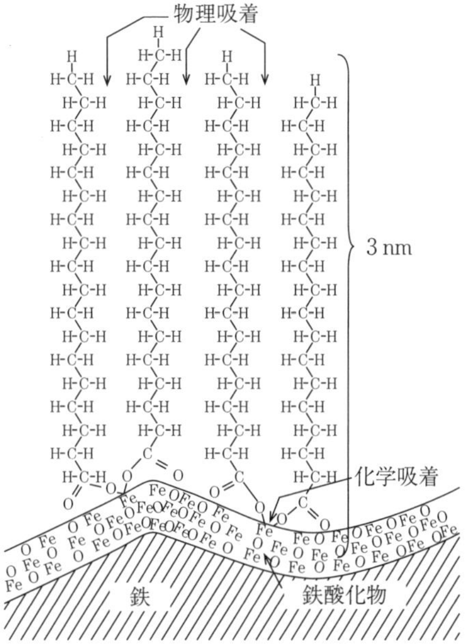

図 2.13　極性鎖状分子（ステアリン酸）の表面への吸着と結合（表面を覆う鉄の酸化皮膜へ鎖状分子の極性部が吸着している。）

2.3 表　面　汚　染

汚染大気中の金属表面において第一に挙げられるものは大気を構成する気体分子，特に酸素分子の表面への吸着で，その後に続いて起こる表面腐食によって生じる汚染がある。金属表面に形成する汚染皮膜層は，電気接触部にこれらが介在すると，電気抵抗（接触抵抗）を上昇させ，接触不良を引き起こすのでたいへん重要な問題である。このような汚染は大別すると，つぎの二つとなる。すなわち，周囲の気体と金属表面の反応のみによる場合で乾食（dry corrosion）と呼ばれている。これに対して，大気中には水が存在し，その作用が腐食を促進する場合が湿食（wet corrosion）といわれている。大気中の水分，すなわち水分子（H_2O）（湿度）の表面への吸着による吸着水膜の厚さと湿度関係を**図 2.14** に示す。相対湿度が 60 %RH を超えると，水膜は非常に厚くなる。この図が示すように，大気中に置かれた金属表面はほとんどの場合，水分子で覆われているといえる。

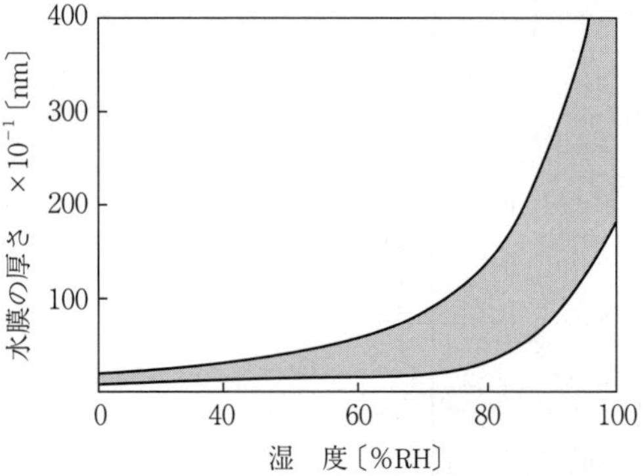

図 2.14　大気中における相対湿度と吸着水膜の厚さの関係（データの幅は種々の下地金属に対応している。）

金属はもともと酸化物や硫化物などの化合物からなる鉱物として天然に存在し，これを還元精錬して純粋な金属を得ている。したがって，金属は還元性であって，化学的に非常に不安定で，その置かれている雰囲気の気体と反応して化合物へ戻る傾向が非常に強い。反応性の気体と反応してその化合物を作る。さらに，化学的に非常に不安定で，皮膜の厚さや組成によって酸化の進行を止めるものや，進行が進むものがある[6)〜9)]。

実際の大気中での場面では，大気の湿度に依存して乾食と湿食は同時に存在するが，雰囲気の湿度に依存してどちらかが優勢となる。ここで，乾食と湿食との違いを Cu の硫化について**図 2.15** に示す。現在では，一般的に皮膜の成長はその厚さで評価するが，この図では皮膜の成長を単位面積当りの重量で示している。

これら乾食と湿食にかかわらず，これらによる汚染皮膜が接触境界部に介在

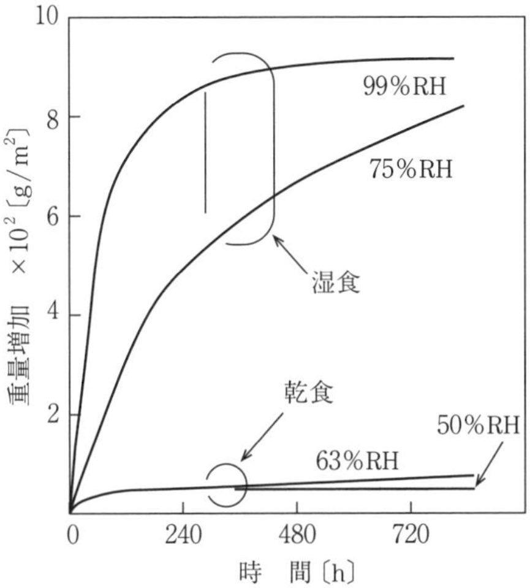

図 2.15　SO_2 中における Cu の表面に生成する Cu_2S 皮膜の成長に及ぼす湿度の影響（硫化皮膜の成長に及ぼす乾食と湿食の違い）

すると接触抵抗を増大させる。金属表面は結果として接触抵抗を増大させる。

2.3.1　乾　食　現　象

大気の主成分である酸素について乾食を考える。金属は酸素と親和力があるので，容易に酸化物を作る。金属 M と酸素 O_2 とは，次式の反応によって酸化物を作る。

$$xM + \frac{y}{2}O_2 \rightleftarrows M_xO_y$$

ここに，x と y は金属の原子価で決まる定数である。

はじめに，金属表面への O_2 の吸着が起こり，ついで金属の酸化物の解離圧が外界の酸素分圧より低ければ，表面に単分子層の皮膜ができる。つぎの段階で，皮膜は厚さ方向へ成長する。このためには金属または O_2，あるいは，双方が皮膜中を拡散していかなければならない。皮膜中の拡散過程を考えると，**図 2.16** に示すようになり，つぎのように大別することができる[6)〜9)]。

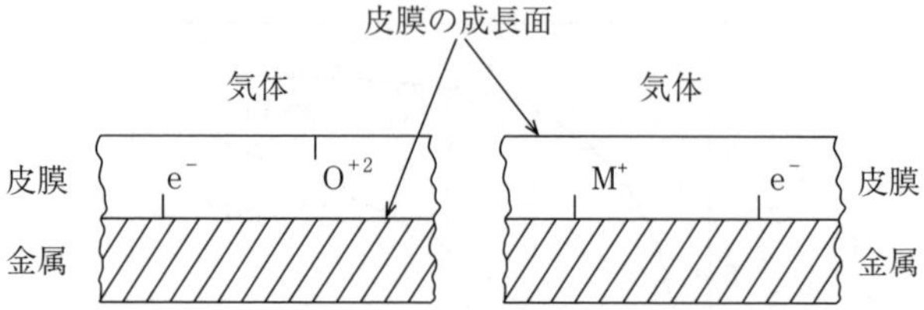

図 2.16　気体分子や金属原子の拡散による皮膜成長モデル

（1）　金属自体が原子として拡散する。

（2）　金属がイオンと電子に分かれて拡散する（$M \longrightarrow M^{+} + e^{-}$）。

（3）　酸素が分子として拡散する。

（4）　酸素が原子として拡散する。

（5）　酸素が酸素イオンと正孔に分離して拡散する。

（6）　金属イオンと酸素イオンとが同時に拡散する。

すなわち，これらの拡散の結果，酸化反応は，図 2.16 に示したように，大気と接する最表面と金属表面と皮膜表面と境界の両界面でつぎのように行われる。

（1）　金属側から金属原子そのものあるいは金属原子がイオンとなって皮膜中を拡散して，皮膜表面で酸素と反応する場合。

（2）　酸素が分子，原子，あるいは酸素イオンとなって皮膜中を気体側から拡散し，金属と皮膜の境界面で金属と反応する場合。

（3）　金属イオンと酸素イオンが同時に皮膜の両面から拡散する場合は，皮膜中で反応が起こる。

一般に金属は多結晶であるので，その表面も種々の方位の結晶面で構成される。それぞれの結晶面で皮膜の成長が異なる。したがって，表面での皮膜の成長はばらばらで，その成長速度も異なる。この均質とならない表面近傍の様子を**図 2.17** に示す。そのため，表面に対して厚さ方向に均一に皮膜が成長することはなく，各結晶面で成長した皮膜は表面全体で見れば，皮膜の内部にひずみが入り，機械的に壊れやすくなる。汚染皮膜の成長の初期段階に着目する

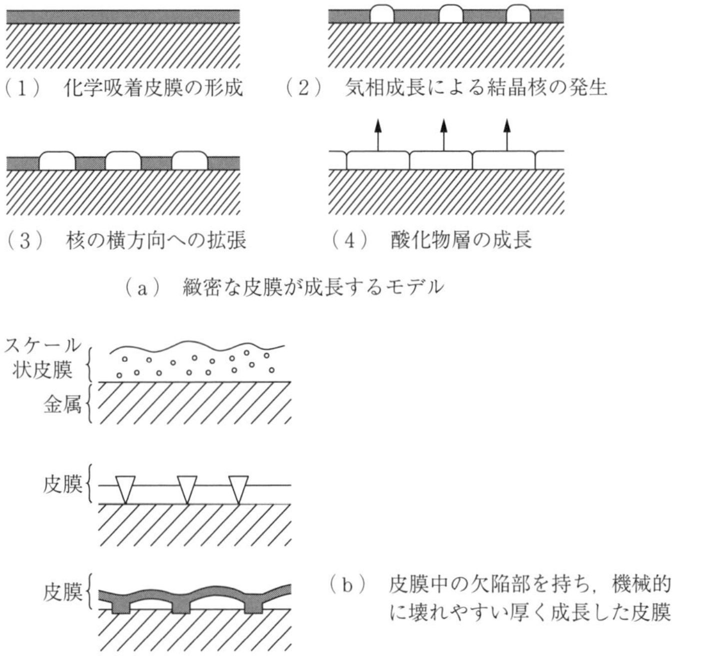

(1) 化学吸着皮膜の形成
(2) 気相成長による結晶核の発生
(3) 核の横方向への拡張
(4) 酸化物層の成長
(a) 緻密な皮膜が成長するモデル

(b) 皮膜中の欠陥部を持ち，機械的に壊れやすい厚く成長した皮膜

図 2.17　皮膜の成長プロセスと皮膜の欠陥部

と，まずはじめに酸素などの気体が表面に吸着し，吸着皮膜を形成する。つぎに，吸着酸素と金属原子が化学反応して皮膜の核が生じる。この核が成長して表面を覆い，酸化皮膜を厚さ方向へ成長させる。この成長は，**図 2.18** に示すように，物理吸着した酸素（O_2）が Cu 表面と化学反応を起こし，Cu_2O を生じる。これには酸素分圧と時間が強く関係する。この様子は段階を追って展開すると，つぎのようになる。一般に下地は加工硬化を受けた下地であるので，表面全体にわたって均一な皮膜は生成されない。皮膜が厚くなるほど結晶面の違いなどで厚さが異なってきて，皮膜内にひずみが生じるようになる。さらに，皮膜が厚くなりスケール状に成長すると，内部に欠陥部が含まれ，ひび割れなどが発生して，表面から剥がれ落ちるようになる。

つぎに，単一皮膜単体の組成の緻密さが気体分子や金属原子の拡散と深く関係するが，この組織の緻密さは皮膜の単位容積と，それを形成する原子の容

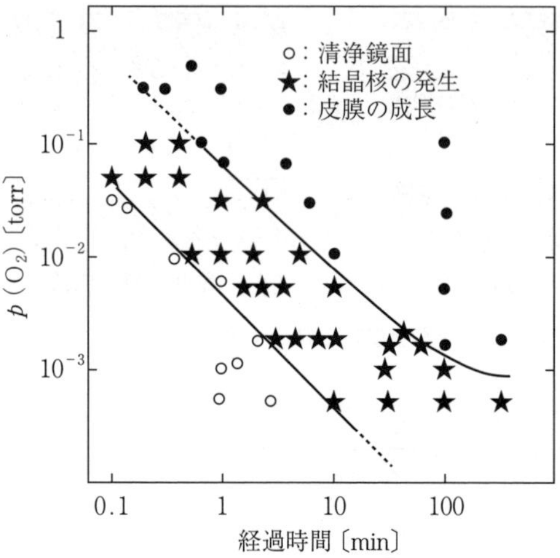

図 2.18　Cu 表面上に生成する核生成領域と Cu_2O 皮膜の成長を示す酸素分圧と時間の関係

積で決まり，式 (2.3) で示される。

$$r=\frac{M_c\cdot C_m}{n\cdot M_m\cdot C_c} \tag{2.3}$$

ここに，M_c は皮膜の分子量，C_c は皮膜の密度，n は皮膜中の金属原子の数，M_m は金属の原子量，C_m は金属の密度である。

この r の値を代表的な金属とその酸化物について**表 2.1** に示す。なお，表において M は酸化物の分子量，D は酸化の比重，d は金属の比重，m は酸化物 1 分子中の金属の原子量の和である。

式 (2.3) で与えられる r の値と皮膜の緻密性とその成長はつぎのようにま

表 2.1　生成皮膜の機械的強度の目安となる皮膜の組成と金属原子の大きさを示す係数

金　属	酸化物	Md/mD	金　属	酸化物	Md/mD
Mg	MgO	0.85	Fe	Fe_3O_4	2.10
Cu	Cu_2O	1.71	Fe	Fe_2O_3	2.16
Zn	ZnO	1.41	Mn	Mn_2O_3	1.75
Al	Al_2O_3	1.38	Mo	MoO_3	3.01
Ni	NiO	1.64	W	WO_3	3.50

とめることができる。すなわち，この比 r が1より大きい（$r>1$）と，酸化皮膜の体積は金属の体積より大きくなる。つまり，皮膜の組織は緻密となり，成長が続く。ここで，この逆で $r<1$ であると粗となる。つまり，皮膜には応力が働き，皮膜は成長できなくなる。しかし，$r>1$ の場合でも，r があまり大きな値となると，緻密すぎて皮膜の成長とともに内部にひずみが生じ，厚い皮膜では亀裂やひび割れが生じる。これに対して，$r<1$ の場合では，組織が粗となり，機械的強度が低下する[9)]。

皮膜が緻密で密着性がよいと，気体分子と金属との反応過程は上述の（1）または（3）の過程が支配的となり，粗であると気体分子や原子の皮膜中への進入が容易となり，（2）の反応過程が支配的となる。

図2.16に示したように，生成した皮膜中の気体分子や金属原子もしくはイオンの移動は皮膜中の空孔などの原子欠陥部を通しての拡散が支配する。その拡散速度は温度と時間に深く関係している。そこで，つぎに皮膜の成長機構について説明する[6),7)]。

フィック（Fick）の法則によれば，断面 A を通過する分子または原子（溶質）は濃度こう配 $dc/d\xi$ に比例する。すなわち

$$m = -A\cdot D\frac{dc}{d\xi} \tag{2.4}$$

ここに，D は拡散定数である。

濃度 c の変化率 $\partial c/\partial\xi$ は

$$\frac{\partial c}{\partial t} = \frac{\partial\left[D\cdot(\partial c/\partial\xi)\right]}{\partial\xi} \tag{2.5}$$

D が濃度と関係がないと

$$\frac{\partial c}{\partial t} = D\frac{\partial^2 c}{\partial\xi^2} \tag{2.6}$$

となる。これがフィックの第2法則である。

拡散定数 D の温度依存性は次式で与えられる。R は気体定数である。

$$D = D_0\cdot e^{(-Q/RT)} \tag{2.7}$$

これがアレニウス（Arrhenius）の式で，D_0 と Q は定数である。温度とある

しきい値以上の分子の比率の Boltzmann の関係を示している。

ここで，皮膜の厚さ d は

$$d^n = D \cdot t = [D_0 \cdot e^{(-Q/RT)}] \cdot t \qquad (2.8)$$

で与えられ，温度 T と時間 t の関数で与えられる。指数 n はつぎのように分けられる。

（1）**高温での皮膜の成長：n=1 の場合**　温度が非常に高い場合，皮膜中の気体分子や金属イオンの拡散は著しく加速される。また，皮膜の組織が粗で，金属と気体分子が直接的に反応する過程が支配的となる。このような状況下では皮膜の成長は膜厚とは関係なく，時間とともに直線的に増加する。このような例は直線則（linear law）といわれ，式(2.8）で $n=1$ とした場合である。

$$d = D \cdot t = [D_0 \cdot e^{(-Q/RT)}] \cdot t \qquad (2.9)$$

この関係をほかの場合と比較して**図 2.19** の中に示す。

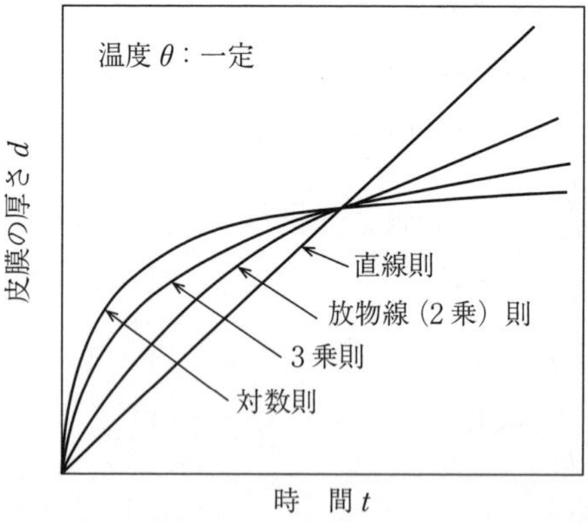

図 2.19　皮膜の成長に関する皮膜の厚さと放置時間の理論的関係（金属によって異なる 4 種類の律則）

（2）**中温度での皮膜の成長：n=2，3 の場合**　中温度またはそれ以上の温度で，均一な組成の皮膜が成長すると，皮膜を通して金属イオンあるいは酸素などの気体分子の拡散現象が支配的となり，上述したような次式で示される放物線則（parabolic law）が成立する。これが皮膜成長の一般的な場合である。

$$d^2=[D_0\cdot e^{(-Q/RT)}]\cdot t \qquad (2.10)$$

つぎに，中温度程度において，皮膜中に空間電荷層の強い電界が生じると，拡散のほかに電解による作用で気体分子や金属イオンの輸送に影響し，3 乗則（cubic law）といわれる式 (2.11) が成立する。

$$d^3=[D_0\cdot e^{(-Q/RT)}]\cdot t \qquad (2.11)$$

上述の放物線則と 3 乗則とを比較して図 2.19 に示した。

（3） **室温程度の低温度で生じる皮膜の成長**　Sn, Al, Fe, あるいはステンレス鋼などは，その皮膜はほとんど絶縁性であって，その中を電子が移動する過程が支配的であり，室温程度の低温度であると皮膜の成長は数 nm 程度の厚さで停止する。すなわち，皮膜成長の初期段階では，例えば気体分子が酸素の場合では，吸着酸素分子層（単分子層）が急速に酸化物皮膜となって成長するが，時間経過とともにその成長は止まる。すなわち，皮膜が厚くなると数十 nm の厚さで飽和する。これは電子の移動がトンネル効果に依存しているためであって，皮膜が厚くなると拡散に関係する電子の移動が不可能となるためである。そこで，皮膜の厚さ d は式 (2.12) で示される対数則（logarithmic law）で与えられる。

$$d=D\log(t+t_0)+A \qquad (2.12)$$

表 2.2　単体金属とその酸化物，それらの硬さと酸化の定数

試料金属	Ph	Sn	Ag	Cu	Ti	Ni	Mo	W
硬さ〔kg/mm^2〕	6	7	93	114	196	228	321	435
皮膜の種類	PbO	SnO_3	Ag_2O Ag_2S	Cu_2O Cu_2S	TiO_3	NiO	MoO_2	WO_2
酸化皮膜の硬さ〔kg/mm^3〕	250	1 650		130		430	50	
定数 A〔cm^3/s〕	2.0×10^{-1}				1.8×10^{-6}	1.5×10^{-2}	1.5×10^{-3}	2.2×10^{3}
定数 Q〔cal〕	24.2×10^{1}			20.14×10^{3}	26×10^{3}	54×10^{2}	35.5×10^{3}	54×10^{3}

以上で述べた皮膜の成長に対する放置時間の関係をまとめて，モデル的に図2.19に示した。

このような汚染皮膜の成長は温度 T と時間 t の関数で与えられるが，放物線則において式 (2.10) の D_0 や Q との定数がわかれば，膜厚算定に役立つ。そこで，一例をいくつかの単体金属について**表 2.2** に示す。表中には金属の硬さ，生成皮膜の種類，その皮膜の硬さなどを示す。

2.3.2 湿 食 現 象

大気中ではほとんどの場合，湿度が作用する。上述したように大気中の相対湿度が 60 %RH 以上となると，表面は完全に H_2O 分子で覆われる。すなわち，金属と気体との反応に H_2O が関与して，表面の腐食が加速的に進む場合である。いわゆるガルバニー腐食である。例えば，水溶液中に二つの異なる金属が浸され，双方の金属が溶液の外でつながっている場合，一方の金属の表面で酸化反応が，他方の表面で還元反応が生じる。接触部ではめっきやクラッドなどがある。いま，Fe と Pt の組み合わせで見ると，**図 2.20** のように，Fe 表面で酸化反応が生じ，Pt 表面で還元反応が生じる。それはつぎのような反応で行われる。

$$Fe \longrightarrow Fe^{2+} + 2e^- \text{（酸化側）}$$

$$2H^+ + 2e^- \longrightarrow 2H \text{（還元側）}$$

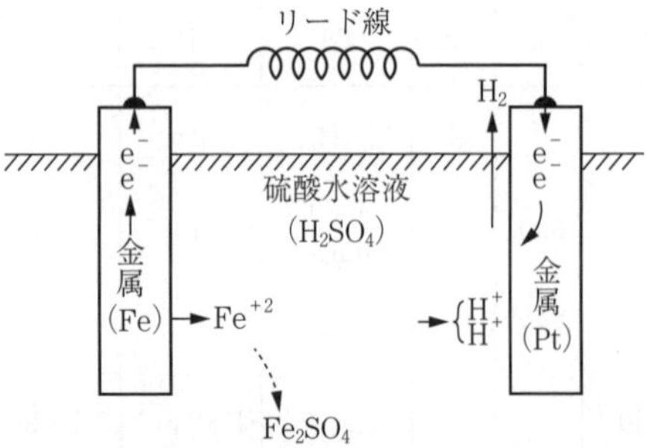

図 2.20　湿食現象の原理図と Pt めっきの湿食による腐食

$H + H \longrightarrow H_2$

ここで，溶液は

$H_2SO_4 \longrightarrow 2H^+ \quad + \quad SO_4$

$Fe + H_2SO_4 = Fe_2SO_4 \downarrow$ 沈殿

すなわち，この Fe_2SO_4 が汚染物として表面に付着するのである。

2.3.3 表面汚染の実例

〔1〕 Cu の加熱酸化と室内放置酸化

これまでの説明はあくまで理論に基づくものであって，実際の場合とは多少異なる。ここで，実際の乾食による銅（Cu）表面に生じる酸化銅（Cu_2O + CuO）の成長を乾食条件下で加熱温度を変えて，酸化皮膜の厚さをエリプソメトリ（ellipsometry）で実測した例を**図 2.21** に示す。これは，Cu 表面を大気中で種々の温度で加熱して，加熱時間に対して酸化皮膜の成長を示したものである。エリプソメトリの原理などの詳細は 8 章で詳しく述べる。

この場合の皮膜の組成は，Cu_2O の生成後に CuO が層状に生成する。すなわ

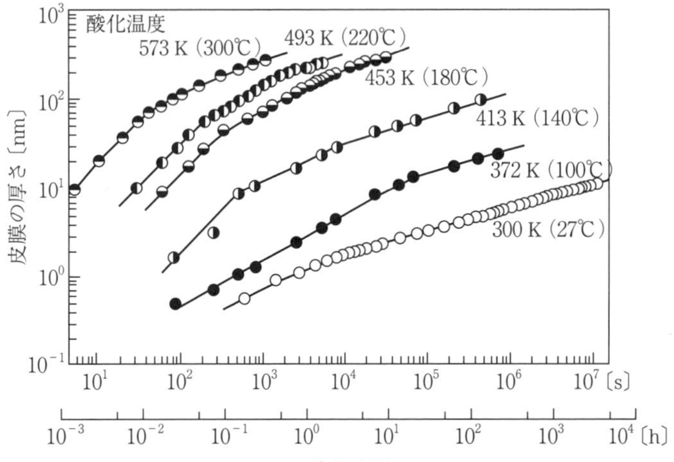

図 2.21 Cu の加熱酸化（乾食）による加熱温度をパラメータとした皮膜の成長と放置時間の関係

ち，皮膜の薄い初期の段階は Cu イオンの供給が十分であるので Cu_2O となるが，皮膜が厚くなるに従って Cu イオンの拡散が抑制されると，表面で酸素との出会う機会が十分でなくなるので Cu が不足して CuO となる。この図 2.21 から上述の n の値が，酸化皮膜の成長とともに大きくなることがわかる。ここが理論と異なるところで，実際の場面では，図 2.21 に示したようにつねに一定の律則ではなく，時間経過とともに変化する。この図からわかることは，式 (2.8) で示したように一律に n の値が決まるのではなく，酸化皮膜の成長が進むにつれて n 値が大きくなる。これも，上述の金属拡散が皮膜の成長とともに疎外されることに起因している[10),11)]。

アレニウスの式，すなわち式 (2.8) 中の定数が温度や時間によって変化することを**表 2.3** に示す。しかし，放置時間が長くなると，皮膜は成長し厚くなるために拡散時間が長くなり，皮膜の成長が遅くなることには変わらない。

表 2.3　酸化温度と酸化時間に対する酸化定数 D_0 と Q, および律則 n の変化

（a）　高温〔573 K（300℃）～ 453 K（180℃）〕

定　数	酸化初期	酸化中期	酸化後期
n	1.00	2.00	3.00
A〔nm^n/s〕	2.02×10^5	5.98×10^7	1.17×10^{10}
Q〔J/mol〕	4.94×30^4	5.56×10^4	5.56×10^4

（b）　低温〔313 K（180℃）～室温（300 K)〕

定　数	酸化初期	酸化中期	酸化後期
n	2.00	3.00	4.00
A〔nm^2/s〕	1.63×10^{-1}	7.13×10^3	—
Q〔J/mol〕	1.05×10^4	3.71×10^4	—

〔2〕 大気中における酸化皮膜の挙動

Cu はほかの貴金属系の接触部材料と比較して経済性，導電性，加工性などの諸点から広く接触部を含めた導電材料として用いられてきている。そこで，室内雰囲気に Cu 表面を放置する場合，ポリッシした鏡面の Cu を実験室内に放置し，放置時間に対して表面に生成する酸化皮膜の厚さをエリプソメトリで

測定した。室内の湿度はそのときどきの天候によって支配され，酸化膜（CuO $+Cu_2O$）の成長が乾食であったり，湿食であったりする。実際の室内空間では皮膜の成長に湿度が顕著に影響する。この様子を**図 2.22** に示す。すなわち，横軸が日数の経過で，その間に雨天・晴天が繰り返されるとそれに伴い雰囲気の湿度が変化する。この図が示すように，雰囲気の湿度が上昇すると酸化皮膜の厚さが減少し，湿度が低下して乾燥状態になると皮膜が成長する。この変化を繰り返しながら皮膜は厚く成長する。皮膜の厚さの増減に作用する湿度の変化の関係の相関を調べると相関係数が 0.867 で，**図 2.23** に示すように，相関のあることがわかる。そこで，この湿度への影響を実証するため，実験的に湿度の変化を行って，その皮膜の成長への影響を調べたのが**図 2.24** に示す結果である。図のように，はじめ 70 nm あった皮膜が湿度 100 %の大気雰囲気に 60 min 放置すると，その皮膜は 67 nm に減少する。ここで，湿度 50 %にすると皮膜は急速に成長し始め，約 800 min で 73 nm に達する。そこで再び湿度 100 %の雰囲気に戻すと，69 nm へ減少する。これは乾食から湿食へ移行する過程で，吸着水膜からの水素（H_2）の還元作用と考えられている[12),13)]。

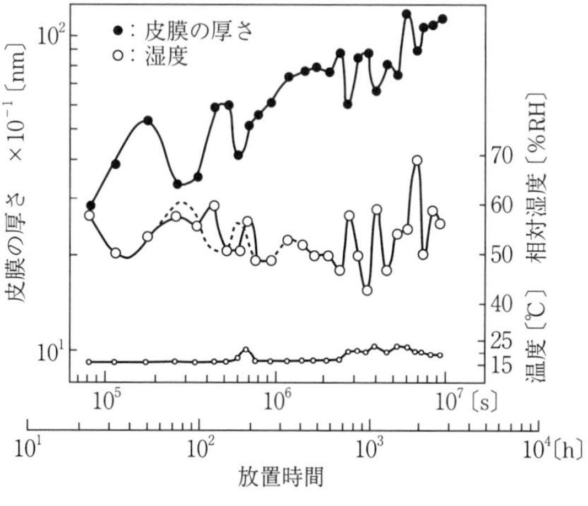

図 2.22　室内に放置した Cu の表面に生成する Cu_2O 皮膜の天候依存性（天候によって室内の湿度が変化すると成長する Cu_2O 皮膜の厚さが異なることを示している。）

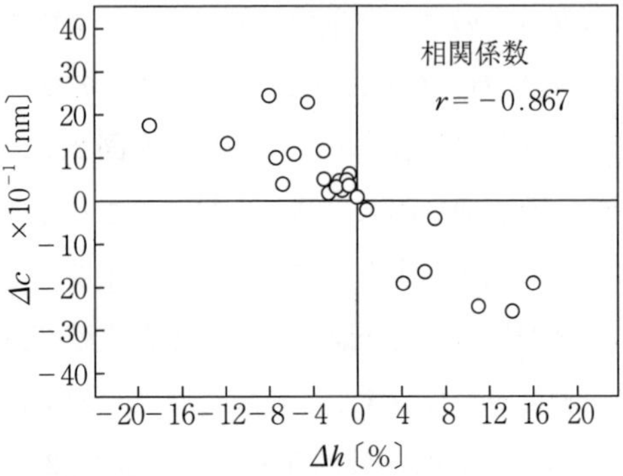

図 2.23　図 2.22 に示した湿度の変化と酸化皮膜の変化の相関を示した相関図（86.7 %の相関があることを示している。）

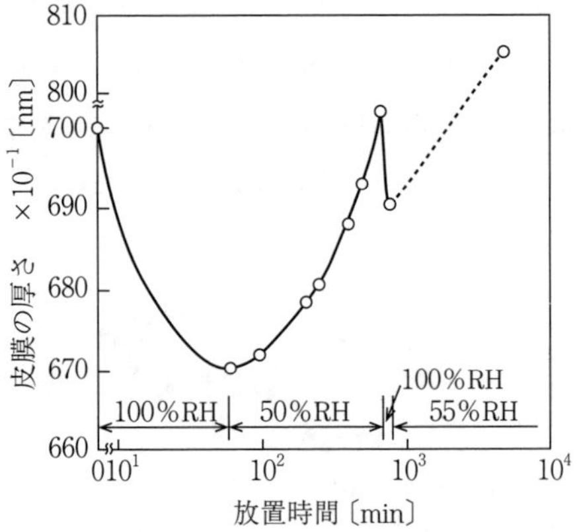

図 2.24　酸化皮膜（Cu_2O）に影響する湿度の変化

このように，汚染皮膜が存在する接触面が高湿度にさらされることによって，吸着水膜の還元作用で皮膜が薄くなり，その結果，接触抵抗は低下して接触信頼性は回復する。しかし，長期に湿度にさらされていると，その生成物が表面に蓄積し接触抵抗を高め，接触信頼性は低下することになる。なお，このメカニズムの詳細は 9 章で詳しく述べる。

〔3〕 Ag の 硫 化

つぎに，銀（Ag）の硫化の場合も同様に扱うことができる。Ag は Cu と同様に硫化されやすい金属である。例えば，硫化水素（H_2S）と強く反応して硫化銀（Ag_2S）皮膜をその表面に生じる。接触信頼性に対する H_2S の影響を見るために，旧 JEIDA（日本電子工業振興協会），現 JEITA（電子情報技術産業協会）では加速試験としての標準試験法（JEIDA：No.25）を定めている。これは湿食の試験である。これに規定されている濃度 3 ppm の H_2S, 40 ℃, 85-95 %RH の雰囲気中に Ag 表面を放置した場合，表面に生成される Ag_2S 皮膜の成長（皮膜の厚さ）は放置時間に対してエリプソメトリによる測定で**図 2.25** に示すようになる。ここでは，エリプソメトリで測定される楕円偏光の傾き（Δ）とふくらみ（Ψ）の関係を膜厚とともに図 2.25 に示す。詳しくは 8 章を参照されたい。

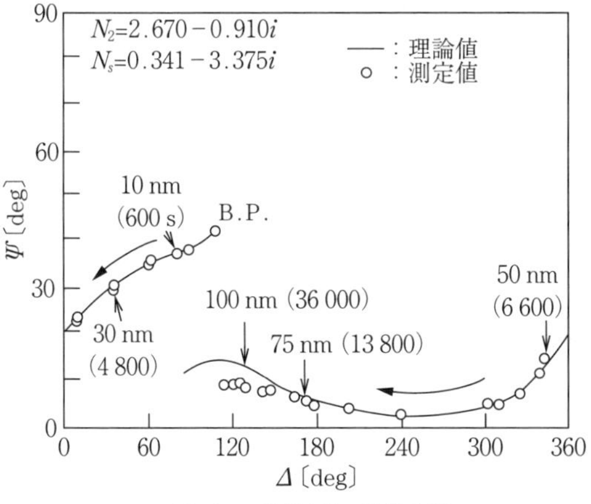

N_s は Ag 清浄面の光学定数。

図 2.25 Ag_2S 皮膜の成長に伴う Δ と Ψ の関係

Ag_2S 皮膜の成長に対する Δ と Ψ との関係を示す図 2.25 において，この硫化皮膜の成長は図中の清浄面（B.P. 点）から始まって，膜厚が 75 nm 程度までは，皮膜の光学定数に $N_2 = 2.670 - 0.910i$ を与えた理論曲線と実験値（○）とが一致している。皮膜が厚くなると，$N_2 = 2.530 - 0.750i$ と変化する。つまり，

75 nm あたりを境にして皮膜の組成に変化が生じていることがわかる[14]。この結果から，腐食時間に対する Ag_2S 皮膜の成長は，**図 2.26** に示すように時間とともに遅くなる。皮膜の成長速度は，図 2.26 に示すように 4 領域に分けることができる[14]。ここで，温度と湿度を一定とすると，皮膜の厚さは硫化時間〔s〕と H_2S 濃度に直接関係するが，ここでは H_2S 濃度が 3 ppm と一定なので，皮膜の厚さは酸化皮膜の式 (2.8) の場合と同様に硫化時間 (t) の関数として式 (2.13) のように示される。

$$d^n = kt \tag{2.13}$$

ここに，d は皮膜の厚さ，k は定数である。この式の Ag の硫化に関するパラメータ n と k は図 2.26 に示されている 4 領域に対応して，**表 2.4** に示す値となる。

この硫化皮膜の接触抵抗に対する影響を**図 2.27** に示す。皮膜の厚さが 5 nm 以下であると接触抵抗に影響がなく，また皮膜が機械的に弱いことが示されて

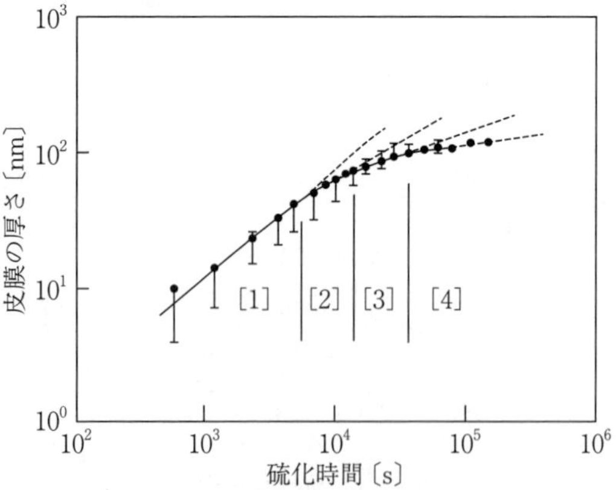

図 2.26　腐食時間に対する Ag_2S 皮膜の成長

表 2.4　Ag の硫化に関する定数

パラメータ	第 1 段階 (0 ～ 45 nm)	第 2 段階 (45 ～ 75 nm)	第 3 段階 (75 ～ 100 nm)	第 4 段階 (100 nm ～)
n	1.25	1.89	3.33	7.69
k	0.48	4.73	43.18	256.22

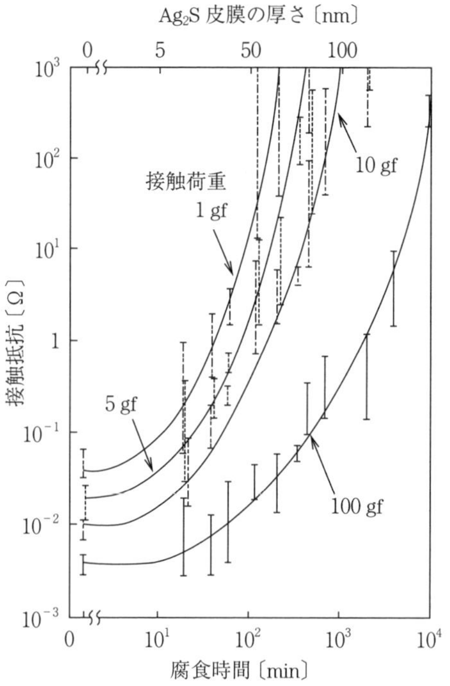

図 2.27　腐食時間と接触抵抗の関係

いる。

〔4〕　めっき接触面の腐食

卑金属は貴金属に比べると著しく腐食しやすい。そこで，卑金属接触面をAu などの貴金属でめっきして用いられる。この場合，Au めっきが十分に厚いと腐食の問題はないが，経済性の点からめっき層を薄くすると，下地金属の表面粗さなどが作用して，めっき層に細孔（ピンホール）が生じる。したがって，腐食しやすい下地の卑金属はこの細孔を通して周囲環境の雰囲気と接することになる。この結果，**図 2.28** に示したように，下地金属が腐食し，その生成物が細孔を通して表面に現れ，斑点状の汚染皮膜が表面にできる。

このとき，湿度が高いと湿食が発生する。つまり，細孔近傍の吸着気体や反応生成物が吸着水膜中に溶解して電解液を作る。細孔中でこの電解液にめっき

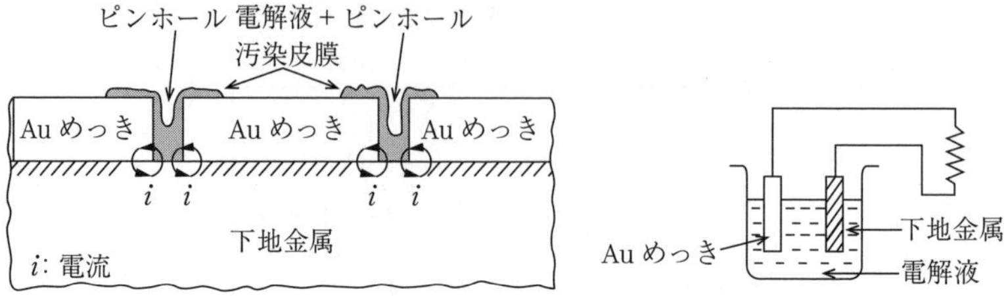

図 2.28　Auめっき面のピンホールを介した湿食

金属と下地金属とが接触しながら浸かることになる。この状況は，上述の湿食の項で説明した電解液中に異なる2種類の金属電極を浸し，これらの電極を外部で電線によってつないだモデルと等価である。すなわち，ガルバニー電池が形成されたことになり，腐食は激しく加速する。このような腐食の形態をガルバニー腐食（Galvanic corrosion）と呼ばれている[15),16)]。

〔5〕 複　合　汚　染

表面に吸着した複数の腐食性分子が水分（H_2O）の存在のもと，腐食性分子が相互に反応してその生成物で表面を汚染する場合がある。この場合は，Au, Au合金，Pt合金などの化学的に安定ということが通説となっている表面は場所を提供しているだけで，その表面に吸着した複数の気体間で化学反応が生じ，その生成物が表面を汚染するのである。その例は，Pt系の貴金属で，周囲環境からの外来のSO_2, NO_2, NH_3について認められる。すなわち，SO_2は自動車などのエンジンの排気ガス由来であり，NH_3はフェノール系の絶縁体やケーブルの編組などから放出される。また，NO_2は大気中の接触部での放電で生じる。これらの気体が吸着水膜の存在のもとでつぎの反応が生じる。

$$SO_2 + NO_2 \longrightarrow NO + SO_3$$

$$SO_3 + H_2O \longrightarrow H_2SO_4$$

$$2NH_3 + H_2SO_4 \longrightarrow (NH_4)_2SO_4$$

生成した$(NH_4)_2SO_4$は硫安であって，NTTの電話交換機の不良接点で見いだされた。この事実からわかることは，金属の種類に関係なく周囲気体の相互反応によって汚染生成物が金属表面を覆うという例である[17)]。

2.4　合 金 の 酸 化

単体金属の場合はすでに説明したところであるが，合金の場合は単体金属の項で説明したように，表面層にその金属の酸化物皮膜が単純に生じるというようなプロセスではなく，酸化しやすい金属とほかの金属が分離して酸化物が生じる複雑な過程を経る。高温度下におけるいくつかの例を取り[6)~8)]，いくつかの合金の場合について説明する。

（1）　単一原子が酸化する場合で，酸素の圧力 P_{O_2} が酸化物 BO の解離圧より大きく酸化物 AO の解離圧より低い場合，すなわち，P_{O_2}（酸化物 BO）$<P_{O_2}$ $<P_{O_2}$（酸化物 AO）。

例 1.1　　Ag-Si 合金では，**図 2.29**（a）に示すように，Si が内部酸化により島状に SiO を生じ，Ag と分離する。この例では，接触境界面では Ag が電流路をつかさどり，SiO が溶着を防ぐ作用を持つといわれている。

例 1.2　　Fe-Cr 合金の場合では，図 2.29（b）に示すように，Cr（B）が積極的に表面へ拡散し，表面層に層状の CrO を形成し，その下部に Fe が残留する。

（2）　単一原子が同時に酸化する場合で，（1）とは逆で P_{O_2}（酸化物 AO）$<P_{O_2}<P_{O_2}$（酸化物 BO）の場合。

例 2.1　　Cu-Au 合金の場合では，図 2.29（c）に示すように，Au は酸化しないので，Cu が選択的に参加して Cu_2O を生じる。Au は島状となって Cu_2O 中に分散する。

例 2.2　　Ni-Pt 合金の場合では，図 2.29（d）に示すように，酸化が容易な Ni が支配的に参加し NiO を生じる。NiO 層の下部に分離した Pt 層ができる。その下部領域では酸素の拡散が不十分なので，Ni-Pt 合金が残留する。

（3）　二つの元素が同時に参加する場合で，$P_{O_2}>P_{O_2}$（酸化物 AO），$P_{O_2}>P_{O_2}$（酸化物 BO）。

双方の酸化物が溶解しない場合

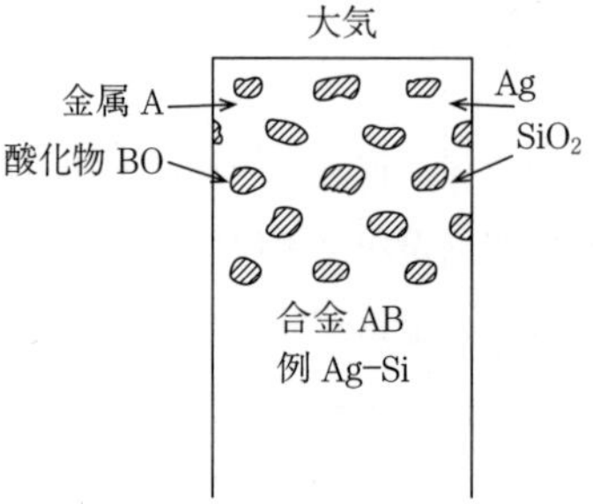

（a）　二元合金の内部酸化による選択酸化，島状酸化物として一方の非酸化金属中に分散

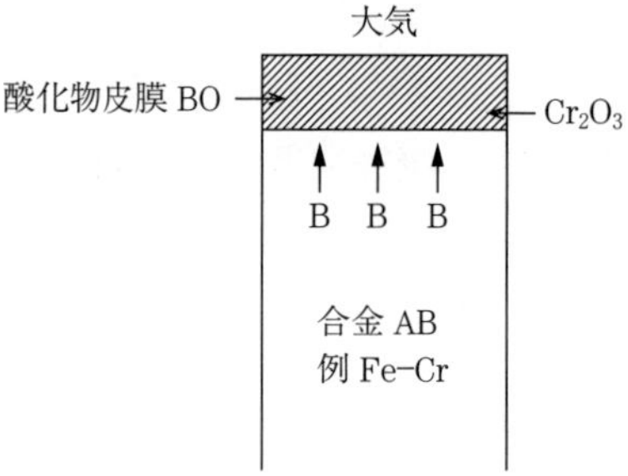

（b）　二元合金の内部酸化による選択酸化，層状酸化物として一方の金属中に分散

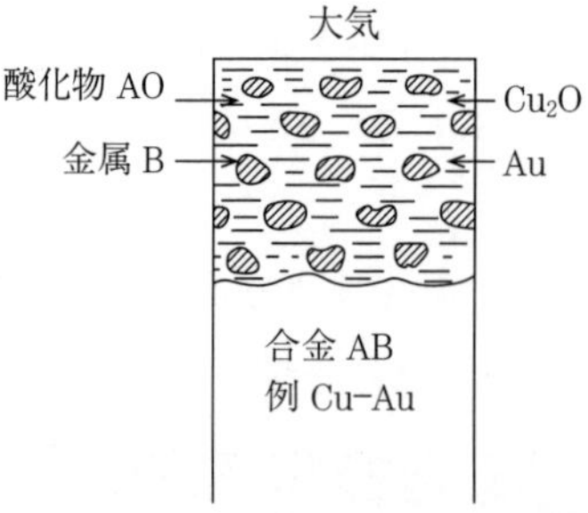

（c）　二元合金の内部酸化による選択酸化，酸化物層中に非酸化金属が島状に分散

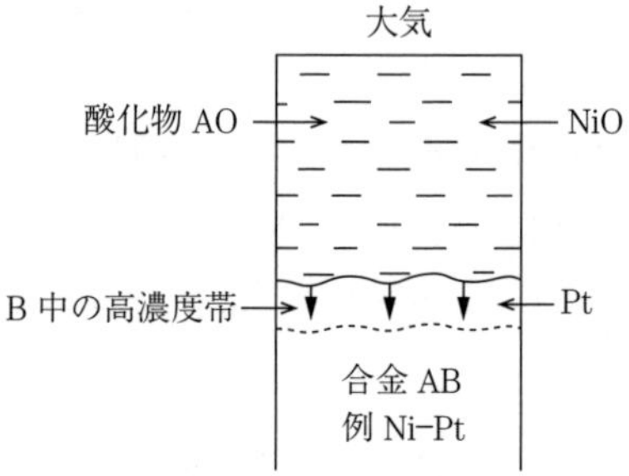

（d）　二元合金の内部酸化による選択酸化，酸化物層の下部に非酸化金属が層状に重なる

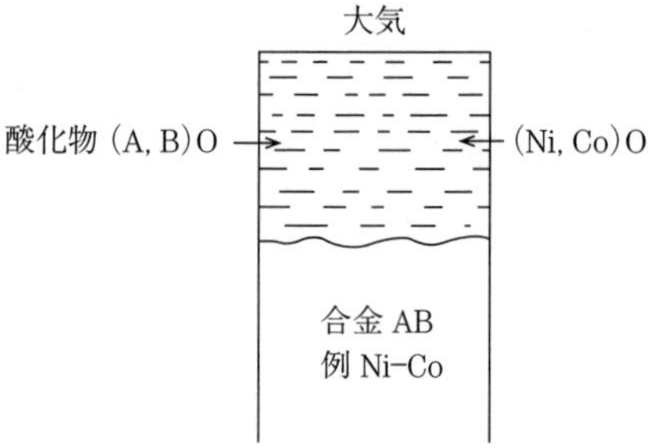

（e）　二元合金の内部酸化，表面に双方の金属の酸化物が混在生成する

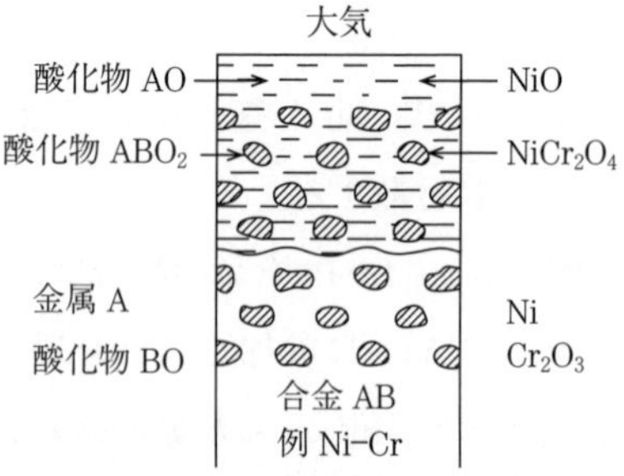

（f）　二元合金の内部酸化，単体金属と合金の酸化物が混在する場合

図 2.29　異種金属間の合金の酸化の状況

例 3.1　Ni-Co 合金の場合では双方が同程度に酸化するので，(Ni,Co)O が表面層を作る〔図 2.29 (e)〕。

例 3.2　Ni-Cr の場合では二重の酸化物が生成する場合には，図 2.29 (f) に示すように，表面層で NiO が生じ，そこに $NiCr_2O_4$ が島状に分散する。さらにその下部で，Ni 中に Cr_2O_3 が島状に分布する[8]。

2.5 ま と め

金属の表面はたいへん複雑で，バウデン (Bowden) 博士のいうところの「表面は悪魔が作った」との表現を言い当てると思える。表面を構成する原子による空間に及ぶ引力で凝着が生じ，摩擦や摩耗を支配している。さらに，大気中の気体分子が吸着し，金属や吸着気体どうしの化学反応によって表面が汚染皮膜で覆われる。電気接触部で考えるならば，これら皮膜が接触境界部に介在することによって，電気の流れの妨げとなる。この詳細は後述の 3 章や 4 章で取り上げる。この永遠のテーマとどのように対峙していくかが今後の研究課題となる。

引用・参考文献

1) Bowden, F. P. and Taber, D.：The Friction and Lubrication of Solids, Part I (1954) and II (1964), Clarendon Press, Oxford
2) 河野彰夫：日本物理学会誌，**43**，8，p.579 (1988)
3) Lenard-Jones, J. E.：Proc. Phys., 63, p.245 (1980)
4) 玉井輝雄：電気接点表面と接触のメカニズム，表面技術，**55**, 12, pp.102-107 (2004)
5) 笹田　直：摩耗，養賢堂 (2008)
6) Kubaschewski, O. and Hopkins, B. E.：Oxidation of Metals and Alloys, Butterworths (1967)
7) Hauffe, K.：Oxidation of Metals, Plenum Press (1965)
8) Oudar, J.：Physics and Chemistry, Blackie & Son (1975)
9) 椙山正孝：金属材料の加熱と酸化，誠文堂新光社 (1965)
10) 玉井輝雄：Cu の接触表面に生ずる酸化皮膜の成長とその接触抵抗に及ぼす影

響，電子情報通信学会論文誌 C, **J71-C**, 10, pp.1349-1354 (1988)
11) 玉井輝雄，林　保，澤田精二，中村　卓，大崎　博：銅接触面に生成する酸化皮膜の成長則と接触信頼性に対する加熱酸化の加速率，電子情報通信学会論文誌 C-II, **J79-C-II**, 11, pp.537-545 (1996)
12) Kawano, T. and Tamai, T.：Effect of H_2O on oxidation of Cu contact surface, J. Robotica and Mechatronics, **5**, 3, pp.284-291 (1993)
13) Tamai, T. and Kawano, T.：Significant decrease in thickness of contaminant films and contact resistance by humidification, IEICE Trans. Electron., **E77-C**, 10 (1994)
14) Tamai, T.：Ellipsometric analysis for growth of Ag_2S film and effect of oil film on corrosion resistance of Ag contact surface, IEEE Trans. Compon., Hybrid Manuf. Technol., **12**, 1, pp.43-47 (March 1989)
15) Krumbein, S. J. and Antler, M.：Corrosion inhibition and wear protection of gold plated connector contacts, IEEE Trans. Parts, Materials and Packaging, **PMP-4**, 1, pp.3-11 (1968)
16) Antler, M.：Current topics in the surface chemistry of electric contacts, IEEE Trans. Parts, Materials and Packaging, **PMP-2**, 3, pp.59-67 (1966)
17) 山崎眞一，他：私信，接点の大気中劣化とその接触抵抗に及ぼす影響 (1975) 詳しくは以下の論文を参照のこと。Yamazaki, S., Nagayama, T., Kishimoto, Y., and Kanno, N.：Investigation of contact resistance of open contact covered by ammonium sulfates film, Proc. 8th Int. Conf. Electrical Contacts Phenomena, Tokyo, 282-286 (1976)
18) Ashcroft, N. W. and Mermin, N. D.：Solid State Physics, Brooks/Cole (1976)

3. 金属表面どうしの接触

物体を構成する表面はその内部の状況とはたいへん異なり，複雑で未知の世界が展開していることはすでに述べてきたところである。このような表面どうしを接触させると，その境界部はもっと未知の世界となる。コネクタなどの電気接触部はそこへ電流を流して導電路をつかさどるようにするのであるから，電流がなめらかに流れることのほうが不思議なくらいである。接触境界面は外部から直接的に観察するのが不可能であるから，いろいろ想像を巡らせて電流路を想定するのである。

本章では，おもに数学的な解釈を紹介し，最後にLEDの原理を応用して真の電流路を観察したたいへん画期的で興味深い事例を取り上げる。

3.1 電気的接触部

平面どうしを重ねて接触させると，全面にわたって均一に接触することはなく，平面に存在するごくわずかなうねりや凹凸によって，**図 3.1** に示すように，高い部分どうしが接触する。ケンブリッジ（Cambridge）大学のバウデン（Bowden）とテーバー（Tabor）の両教授がその著書で述べているように，平面どうしの接触では三脚の原理で平面を高い凸部が相手の平面を支える[1)]。すなわち，一方の平面がほかの自由面を支えるためには，三脚の原理で平面の凸部の3点で支え，これらが真の接触部となる。

はじめに，単純化して**図 3.2** のような円筒の平らな端面が接触することを考える。電圧を印加し円筒軸方向に接触部を通して電流 I を流すと，接触境界部をまたいで電圧降下 V_k が生じる。オームの法則で抵抗 R_k が求まる。すな

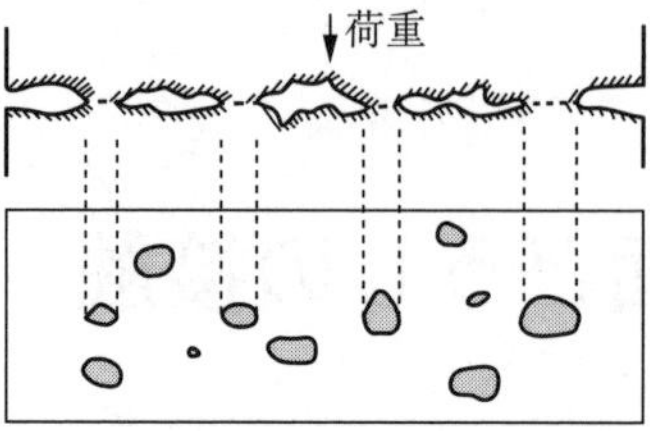

図 3.1　平面どうしの接触と真の接触面

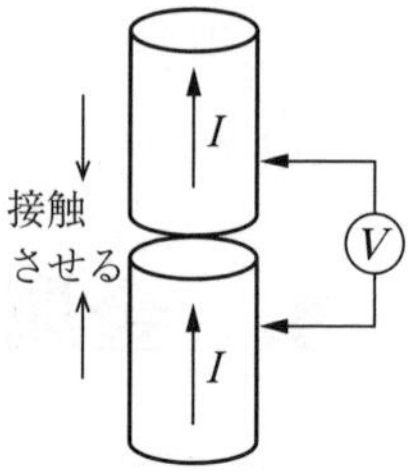

図 3.2　円筒端面どうしの接触

わち，$V_k/I=R_k$，つまり，円筒端面の接触部に抵抗が存在することを意味している。この抵抗が接触抵抗（contact resistance）と呼ばれている。接触抵抗は二つの要因で構成されている。一つは図 3.1 および**図 3.3** のように実際に真に接触している部分が非常に少なく，またその面積が非常に小さいことに起因する電気抵抗で集中抵抗（constriction resistance）と呼ばれている。ほかの抵抗は，金属の表面は酸化物などの汚染皮膜で覆われていて，境界部にこの皮膜や外来の異物が介在することによって生じる電気抵抗である。皮膜抵抗（film resistance）または接触境界部の抵抗であるので境界抵抗（boundary resistance）と呼ばれている。これらは真の 1 個の接触点についてみると直列となって表される。この概念はホルムの業績に負うところが大である[2)]。さらに，直列抵抗として，真の接触部の下部の導電率で決まる抵抗値がある。よって，接触抵抗は式（3.1）で示される。

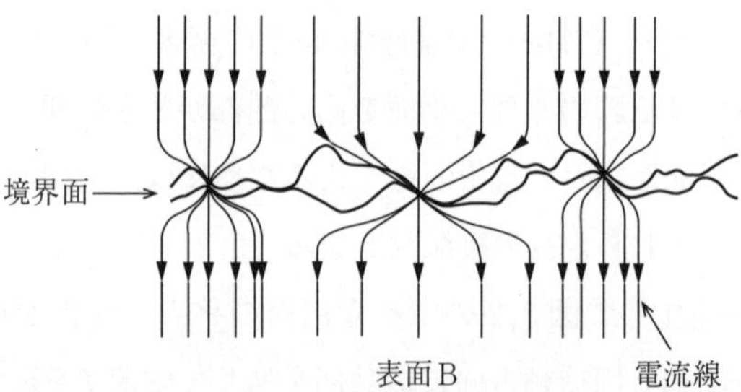

図 3.3　接触境界の真の接触部で電流が絞り込まれる状況[4)]

$$R_k = R_c + R_f + R_b \tag{3.1}$$

ここに，R_k は全体の接触抵抗，R_f は表面の汚染皮膜による皮膜抵抗，R_b は真の接触部直下の金属部分の抵抗（bulk resistance），R_c は上述の狭い電流路のために電流が絞り込まれて生じる集中抵抗である。一般に，$R_b < R_c < R_f$ であるので，$R_k = R_c + R_f$ となるのが普通である。

実際には一対の接触部の微小な真の接触部が構成されるので，図 3.3 のように接触抵抗は双方の半分ずつの接触部で構成され，式 (3.2) のようになる。

$$R_k = \left(\frac{R_c}{2} + \frac{R_f}{2}\right) + \left(\frac{R_f}{2} + \frac{R_c}{2}\right) \tag{3.2}$$

この関係を明快に実験で立証したのがホルムで，ドイツのジーメンスの研究所に勤務していた時代に，極低温での磁界と超電導の関係であるマイスナー効果（Meissner effect）の発見者マイスナーと共同で，Pb で接触部を作り極低温度下において超電導状態を得た。その結果，集中抵抗 R_c がなくなることを見いだした。すなわち，超電導が生じると金属の抵抗率 ρ は $\rho = 0$ となるので，導電体に関わる部分の抵抗はなくなり，集中抵抗はなくなる。この状態で接触抵抗が現れれば，上式で $R_c = 0$ より $R_k = R_f$ となって皮膜抵抗 R_f の存在を意味する。酸化物などの表面皮膜は極低温化で超電導状態とならないためである。この発見によって，上式で示される接触抵抗は集中抵抗と皮膜抵抗の和（$R_k = R_c + R_f$）の関係が確立したのである。

接触境界部には，皮膜のほかに塵埃などの種々の物質が介在する。これが境界抵抗として接触抵抗を高める原因となる。

3.2 集　中　抵　抗

表面のうねりや粗さによって，接触境界部の真の接触面が 1 個となるとは限らず，また形状は円形ばかりでない。そこで，ここではいくつかの事例について考えてみる。

〔1〕 真の接触部が円形で1個の場合

接触境界部で実際に接触している部分が微小な1個の場合，金属部分を流れてきた電流がそこでせばめられるので，流れにくくなり，電気抵抗が現れる。これが集中抵抗の基本である。

この問題は電気の歴史の中に見いだされる。電磁波の存在を予言したケンブリッジ大学のJ. C. マクスウェル（James Clerk Maxwell）教授が1873年代に導体の「くびれ」の問題として理論的に解析し，彼の著書「A Treatise on Electricity and Magnetism（電気と磁気の理論）」で解説している[3)]。以来，電磁気学における境界値問題として取り上げられ，ホルムの系統的な解析が有名で[2)]，今日に至っている。

この問題を解くには空間の電位分布を与えるラプラス（Laplace）の方程式の境界値問題の解法として取り扱われる。そこで，ここではまず初めにこの問題を考えてみる。

接触境界部を**図3.4**のように表し，第一の仮定として，厚さのない半径aの円形の真の接触面で電流が絞られるとする。さらに，第二の仮定として，双方の電極は無限に大きいとする。これらの仮定を踏まえると**図3.5**のモデルとなる。この場合の電流分布は，電位V_0に帯電した半径aの円板によってできる電界の電位に従うので，この電位分布を求める必要がある。まず，直交座標系で空間の電位を与える式(3.3)のラプラスの方程式に着目する。

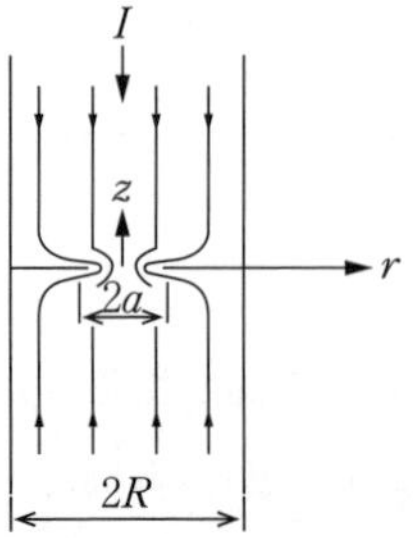

図3.4　有限な形状の接触部

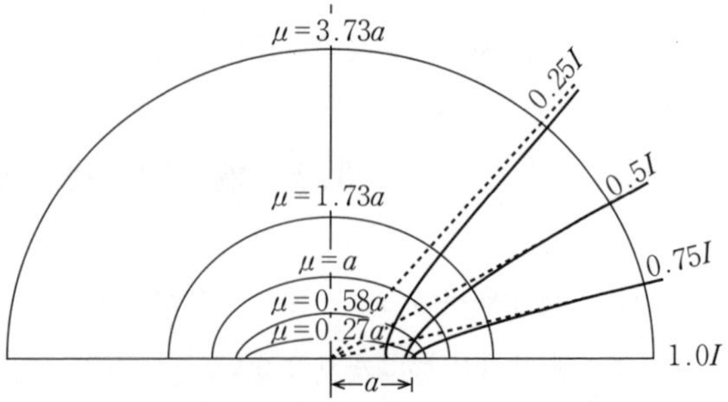

図3.5　1個の円形の真の接触面での電流線と電位分布[2)]

$$\nabla^2 V = \frac{\partial^2 V}{\partial x^2} + \frac{\partial^2 V}{\partial y^2} + \frac{\partial^2 V}{\partial z^2} = 0 \tag{3.3}$$

この式を題意に沿って，円座標系に変換することが適当である。そして，ベッセル（Bessel）関数を適用して最終的に式 (3.4) を得る。この展開過程は長くなるので，巻末に付録として示す。

求める集中抵抗は式 (3.4) となる。

$$\frac{V_0}{I} = \frac{\rho}{4a} \tag{3.4}$$

この集中抵抗は一方の真の接触部で生じる集中抵抗を表している。したがって，接触境界部に実在する集中抵抗は，式 (3.4) を2倍すればよい。すなわち

$$R_c = R_{c1} + R_{c2} = \frac{\rho}{4a} \cdot 2 = \frac{\rho}{2a} \tag{3.5}$$

これが1個の円形の真の接触面で生じる集中抵抗を表す一般的な関係である。すなわち，ただ単に金属の抵抗率を真の接触面の直径で割ればよいことになる。

〔2〕 楕円から求める場合

つぎに一般に広く求められている方法について述べる。図3.5に示したような等電位面と電流線が式 (3.5) で示される楕円体の接触部を流れるとすると，次式が成り立つ。

$$\frac{x^2}{\alpha^2 + \mu} + \frac{y^2}{\beta^2 + \mu} + \frac{z^2}{\mu} = 1 \tag{3.6}$$

ここに，μ はパラメータ，楕円の軸は x と y 方向である。上式から xy 平面に垂直な半楕円の高さは $\mu^{1/2}$ で，$(\alpha^2 + \mu)$ は楕円の x 方向の軸長である。

厚みのない平らな楕円接触面と上式で与えられる半楕円体との間の電気容量 C は式 (3.7) で与えられる。

$$C = \left[\int_0^u \frac{du}{\{(\alpha^2 + \mu)(\beta^2 + \mu)\mu\}^{1/2}} \right]^{-1} \tag{3.7}$$

したがって，楕円の集中抵抗は

$$R_c = \frac{\rho}{2\pi}\left[\int_0^u \frac{du}{\{(\alpha^2+\mu)(\beta^2+\mu)\mu\}^{1/2}}\right]^{-1} \tag{3.8}$$

となる。ここで，真の接触面が半径 a の円形であれば，$\alpha=\beta=a$ であるので

$$R_c = \frac{\rho}{2\pi}\left[\int_0^u \frac{du}{(a^2+\mu)^{1/2}}\right]^{-1} = \frac{\rho}{2\pi}\tan^{-1}a^{-1}\mu^{1/2} = \frac{\rho}{2a} \tag{3.9}$$

となり，〔1〕項の結果と一致する。異種金属の接触の場合は，それぞれの抵抗率を ρ_1, ρ_2 とすると式 (3.10) となる。

$$R_c = \frac{\rho_1+\rho_2}{4a} \tag{3.10}$$

この場合，重要なことは，集中抵抗は導体部分が真の接触面に対して十分に大きいという仮定に立っている。実際の接触部は図 3.4 に示したようにすべてが有限である。これに対してティムジット（R. S. Timsit）らは半径 R の円柱導体の端面で真の接触面が円形の場合について，ラプラスの方程式に対する近似の境界条件を用いて，式 (3.11) を導いた[6]。

$$R_c = \frac{\rho}{2a}\left[1-1.41581\frac{a}{R}+0.006322\left(\frac{a}{R}\right)^2 + 0.15261\left(\frac{a}{R}\right)^3+0.19998\left(\frac{a}{R}\right)^4\right] \tag{3.11}$$

式 (3.11) において a/R が小さくなると，すなわち R が大きくなると，R_c は小さくなる。a/R と集中抵抗の比でこの関係を**図 3.6** に示す。

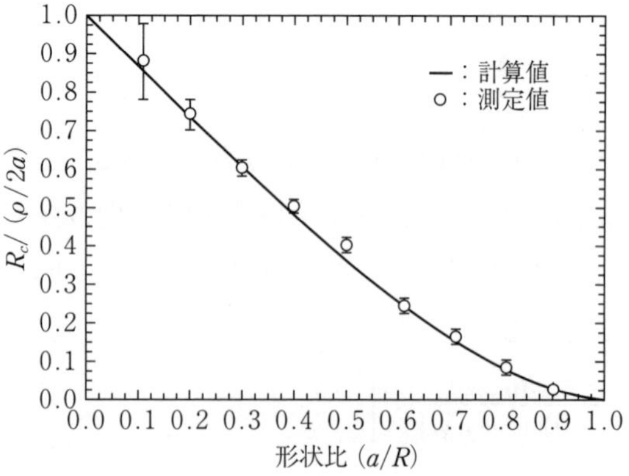

図 3.6　集中抵抗と形状比（a/R）の関係

〔3〕 真の接触面が四角形や三角形のように角のある場合

いままで述べてきたことは，真の接触面はその形状が円か楕円に限定されてきた。これは解析が容易であるためである。しかし，谷井ら[7]は弾性論の三角柱のねじり問題に用いられるプランドル（Plandtle）の応用関数を接触面のポテンシャルに対応させた試行関数によって求めることを試みた。はじめに接触面が楕円の場合についてこの手法を適用すると，電流密度関数はプランドルの応用関数とまったく同一となる。そこで，この結果を真の接触面が三角形と四角形の角のある場合に適用した谷井らの結果を述べる。

真の接触面は見掛けの接触面に比べて非常に小さいので，そこを流れる電流は接触面に集中する。接触する2導体の導電率が等しいとし，電流集中部を考える。真の接触面に対して垂直で導体内部に向かう z 軸を持つ直角座標系（x, y, z）を用いると，電流線の形は $z=0$ の接触境界面に対して対称となる。したがって，$z=0$ の接触面内においては，電位は一定であり，電流集中による抵抗は導体A内と導体B内において等しい。導体内において無限遠点の電位を0とし，接触面の電位を Φ_0 とすると，この電位はラプラスの方程式より式(3.12)で与えられる。

$$\nabla^2 \Phi = 0 \tag{3.12}$$

つぎの境界条件より式(3.13)を得る。

境界条件　$\Phi=0$ $(z=\infty)$，$\Phi=\Phi_0$ $(z=0)$，

$$\Phi_0 = \frac{\rho}{2\pi}\iint\left[\frac{j(\xi,\eta)d\xi d\eta}{\{(x-\xi)^2+(y-\eta)^2\}}\right] \tag{3.13}$$

ここに，ρ は二つの導体の抵抗率，ξ, η は接触面内における x, y 座標，$j(\xi, \eta)$ は座標（ξ, η）における電流密度である。

接触面を流れる全電流 I は式(3.14)で与えられる。

$$I = \iint j(\xi,\eta)d\xi d\eta \tag{3.14}$$

上式において $j(\xi, \eta)$ が与えられれば，集中抵抗 R_s は式(3.15)で与えられる。

$$R_s = \frac{2\Phi_0}{I} \tag{3.15}$$

ここで，真の接触面が半径 a の円形である場合は集中抵抗 R_c は式 (3.16) で与えられる。

$$R_c = \frac{1}{2}\kappa a = \frac{\rho}{2a} \tag{3.16}$$

つぎに，プランドルの応力関数を用いて，電流分布の類似性から円以外の楕円，正三角形，四角形について電流度関数を予想した試行関数で，これらの面積が同じ円形との対比で集中抵抗が求められている。

(3-1)　楕円接触の場合　　電流密度関数は式 (3.17) で与えられる。

$$j_e(x,y) = \frac{1}{2\pi}(a^2+b^2)^{-1/2} \cdot \frac{1}{[g_e(x,y)]^{-1/2}} \tag{3.17}$$

ここで，電流密度を与える楕円のプランドルの応力関数は式 (3.18) である。

$$j_e(x,y) = \left(\frac{a^2b^2}{a^2+b^2}\right)\left(1-\frac{x^2}{a^2}-\frac{y^2}{b^2}\right) \tag{3.18}$$

(3-2)　正三角形接触面　　プランドルの応力関数は式 (3.19) である。

$$g_t(x,y) = \frac{1}{2}\left[-(x^2+y^2)+\frac{1}{h}(x^3-3xy^2)+\frac{4}{27}h^2\right] \tag{3.19}$$

ここに，h は三角形の高さである。

(3-3)　正方形接触面　　プランドルの応力関数は式 (3.20) である。

$$g_q(x,y) = \frac{32l^2}{\pi^3}\sum_{n=1,3,5..}^{\infty}\left(\frac{1}{n^3}\right)(-1)^{(n-1)/2} \cdot \frac{1-\cosh(n\pi y/2l)}{\cosh(n\pi/2)}\cos(n\pi/2l) \tag{3.20}$$

以上の電流密度関数を式 (3.15)，(3.16) それぞれの接触面の形状に対する関数へ代入して集中抵抗 R_s が求まる。

面積が同じ一つの円形の接触面積と比較するフォームファクタ f を導入して検討した。すなわち，$f = R_s/R_c$ で比較する。ここで，R_s は角を持つ接触面の集中抵抗，R_c は円形の接触面の集中抵抗である。結果は，三角形に対しては $f = 0.94$, で，四角形に対しては $f = 0.986$ となる。この結果は，真の接触面に見立てた貫通孔を持つ隔板で電解液層を仕切ってモデル実験で確認された。このことからいえることは，四角形でも三角形でも，円形の接触面とは大差のないということである。つまり，電流は角の部分に集中して流れるためである。このことについては，〔7〕項で述べる。

〔4〕 母材と異なる表面層があるときの集中抵抗[8)]

双方の接触面に表面層が存在する場合，**図 3.7** に示すように，電流線が表面層で曲げられる。この場合，表面層はめっきやクラッドであったり，酸化物などの汚染層であったりする。

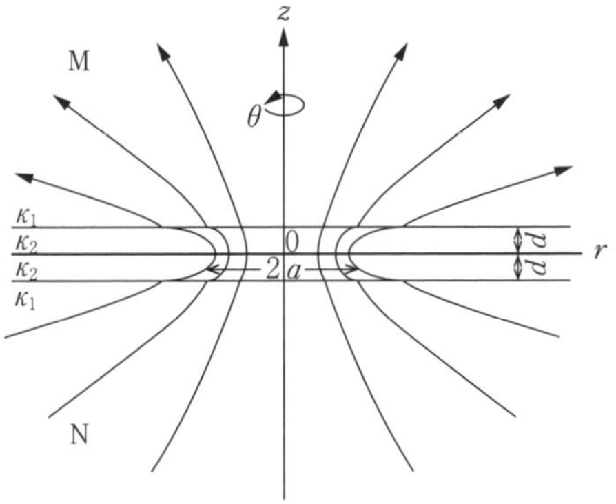

図 3.7　表面層が存在する場合の電流線

図 3.7 に示す半無限の導体 N と M の面が接触する場合を考える。この接触部モデルにおいて，真の接縮面を $2a$，表面層が厚さ d，その導電率が κ_2，母材の導電率が κ_1 とする。接触面の中心を原点とし，表面に垂直で M の内部に向かう z 軸を持つ円柱座標系 (r, θ, z) で表すと，ラプラスの方程式は式(3.21) のようになる。母材側の導電率 $\kappa_1(=1/\rho_1)$ の電位を ϕ_1 で表し，表面層の導電率 $\kappa_2(=1/\rho_2)$ での電位を ϕ_2 で表すと，つぎのラプラスの方程式を ϕ_1，ϕ_2 が満たす必要がある。

$$\frac{\partial^2 \phi_1}{\partial r^2} + \frac{1}{r}\frac{\partial \phi_1}{\partial r} + \frac{\partial^2 \phi_1}{\partial z^2} = 0 \quad (z \geqq d)$$

$$\frac{\partial^2\phi_2}{\partial r^2}+\frac{1}{r}\frac{\partial\phi_2}{\partial r}+\frac{\partial^2\phi_2}{\partial z^2}=0\quad(0\leqq z\leqq d) \tag{3.21}$$

さらに，$z=0$ および $z=d$ において，つぎの条件を満たす必要がある。

$z=0$ では対称性によって　　$\phi_2=\phi_1$（一定）（$r\leqq a$）

電流分布から　　$\dfrac{\partial\phi_2}{\partial z}\neq 0$（$0\leqq r<a$）　　$\dfrac{\partial\phi_2}{\partial z}=0$　（$r>a$）　　(3.22)

$z=d$ においては電位の連続性より　　$\phi_1=\phi_2$

電流流線の連続性から

$$\frac{\partial\phi_1}{\partial r}=\frac{\partial\phi_2}{\partial r}$$

$$\kappa_1\frac{\partial\phi_1}{\partial z}=\kappa_2\frac{\partial\phi_2}{\partial z} \tag{3.23}$$

これらの条件から，式(3.21)，(3.22)を満たす解 ϕ_1 および ϕ_2 が求まる。

両接触体間の集中抵抗を R_s とすると，接触面の電位が ϕ_0 で，母材中の電位は0であるので

$$\frac{1}{R_s}=\frac{I}{2\phi_0}=2a\kappa_2\,[1-2KF(2d)+2K^2F(4d)-2K^3F(6d)+\cdots] \tag{3.24}$$

ただし，$K=\dfrac{\kappa_2-\kappa_1}{\kappa_2+\kappa_1}$ である。

$$F(x)=\int_0^\infty e^{-\lambda x}J_1(\lambda a)\sin(\lambda a)\lambda^{-1}d\lambda \tag{3.25}$$

ここに，$J_1(x)$ は1次のベッセル関数である。

ここで，表面層のないホルムの集中抵抗の式 $R_{so}=1/2\kappa a=\rho/2a$ との関係を調べるために

$$R_s=\frac{1}{2\kappa_1 a}\cdot\Phi \tag{3.26}$$

と置くと

$$\Phi=\frac{1-K}{1+K}[1-2KF(2d)+2K^2F(4d)-2K^3F(6d)+\cdots]^{-1} \tag{3.27}$$

この Φ を表面層係数と呼び，Φ は K および d/a とによって**図3.8**に示すように変化する。すなわち，d/a が大きいと Φ に対する表面層の導電率の影響

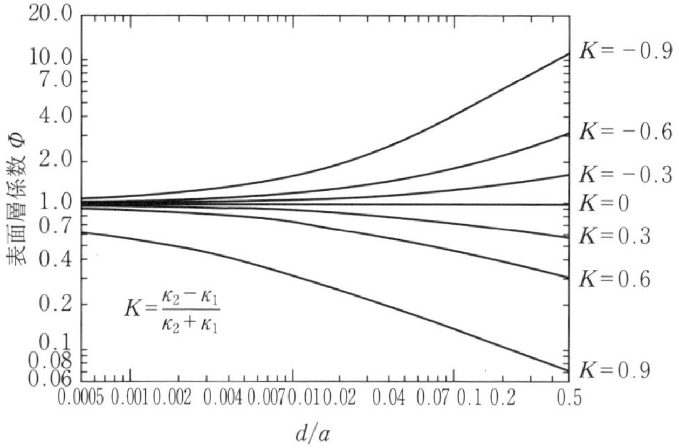

図 3.8 数値計算によって得られた表面層係数 Φ と K および d/a の関係[8)]

が大きいが，一般に接触部の半径は小さいため，d がきわめて小さくても，その導電率と下地の導電率との開きが大きければ，表面層の影響が著しいことがわかる。

〔5〕 集中抵抗と表面層抵抗の関係

接触信頼性において一番大きな問題は接触面に生成する汚染皮膜である。一般に酸化物などの汚染皮膜の抵抗率が高いため，接触抵抗を高める結果となる。この問題に対して，ホルムは，上述のように超電導現象を利用して集中抵抗を 0 とし，それでも抵抗が現れれば，その原因は超電導を発現しない表面層の汚染皮膜（非超電導体）に原因することを示した。

ホルムは上述の事実から，接触抵抗は集中抵抗と皮膜（境界）抵抗の和として式 (3.28) で示されることを明らかにした。

$$R_k = R_c + R_f \tag{3.28}$$

ここに，R_k は接触抵抗，R_c は集中抵抗，R_f は皮膜抵抗または境界抵抗である。

したがって，R_k は式 (3.29) で示される。

$$R_k = \frac{\rho_1}{2a} + \frac{2d\rho_2}{\pi a^2} \tag{3.29}$$

この関係に3.1節の表面層の解析結果を適用する。

上式は式 (3.30) のように表せる。

$$R_k = \frac{\rho_1}{2a}\left(1 + \frac{4}{\pi}\frac{1-K}{1+K}\frac{d}{a}\right) \tag{3.30}$$

ここで，R_k と R_s との比を取ると

$$\frac{R_k}{R_s} = \frac{1}{\Phi}\left(1 + \frac{4}{\pi}\frac{1-K}{1+K}\frac{d}{a}\right) \tag{3.31}$$

R_k/R_s を K と d/a の関係で示すと**図3.9**のようになる。図に示すように，d/a が大きくなると，すなわち表面層が厚くなると，R_k が R_s より著しく大きくなるが，d/a が0.1より小さいと，逆に R_k のほうが低くなる。また，d/a がきわめて小さい場合では，R_k/R_s の値は1に近づく。

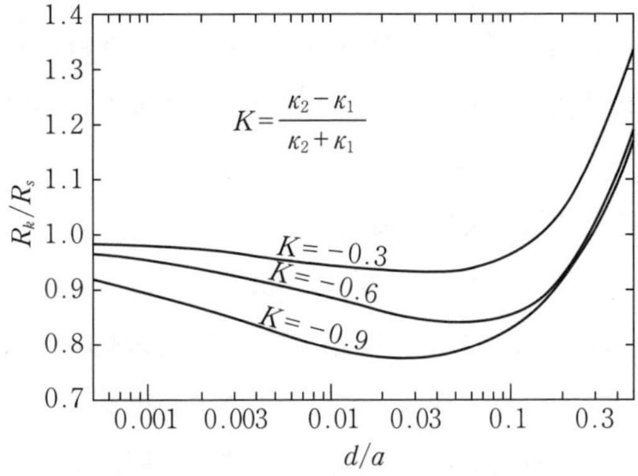

図3.9　R_k/R_s と K および d/a との関係

$\rho_2<\rho_1$ で d/a が0.4より小さいと式 (3.30) より式 (3.31) のほうが簡便である。また，表面層が非常に薄く薄膜の導電機構が生じたり，半導体皮膜の場合は電位障壁の発生などで，非常に複雑となる。

〔6〕 真の接触面が複数ある場合

冒頭で示したように，実際の接触部ではいままで述べたような接触点が一つということはありえない。平面どうしの接触では高い凸部が相手の平面を支える。すなわち，最低でも3点の真の接触面が生じるわけである。一般には，表

面の粗さやうねりなどによってさまざまな状態となる。

簡単のために，円形の真の接触面が接近して存在する場合の接触抵抗を求める。真の接触面が半径 a で 1 個の場合，集中抵抗はすでに説明したように $R_c=\rho/(2a)$ で与えられる。n 個の接触面が十分離れて存在する場合，集中抵抗は式 (3.32) となる。

$$R_c=\frac{r}{2na} \tag{3.32}$$

しかし，離れている 2 個の円が接近してくるとそれぞれの接触円に流れ込む電流線がその広がりを妨げるように作用するので，合計の集中抵抗は大きくなる。すなわち，真の接触面が 2 個の場合の電流線の分布は，電流線と等電位線との関係はラプラスの方程式の応用問題として解が得られる。電流線と等電位線との関係は，**図 3.10** に示すように，その広がりが 2 個の真の接触面間で抑制される[5]。

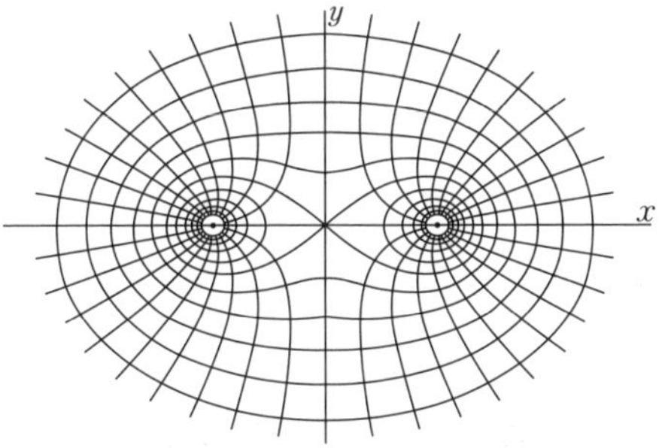

図 3.10 離れている 2 個の真の接触点へ電流線の流入と等電位面の無限に広がる分布[5]

また，ホルムによると，一直線上に等間隔 $2l$ で配置した n 個の半径 a の円の場合，集中抵抗を式 (3.33) のように導出している。

$$R_c=\rho(2\pi na)^{-1}\tan^{-1}\left(\frac{1}{a}\right) \tag{3.33}$$

ホルムは半径 r の見掛けの円形接触面内に，半径 a の n 個の真の接触面がある場合を想定して式 (3.34) を提案した。

$$R_{cn}=\frac{\rho}{2r}+\frac{\rho}{2na} \tag{3.34}$$

これに対して，グリーンウッド（J. A. Greenwood）は式 (3.35) の近似式を提案している[9]。

$$R_{cn}=\frac{\rho}{2\Sigma a}+\frac{\rho}{\pi}\frac{\Sigma\Sigma_{i\neq j}a_i a_j}{S_{ij}}\left(\frac{1}{\Sigma a_i}\right)^2 \tag{3.35}$$

ここで，a_i, a_j は見掛けの円形接触部内のそれぞれ真の接触面の半径，S_{ij} はそれぞれの真の接触面間の中心距離である。

上式の第1項目は，各真の接触面の集中抵抗の総和を，第2項はそれぞれの真の接触面のうちの二つについての近接効果を示している。上式は式 (3.36) のように簡略化して表される。

$$R_{cn}=\rho\left(\frac{1}{2na}+\frac{1}{2\alpha}\right) \tag{3.36}$$

ここに，a は個々の真の接触面の平均半径で，α はホルム半径とし定義される真の接触面全体の包絡面の半径である。

上式による複数の真の接触面と包絡面（ホルム半径）の関係と複数の接触面と同一の単一面で**図 3.11** に示す。有限要素法とモンテカルロ（Monte Carlo）法の手法でこの問題を解き，同じ結果が得られている。

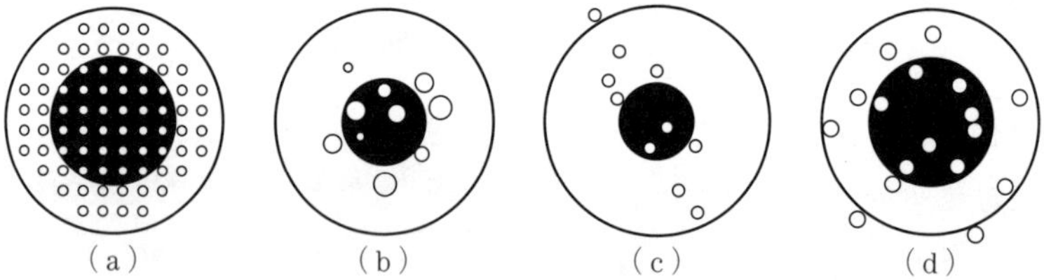

図 3.11　複数の真の接触点とその合計に等しい集中抵抗を与える単一円（●），および見掛けのホルム半径[9)]の円

〔7〕 真の接触部内での電流分布

真の接触部が円形であれ，三角形であれ，電流はその面内を一様に均一に流れるかどうかということは，接触部の種々の特性を論じる場合に重要となる。

真の接触面内の電流密度 J は，コンデンサにおける電荷密度と次式とを結びつけて与えられる。いい換えれば，単一の真の接触面において，式 (3.13) の $j(\xi,\eta)$ は式 (3.37) で与えられ，接触面内の電流密度 J が与えられる（電流密度関数）。

$J=(1/\rho)(\partial\phi/\partial n)$ において

楕円の場合は　$J(x,y)=\dfrac{I/(2\pi\alpha\beta)}{[1-\{(x^2/a^2)+(y^2/b^2)\}]^{-1/2}}$　(3.37)

円の場合は　$J(r)=\dfrac{I/(2\pi a)}{(a^2-r^2)^{-1/2}}$　(3.38)

となる。

円の場合の式 (3.38) を直径方向に電流分布を描くと，円の周辺部に電流が集中し，これを図示すると**図 3.12** となり，円の周辺の内部に電流が集中し，これは中心部と比較して 4 倍以上となることがわかる。また，三角形や四角形の場合も〔3〕項で述べたように，図形の角に電流が集中することがわかる。

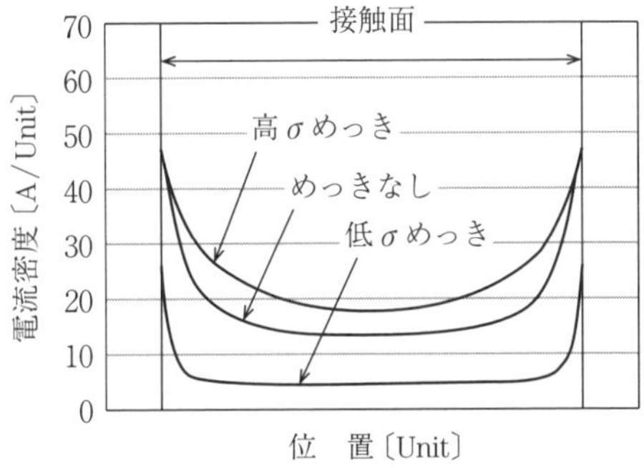

図 3.12　円形の真の接触面内の電流分布[10]（円の周辺部に電流が集中することを示している。）

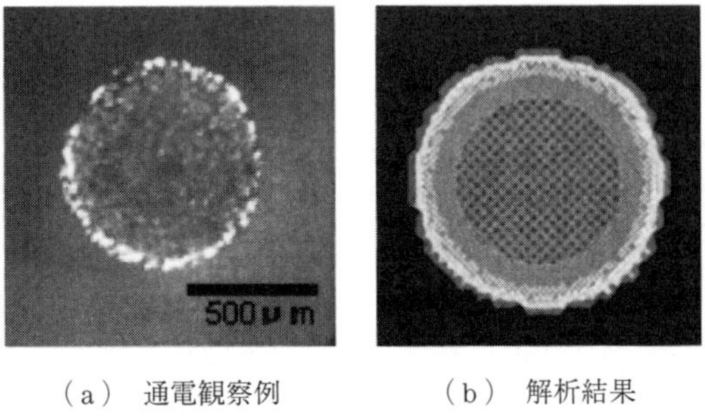

（a）　通電観察例　　（b）　解析結果

図 3.13　澤田による円周部への電流集中の観測結果と解析結果[10),11)]

このことはジュール熱の発生が接触面の円周で高く，それゆえ，溶着も周辺部で発生する事実と一致する。

図 3.12 に示した電流の円周近辺に集中する現象を直接観察した結果を**図 3.13** に示す。この観察は澤田滋が LED ウェーハと金属プローブとの接触を用いて，はじめて直接的に接触境界面の電流路を明快に観測したものである[10]。また，図 3.12 に示した解析結果は澤田によるものである。この結果から，電流は真の接触面に均一に流れるのではなく，周辺を流れることがわかる。

〔8〕 数値計算による集中抵抗の解析

基本はこれまでに示したように，空間の電位分布を与えるラプラスの方程式の境界値問題を解くことになるが，すべての状況を解析できるわけではない。そこで，コンピュータによる数値解析が可能となっている。以前は，計算量が膨大となるため，大型のコンピュータでしか対応できなかったが，近年はパソコンで Excel を用い解析ができるようになってきた。

接触面を小さい正方形の集まりとして真の接触面に対応させ，これを立体的に積み上げて空間の抵抗回路網法を用いて，多数の節点方程式を解くことで，接触抵抗を解析している事例があるが，現実の抵抗率や表面粗さなどの接触面の状態を十分表現することは不可能で，限界を示している。これに対して，最近，澤田は Excel-VBA を用いて電界解析を行った[10]。従来，真の接触面内の電流分布は半径方向の 1 次元でしか表示できなかったが，これによると，2 次元や 3 次元でも表示でき，電流分布を容易に示すことができ，複雑な現象を理解できる。

さらに，離れて存在する 2 個の真の接触面が直線上を近づく場合の集中抵抗の変化を考える。保科[12]は，電流線の空間分布が，図 3.10 に示したように，電気力線の分布と同一であるから，真の接触面を導体板と考えて，これを空間に孤立した無限遠に対する静電容量 C を知ることにより，集中抵抗を式 (3.39) のように求めている。

$$R_c = \frac{1}{\pi C \lambda} \tag{3.39}$$

ここに，λ は導電率である。

この関係から2円間の距離と集中抵抗の関係を**図 3.14** のように示す[12]。すなわち，真の接触面が接近すると，1個の場合より抵抗値が上昇することがわかる。これは，真の接触面が接近すると，そこへ流入し，流出する電流線の区間分布が相手方の電流線で妨げられることに起因している。その状況は，澤田によって Excel-VBA を用いた数値解析による電解解析で明確に示されているが，その結果を**図 3.15** に示す[10]。2個の真の面が接近してくると，真の接触

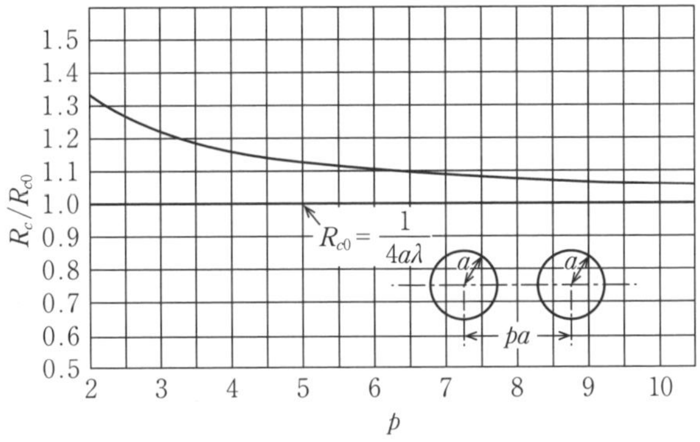

図 3.14　円形接触面間の距離 p と集中抵抗（R_c/R_{c0}）の関係

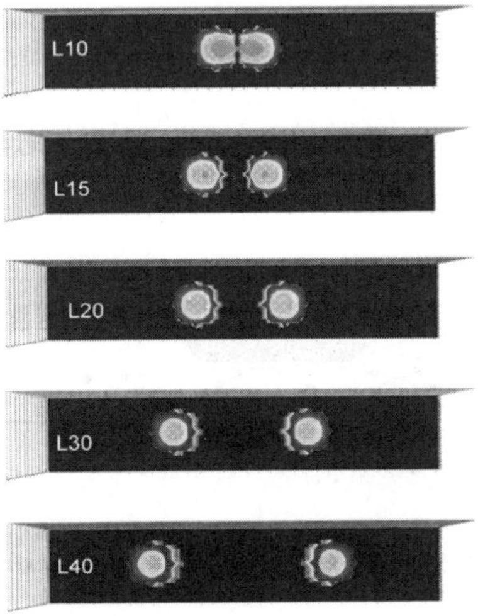

図 3.15　真の接触面が接近すると円周部に集中している電流が外周部へ移動して抵抗値を高める（澤田による数値計算結果[10]）

面の周辺の電流分布が均一ではなくなり，対面している内側の周辺の電流分布が小さくなることを示している。

〔9〕 **ナノコンタクトにおける真の接触部の効果**

ここでいうナノコンタクトとは，接触境界部を横断する電流の大きさが電子の平均自由行程と比較できる程度に微小な場合の集中抵抗はどうなるかということである。これは，ナノスケールを持つ電子デバイスにとって重要な課題である。

集中抵抗はホルムに従えば，次式で与えられる。

$$R = \frac{\rho}{2a}$$

ここに，抵抗率 ρ は $\rho = (m\nu_F)/(ne^2 l)$ で与えられる一種の抵抗率，$2a$ は円形の真の接触面の直径である。また，m は電子の質量，ν_F はフェルミ速度，n は電子密度，e は電子の電気量，l は電子の平均自由行程である。上式は $a \gg l$ のように電子の平均自由行程よりはるかに大きい場合に成り立つ。

これに対して，シャルビン（Sharvin）抵抗は式（3.40）で与えられ，真の接触面が電子の平均自由行程 l よりはるかに小さい場合に成り立つ。

$$R_s = \frac{4\rho l}{3\pi a} = \frac{4m\nu_F}{3\pi ne^2 a^2} = \frac{C}{a^2} \tag{3.40}$$

非常に小さな点を通過する電子導電のシャルビンモデルを**図 3.16** に示す。ここで，全集中抵抗はウェクスラー（Wexler）によると上述の二つの抵抗の直

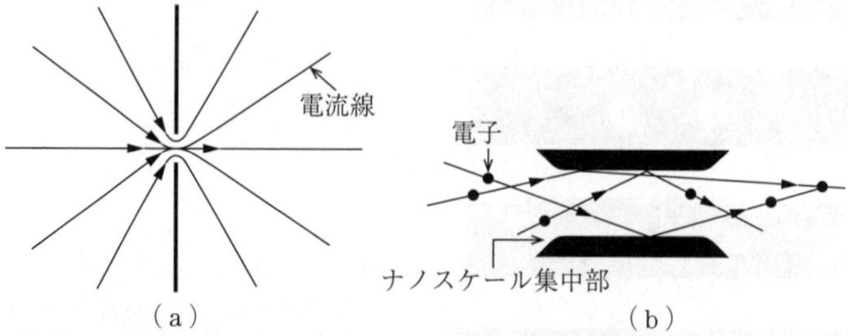

図 3.16　非常に小さな接触点（ナノスケール）を通る電子（シャルビンモデル[13]）

列となる[13]。

$$R_b = \frac{\rho}{2a}\Gamma(K) + \frac{C}{a^2} \tag{3.41}$$

$K=l/a$ で $\Gamma(K)$ は l/a が 0 から∞まで増加すると 1 から 0.694 まで減少する。シャルビン抵抗と集中抵抗を接触部の半径に対して**図 3.17** に示す[14]。

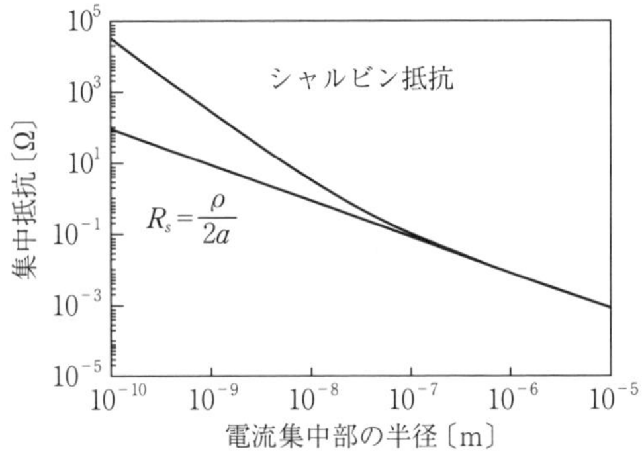

図 3.17　電流集中部の半径に対するシャルビン抵抗と集中抵抗の比較

なお，集中部が原子数個程度であれば，導電帯（conduction band）が形成されないので，通常の導電は存在しない。したがって，上式の第 1 項は無限大となり，第 2 項のシャルビン抵抗のみとなる。また，シャルビン抵抗の場合，電子の格子点への衝突と異なるのでジュール熱の発生はなく，よって，ジュール熱による軟化電圧は高い値となる。

3.3　ま　　と　　め

ここでは，真の接触面で生じる集中抵抗を面の形やその数などについて解説した。集中抵抗の応用解析として，金属側の形状が超小型のプリント基板電極のように薄く複雑な形状の場合，実用面での集中抵抗の解析が重要となる。また，集中抵抗の非線形性も重要で，これらについては，5 章で解説する。

引用・参考文献

1） Bowden, F. P. and Tabor, D.：The Friction and Lubrication of Solids, Oxford University Press（1950）

2） Holm, R.：Electric Contacts, 4th ed., Springer-Verlag, Berlin（1979）

3） Maxwell, J. C.：A Treatise on Elecricity and Magnetism, Constable and Company, London（1891）

4） Slade, P.：Electrical Contacts, CRC Press, New York（2014）

5） Prinz, H.：Hochspannungsfelder, R. Oldenbourg Verlag, München（1969）

6） Timsit, R. S.：Spreading resistance of a circular constriction in a cylinder, Proc. 14th Int. Conf. Electrical Contacts, Paris, pp.21-26（1988）

7） 谷井琢也，高野陸男，三木康生：電気接点の集中抵抗について，電気学会雑誌，**89-1**，964，pp.151-159（1969）

8） 谷井琢也，藤間巻三：接触抵抗の理論的考察と金めっきによる集中抵抗の測定，電電公社研究実用化報告，**11**，3，pp.477-491（1962）

9） Greenwood, J. A.：Constriction resistance and real area of contact, Brit. J. Appl. Phys., **17**, pp.1621-1632（1966）

10） Sawada, S., Tamai, T., Httori, Y., and Iida, K.：Numerical analysis for contact resistance due to constriction effect of current flowing through multi-contact spot constriction, IEICE Trans. Electron., **E93-C**, 6, pp.906-911（2010）

11） Tsukiji, S., Sawada, S., Tamai, T., Hattori, Y., and Iida, K.：Direct observation of current distribution in contact area by using light emission diode wafer, Proc. IEEE Holm Conf. Electrical Contacts, Mineaporis, U.S.A., pp.62-68（Sept. 2011）.

12） 保科正吉：2個の接触点が接近して存在するときの接触電気抵抗における近接効果，応用物理，**29**，2，pp.130-131（1960）

13） Wexler, G.：The size effect and non-local Boltzmann transport equation in orifice and disk geometry, Proc. Physical Society, 22, pp.927-941（1966）

14） Braunovic, M., Konchits, V., and Myshkin, N. K.：Electric Contacts, CRC Press, New York（2007）

4. 接触部の導電機構

接触境界部の導電メカニズムは3章で示したように，二つの成分から構成され，その一つの集中抵抗は真の接触面の大きさと金属導体部の導電率で決まり，ほかの一つは皮膜抵抗（境界抵抗）で，真の接触面の大きさと皮膜の抵抗率で決まる。しかし，接触境界部が真空ギャップであったり介在する皮膜が薄いと，薄膜の導電機構が生じ，印加電圧の値によってそこに存在する電位障壁の高さが変化し，皮膜の抵抗率が変化する。また，電流が接触境界部を流れるとジュール熱が発生し，真の接触部の硬さを低下させ，面積が広がる。この結果，抵抗値が下がる。つまり，接触抵抗を測定したり，実際の応用で定格電流が流れたりすると，普通，考えられないことであるが，それら電圧や電流値が影響し，接触抵抗値が変化することになるわけである。

本章では，この問題を皮膜抵抗（境界抵抗）の観点から詳しく説明する。

4.1 エネルギーバンド構造から見た接触部の導電機構

4.1.1 金属表面のエネルギー状態

金属は電気的に中性であって，電子は原子核からのクーロン力によって引かれ，表面から外部へ飛び出すことはない。これは，見方を変えれば，**図 4.1** に示すように，表面に電子を外に出さないような電位の障壁が存在すると考えることができる。すなわち，これを電位障壁（potential barrier）という。電子がこの電位障壁を乗り越えるには外部から熱エネルギーや電圧などを印加する必要がある。外部からエネルギーをもらった電子は電位障壁を乗り越え，あるいは貫通して外に飛び出すことができる。この障壁の高さは仕事関数（work function）と呼ばれている。金属内の電子の平均エネルギーを表すフェルミレ

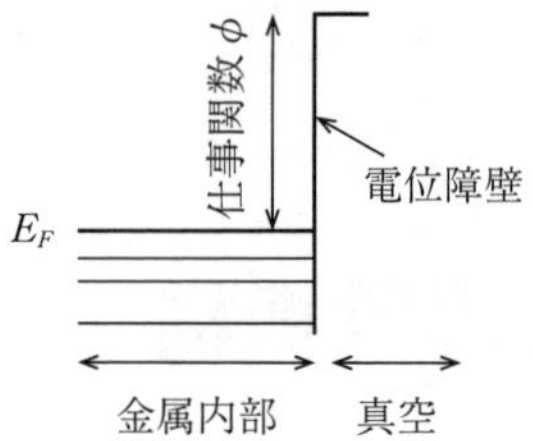

図 4.1　金属の表面近傍のエネルギーバンドモデル

ベル E_F から真空レベルまでの高さが仕事関数である。原子についてみると，電子がその属する軌道に止められているエネルギーに対応している。見方を変えると，外部から電圧を印加したり，温度を上げるということは，この障壁の高さをその分下げるとみることができ，電子が属する軌道から離れて外部空間に出られることになる[1)]。

4.1.2　同種金属どうしの接触

清浄な同種金属のそれぞれの二つの面を接近させると，図 4.1 に示した電位障壁が相対して，電子に対して障壁が立ちはだかる。接触した場合のエネルギーバンド（energy band）構造は**図 4.2** に示すようになる。電子のエネルギー状態，すなわちフェルミレベルは両金属で等しいので，接触させても両金属内の電子の状態に変化が起こることはない。この状態で，外部から電圧を印加す

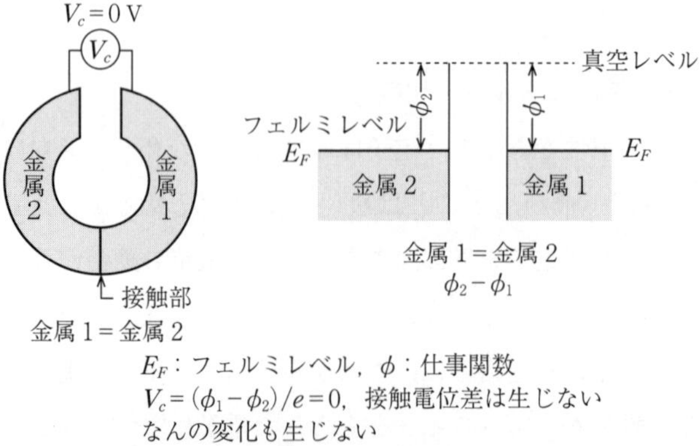

図 4.2　同種の金属が接触した場合のエネルギーバンド構造

ると，電流はオームの法則に従って流れる。これをオーム性接触（ohmic contact）という。

4.1.3 異なる金属の接触

つぎに，異なる金属を接触させることを考える。この場合のエネルギーバンドを**図 4.3** に示す。図（a）に示すように，金属 1 の仕事関数 ϕ_1 が金属 2 の仕事関数 ϕ_2 より大きいと（$\phi_1 > \phi_2$），電子の平均エネルギーが高い金属 2（仕事関数でいえば低いほうで ϕ_2）からエネルギーの低い金属 1（仕事関数 ϕ_1）へ電子は瞬時に流れる。この結果，図（b）に示すように，フェルミレベルは一致し，この時点で電流は止まる。もともと電気的に中性であった金属 1 には金属 2 から電子が流入したので，負に帯電する。この結果，外部回路に電位 V_c〔$V_c = (\phi_1 - \phi_2)/e$〕を生じる。この電位差は接触電位差（contact potential difference）ともいわれている。なお，e は電子の電荷である。

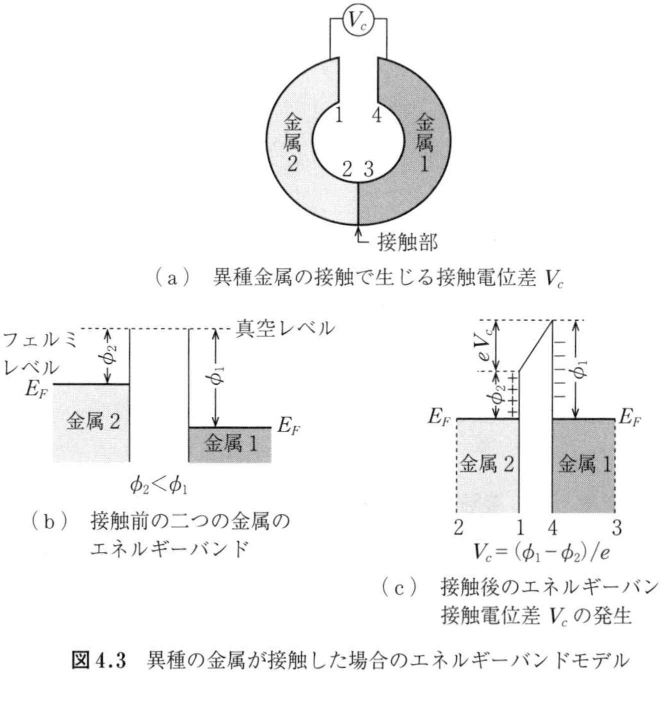

（a） 異種金属の接触で生じる接触電位差 V_c

（b） 接触前の二つの金属のエネルギーバンド

（c） 接触後のエネルギーバンドと接触電位差 V_c の発生

図 4.3 異種の金属が接触した場合のエネルギーバンドモデル

4.1.4 皮膜が介在する接触部の導電機構

接触部に介在する汚染皮膜などに起因する皮膜抵抗（境界抵抗）について考える。接触面に生じる皮膜は，一般に金属の化合物であって，絶縁性か非常に高い抵抗率を持つ半導体や絶縁体である。あるいは外来の異物である。したがって，接触面が汚染すると接触抵抗はこのような皮膜抵抗に支配される。

しかし，この皮膜が絶縁性であっても，その厚さが数十 nm 以下と非常に薄くなると，トンネル導電（tunnel conduction），ショットキー導電（Schottky conduction）や不純物導電などの薄膜の導電機構が働く。特に，膜厚が数 nm 以下と非常に薄くなると，トンネル導電が支配的となる。また，温度が上昇するとショットキー導電が支配的となる。ここで，この様子をエネルギーバンド図で**図 4.4** に示す。図において，接触部間に生じている電位障壁中を電子が貫通（トンネル）するのがトンネル導電（a）による電流であって，電子が熱エネルギーで障壁を乗り越えるのがショットキー導電（b）による熱電子流である。実際はこれらの電流は別々に存在するのではなく，並列に存在し，電極間のギャップ長や温度によって現れ方が異なってくる。

そこで，ここではトンネル導電とショットキー導電とに分けて取り扱う。

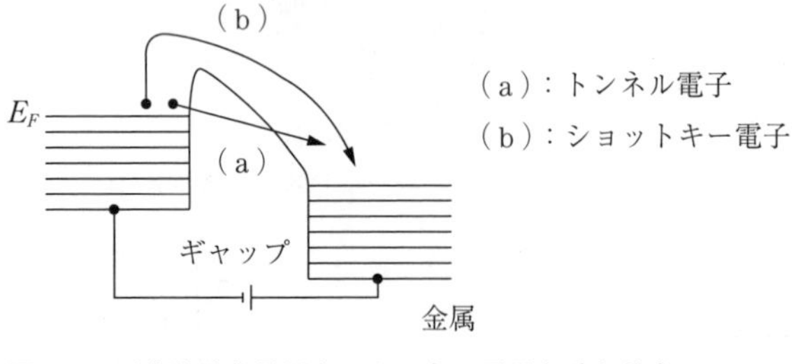

図 4.4　電位障壁を貫通するトンネル電子と乗り越えるショットキー電子

〔1〕 同種金属どうし接触部でのトンネル電流

これらの導電は，電子を質量のある粒子とする実験結果と，波の振動とする実験結果を結ぶドブローイ（de Broglie）の関係〔$v=h/(m\lambda)$〕にその基本がある。ここに，v は電子の速度，m は電子の質量，λ は電子を波としたときの波長，h はプランクの定数である。この関係を波の定在波を与える波動方程式と結合させたシュレーディンガー（Schrödinger）の波動方程式が電子の振舞いを表すことになる。この式を境界値問題として解くことで電子の存在がわかる。電子を波の振動として見たとき，絶縁膜で遮られていても相手電極にその振動が伝わるのである。つまり，この状態は電子が絶縁皮膜を貫通して相手電極へ到達したことになる[2),3)]。

3次元のシュレーディンガーの波動方程式は式（4.1）で与えられる。

$$\nabla^2\varphi+\left(\frac{2mEk}{h'^2}\right)\phi=0 \tag{4.1}$$

ここに

$$\nabla^2\varphi=\left(\frac{\partial^2\phi}{\partial x^2}\right)+\left(\frac{\partial^2\phi}{\partial y^2}\right)+\left(\frac{\partial^2\phi}{\partial z^2}\right),\quad \frac{h^2}{2\pi}=h'$$

いま，トンネル電流と印加電圧の関係を見ると，式（4.2）で与えられる。

$$I=\frac{eA}{2\pi hS^2}\left[\phi\exp\left(-H\phi^{1/2}\right)-(\phi+eV)\exp\left\{-H(\phi+eV)^{1/2}\right\}\right] \tag{4.2}$$

ここに，V は電極間に印加する電圧〔V〕，S は電極間の距離〔m〕，A はトンネル電流が流れる面積〔m^2〕，ϕ は試料の仕事関数〔eV〕，e は電子の電荷（1.6022×10^{-19}）〔C〕，m は電子の質量（9.1094×10^{-31}）〔kg〕，h はプランクの定数（6.6261×10^{-34}）〔J·s〕である。

さらに，この式は印加電圧の値によってつぎのように分類される。

（1）　$V\ll\phi/e$（$V\cong0$）

$$I=\frac{e^2AV}{h^2S}\cdot(2m\phi)^{1/2}\cdot\exp\left(-H\phi^{1/2}\right) \tag{4.3}$$

（2）　$V<\phi/e$

$$I=\frac{eA}{2\pi hS^2}\left[\left(\phi-\frac{eV}{2}\right)\cdot\exp\left\{-H\left(\phi-\frac{eV}{2}\right)^{1/2}\right\}\right.$$
$$\left.-\left(\phi+\frac{eV}{2}\right)\cdot\exp\left\{-H\left(\phi+\frac{eV}{2}\right)^{1/2}\right\}\right] \tag{4.4}$$

（3）$V>\phi/e$

$$I=\frac{2.2e^3V^2A}{8\pi h\phi S^2}\cdot\left[\exp\left(-\frac{2}{2.96eV}\cdot H\phi^{3/2}\right)-\left(1+\frac{2eV}{\phi}\right)\right.$$

$$\left.\cdot\exp\left\{-\frac{2}{2.96eV}\cdot H\phi^{3/2}\cdot\left(1+\frac{2eV}{\phi}\right)^{1/2}\right\}\right] \tag{4.5}$$

（4）　$V>(\phi+E_f/e)$

$$I=\frac{2.2e^3V^2A}{8\pi h\phi S^2}\cdot\exp\left(-\frac{2}{2.96eV}\cdot H\phi^{3/2}\right) \tag{4.6}$$

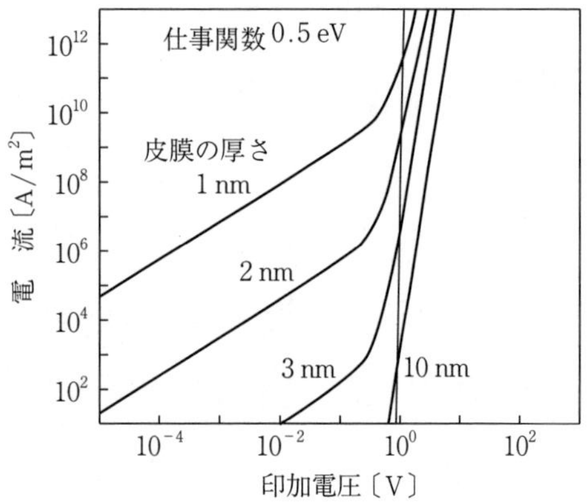

図 4.5　トンネル効果における電圧と電流の関係（介在膜厚に対する変化）

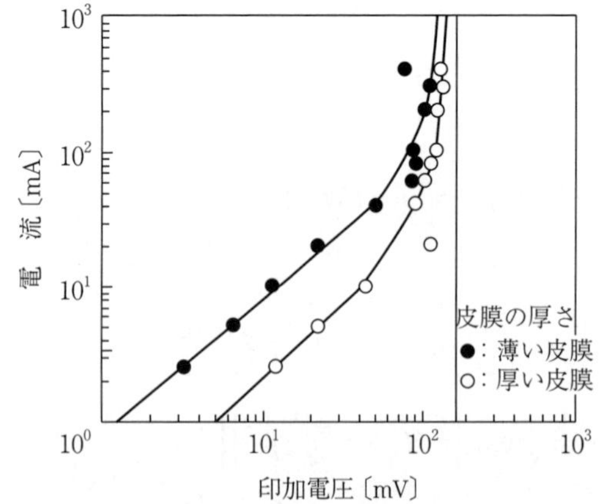

図 4.6　ギャップがある Ag 対 Ag の接触部でのトンネル電流の電圧と電流の関係

いま，ここで一例としてAg電極間の印加電圧とトンネル電流の関係の計算値を**図4.5**に示す。この図が示すように，明らかに非オーム性の非線形抵抗を示している。この急激な立ち上がりでの電圧は仕事関数の値に対応している。図の特性では0.5 eVであって，0.5 Vで急激に立ち上がっている。つまり，抵抗が急減少するのである。ここで，Ag対Agの対称形の接触部での電圧-電流特性の計算値と実験値とを**図4.6**に示す。また，トンネル電流の電圧-

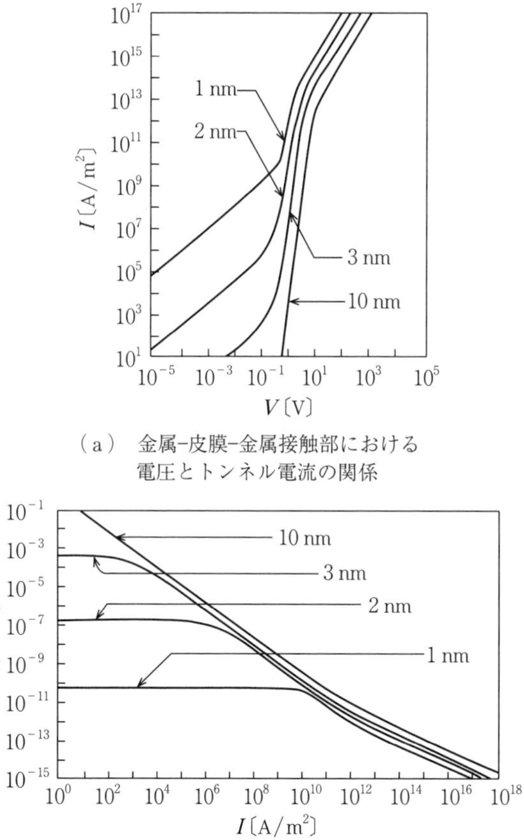

（a）　金属-皮膜-金属接触部における電圧とトンネル電流の関係

（b）　金属-皮膜-金属接触部における抵抗のトンネル電流の依存性

図4.7　トンネル電流における電圧-電流特性の理論値とそのときの皮膜抵抗の電流依存性（非線形抵抗を示している。）

電流特性から抵抗-電流特性を求めると**図 4.7** に示すようになり，強い電流依存性のあることがわかる。ここでは，図中にギャップ長も示してある。

〔2〕 異種金属どうしの接触部のトンネル電流

異なる金属（仕事関数も異なる）が薄い絶縁層をはさんで接触する場合を考える。**図 4.8** に示すように，接触によって仕事関数が小さい金属 2 のほうからエネルギーの低い（仕事関数の大きい）金属 1 のほうへ電子が移動する。この場合，絶縁皮膜の厚さが非常に薄ければ電子の移動はトンネル効果により，膜厚がトンネル効果を生じないほど厚いと，熱エネルギーを得た電子が絶縁体の空の導電体を越えて移動すると考えられる[4),5)]。

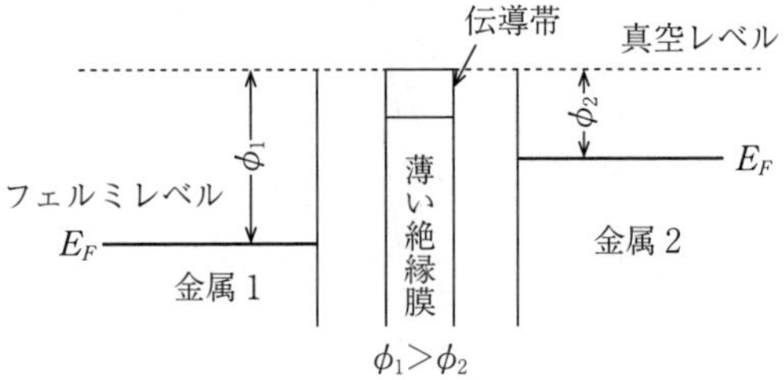

（a） 金属 1 と金属 2 が離れている場合

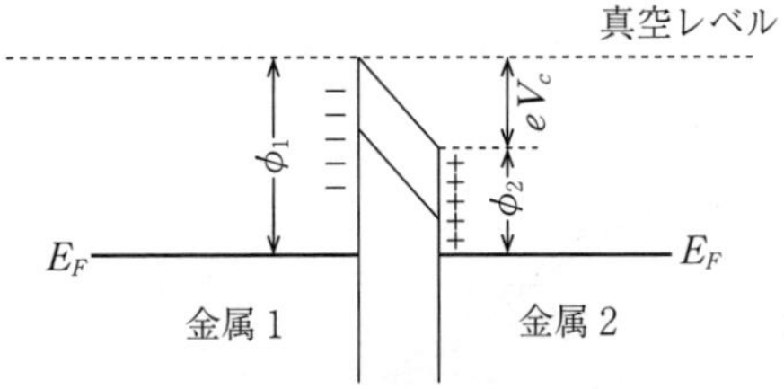

（b） 金属 1 と金属 2 が薄い絶縁膜を介して接触した場合〔電位障壁の発生 $V_c = (\phi_1 - \phi_2)/e$〕

図 4.8 異種金属どうしの接触部のトンネル電流

このように電子が移動した結果として，電子の流れ込んだ金属 1 は負に帯電し，電子が抜けた金属 2 は正に帯電する。このため，図 4.8 のような左右非対称な電位（ポテンシャル）の壁，すなわち電位障壁（ポテンシャルバリア）ができる。これは絶縁膜をはさんで電気二重層ができたことになる。図のような左右非対称な電位障壁が接触部にできると，接触抵抗は式 (4.3) で示されるような単純なオーム性の抵抗ではなく，整流性が現れる整流性抵抗である[1)]。

整流性が現れるメカニズムを**図 4.9** によって説明する。異なる金属が絶縁膜を介して接触すると，図（a）に示すように，双方の金属のフェルミレベル

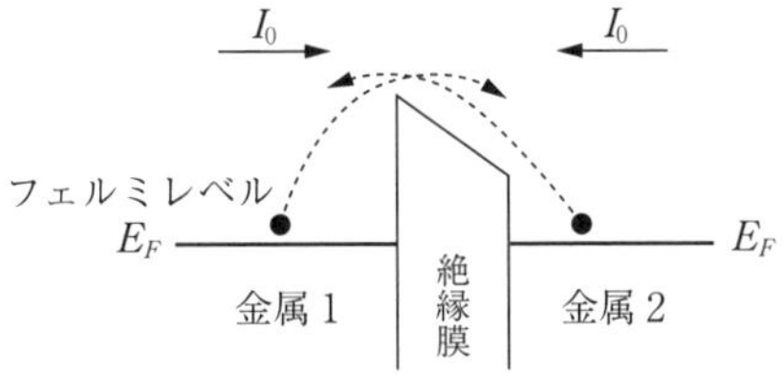

（a） 熱励起した少数の電子が双方の金属へ移動する
（全電流 $I=I_0-I_0=0$）

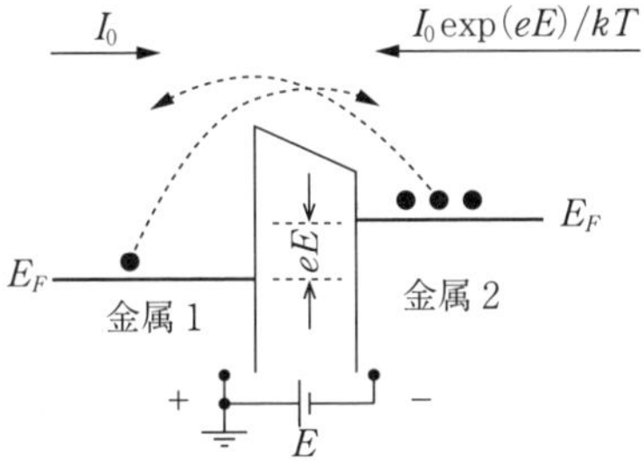

（b） 負の電圧が印加されると電子のエネルギーは増加し，金属 2 から金属 1 へ移動する
〔全電流 $I=I_0\{\exp(eE)/kT-1\}$〕

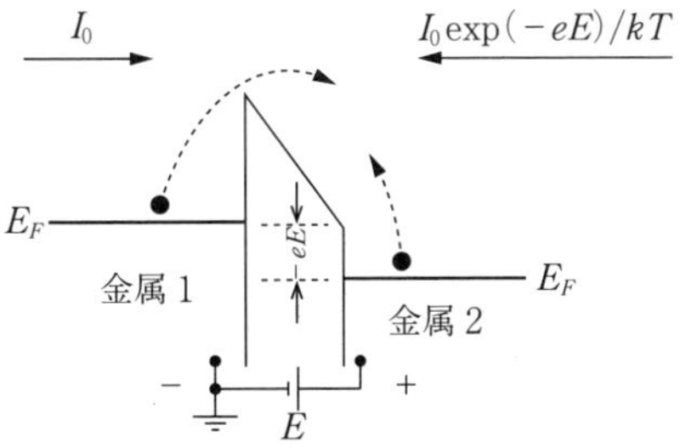

（c） 正の電圧を印加すると電子のエネルギーは減少し，少数の電子が移動するのみである
〔全電流 $I=I_0\{1-\exp(-eE)/kT\}\fallingdotseq 0$〕

図 4.9　異種金属の接触における整流特性の発現

E_F（金属内電子の平均エネルギー）は電子の移動によって一致する。この場合，電位障壁を越えて相手の金属に流れ込む電子は，室温で熱励起しているわずかな電子である。これらの熱励起した電子は双方の金属から電位障壁を乗り越えて反対の金属へ移動する。したがって，互いの電子流は相殺されて，外部回路には電流は流れず，なんの変化も生じない。

しかし，図 4.9（b）に示すように，金属 1 のほうを正に，金属 2 のほうを負に電圧 E〔V〕を外部から印加すると，金属 2 においては，電子の負の電気（$-e$）と印加された負の電気（$-E$）とから，電子に与えられるエネルギーは $(-e)\times(-E)=(+eE)$ となって，正のエネルギーが電子に与えられる。したがって，金属 2 のエネルギーは金属 1 に対して eE〔eV〕だけ上昇する。

結果として，金属 2 から金属 1 に向かって電子の流出が生じる。この増加分は $\exp(eE)/kT$ で表される。ここに，k はボルツマン定数，T は絶対温度である。つまり，電子は金属 2 から金属 1 へ向かって流れ込むので，電流は金属 1 から金属 2 へ流れることになる。

つぎに，印加電圧の方向を逆にして，金属 2 が負に，金属 2 が正に電圧 E を印加すると，図 4.9（c）に示すように，金属 2 の電子のエネルギーが負の $-eE$ となって，金属 1 に対して eE だけ減少する。この結果，金属 2 から金属 1 へ向かう電子は $\exp(-eE)/kT$ 倍だけ減少することになる。すなわち，金属 2 からの電子流は金属 1 からくる熱励起した電子よりもはるかに少ないので，双方とも外部回路に対して電流は流れない。

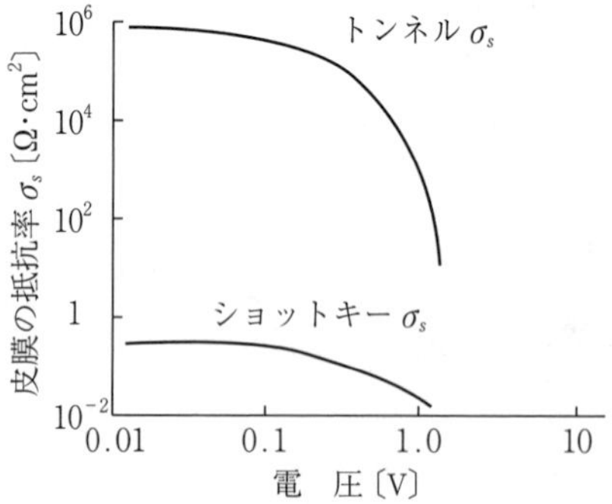

Cu–Cu_2O–グラファイト接触
T=300 K，d=6 nm，ϕ/e=0.5
σ は薄膜の抵抗率（86 ページ参照）

図 4.10　導電機構の違いによる皮膜抵抗率の差

以上のメカニズムによって，異種金属の接触部で，接触境界部に薄い皮膜が介在すると，整流性が現れる。したがって，この場合の接触部はダイオード（整流器）と等価である。

ここで，絶縁皮膜が非常に薄い場合は，電流はトンネル効果によって流れるが，厚くなると，熱励起した電子が電位障壁を乗り越えて流れる。すなわち，ショットキー電流が流れるのである。これについては4.3節で説明する。これら双方の電流は別々に存在するのではなく，Cu_2O 皮膜が介在した Cu のスリップリングとグラファイト（graphite）ブラシの導電について**図4.10**に示すように，並列に同時に存在する。皮膜が薄いとトンネル電流が支配的となり，皮膜が厚く，温度が高い場合はショットキー電流が支配的となる。この場合，室温においてはショットキー導電がトンネル導電の 10^5 倍も優勢であることがわかる[6)]。

4.2 厚い皮膜が介在する場合の接触

4.2.1 半導体と金属との接触

実際の接触部では，金属と半導体の接触ということは少なく，金属と半導体皮膜，さらに金属というようなサンドイッチ構造となる。しかし，この場合の基本は金属と半導体との接触であるので，はじめに，この金属と半導体の接触を扱う[7),8)]。

半導体と金属の接触には4通りの場合がある。半導体がn形かp形かということと，金属と半導体との仕事関数の大小関係である。そこで，基本となるn形半導体と金属の接触を取り上げる。ここで，金属の仕事関数 ϕ_m がn形半導体の仕事関数 ϕ_s より大きい場合（$\phi_m > \phi_s$）を考える。**図4.11**（a）に示すように，接触させる前の電子のエネルギーレベルはn形半導体のフェルミレベルが $\phi_m - \phi_s$ だけ金属より上方にある。これらを接触させると，図（b）に示すように，n形半導体のほうが電子のエネルギー状態が高いので，半導体側から金属へ向かって電子が流出し，双方のフェルミレベルが一致するまで続く。

その結果，電気的に中性であった金属は負に帯電し，半導体は電子の流出に

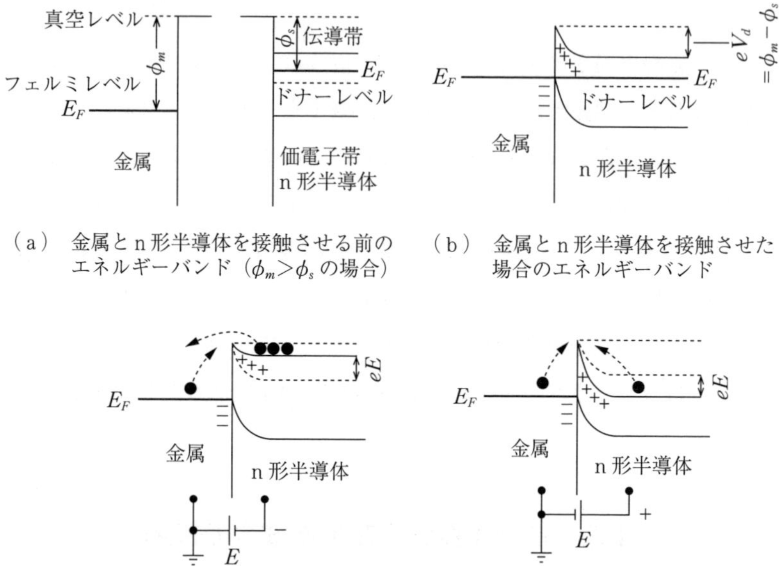

（a）　金属と n 形半導体を接触させる前のエネルギーバンド（$\phi_m > \phi_s$ の場合）

（b）　金属と n 形半導体を接触させた場合のエネルギーバンド

（c）　n 形半導体に負の電圧が印加されると，伝導帯はそれだけ上昇する。電子は容易に金属側へ移動する

（d）　n 形半導体に正の電圧が印加されると，伝導帯はそれだけ降下する。電子は移動できない

図 4.11　厚い皮膜が介在する場合（金属と半導体の接触部）のエネルギーバンドモデル〔金属と n 形半導体（$\phi_m > \phi_s$）の接触で生じるエネルギーバンドの変化と整流作用の発生〕

伴って正にイオン化したドナーが残る。結果として，接触境界部の表面層には空間電荷層が形成される。n 形半導体のエネルギーレベルは $\phi_m - \phi_s$ だけ低下して，電位障壁が接触境界部の n 形半導体の表面層に形成される。

ここで，金属の誘電率は無限大であり，半導体は有限であるため，半導体中には電界が生じ，接触境界面近傍の電位障壁のエネルギーバンドは図 4.11（b）のように曲げられる。このような障壁を，その研究者であるワルター・ショットキー（Walter Schottky）にちなんで，ショットキー障壁（Schottky barrier）という。金属のほうは，誘電率が無限大であるため表面電荷となって現れるが，半導体の場合は上述のように空間電荷層を形成することが特徴である[3),4),8)]。

この障壁の高さは双方の仕事関数の差で与えられる。すなわち，$\phi_m-\phi_s=eV_d$であって，V_dはキャリヤの拡散によって生じたものであるから，拡散電位差と呼ばれている。これは，異種金属どうしの接触で生じる接触電位差と同じである。

このような状態において，図4.11（c）のように，n形半導体を負に，金属側を正になるように電圧Eを印加すると，半導体中の電子のエネルギーレベルはeEだけ上昇する。そのため，拡散によって電位障壁を乗り越えて金属側へ流れ込む電子流が支配的となる。これに対して，金属側から熱励起によって半導体側へくる電子の数は非常に少ない。したがって，電流は金属から半導体へ流れることになる。

上述の場合とは反対の極性の電圧を印加すると，図4.11（d）に示すように，n形半導体に正，金属側に負の電圧がかかるので，半導体の電子のエネルギーは$-eE$となって，eEだけ減少する。このため，半導体側から金属に向かって流れる電子は激減する。したがって，電流は流れない。すなわち，印加電圧の正負とから見て整流性が発生することになる。

つぎに，金属とn形半導体との接触でも，双方の仕事関数の大きさが上述の場合とは逆転した場合（$\phi_m<\phi_s$）には，上述と同じように考えて，整流性は消滅してオーム性接触となる。またさらに，金属とp形半導体との接触では，n形半導体の場合とはまったく逆に考えればよい。すなわち，$\phi_m>\phi_s$の関係となり，$\phi_m<\phi_s$で整流性となる。このような金属と半導体との接触で生じる整流特性を積極的にデバイスとして利用したのがショットキーダイオードである。

4.2.2 接触境界部に半導体が介在する場合

通常，双方の金属接触面に厚い半導体の皮膜が生成していて，これを接触させると，金属と半導体および金属のサンドイッチ構造となる。金属と半導体の仕事関数の関係から，その境界部にショットキーバリアが生じている場合を考えると，**図4.12**に示すような対称形のバンド構造となる。したがって，この

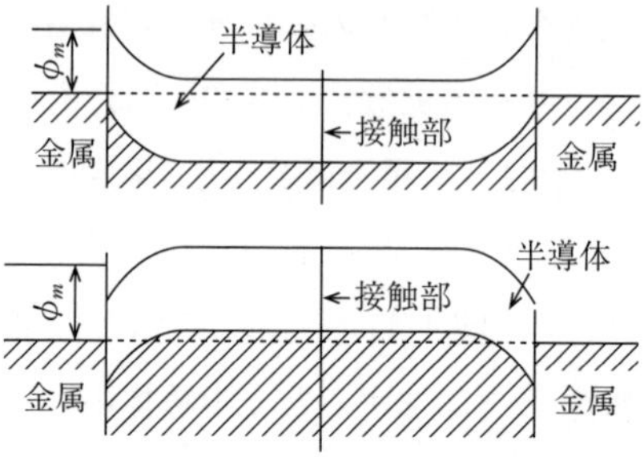

図 4.12　金属接触部間に厚い半導体が介在する場合のエネルギーバンド構造

場合は，逆向きに接続された二つのダイオードと等価的に表すことができる[4),5)]。

4.2.3　厚い Cu の酸化物のような絶縁体で覆われた半導体膜の場合

Cu 表面に生成する酸化物の Cu_2O は半導体である。また，接触表面に生成する酸化皮膜などは時間の経過とともに成長するが，皮膜が厚くなると，下地金属の Cu への酸素の供給が難しくなる。この結果，層状に皮膜の組成が変化する。例えば，表面層に絶縁体の CuO が生成し，その下部層が Cu_2O となる。この場合，CuO は絶縁体膜で，Cu_2O は p 形半導体である。

一方が清浄な Cu で，他方の接触面が上述のような酸化皮膜で覆われている場合は，バンド構造は，**図 4.13** に示すように，清浄な Cu と Cu_2O との間に CuO の絶縁皮膜が介在する構造となる。したがって，いままでの説明から，絶縁皮膜が薄ければ，そこをトンネル電流が流れる。図 4.13 においては接触後の双方のフェルミレベルが一致したあとのエネルギー状態を示している。ここで，ϕ_m は金属の仕事関数，χ は半導体の脱出準位と伝導帯の下端 E_c との差，ϕ_{B0} は金属側から見た半導体の導電体の準位で障壁の高さである。$\varDelta$ は絶縁皮膜にかかる接触電位差，V_n は半導体のフェルミレベルと導電体の底部との電位差，E_g は半導体中の禁止帯幅，V_{bi} は障壁の高さと導電帯の底までの間の電位，E_v は価電子帯のエネルギーレベル，Q_m は金属表面の表面電荷，Q_{ss}

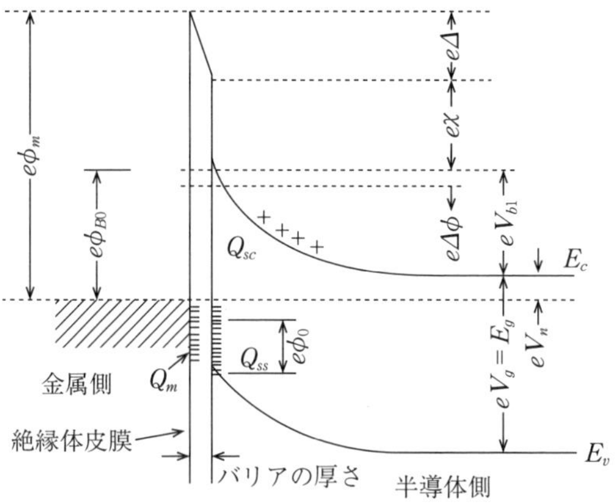

図 4.13　金属と半導体との間に絶縁膜が介在する場合のエネルギーバンド構造

は半導体表面の表面電荷，ϕ_0 は表面順位，等々で，e は電子の電荷である。

4.2.4　非対称形接触部

つぎに，非対称形接触部について考える。例として Cu の硫化に着目する。**図 4.14** に示すように，Cu 接触面に Cu の硫化物である Cu_2S 皮膜が生成し，これを一方の接触面とし，他方の接触面として Au を用いた接触部では，電圧-電流特性が**図 4.15** に示すようになる。典型的なダイオード特性を示している。すなわち，ショットキーダイオードの形成である。この場合の，バンドモデルは異種金属間の接触部に Cu_2S 皮膜が介在したものとなる[9]。

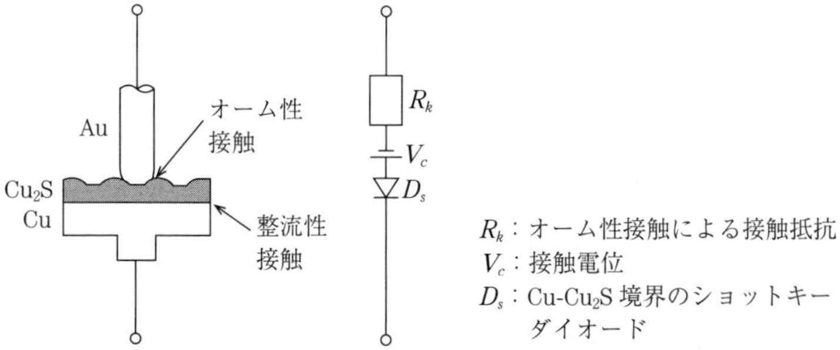

図 4.14　Cu 電極とその表面に生成した Cu_2S 皮膜と Au との接触の等価回路

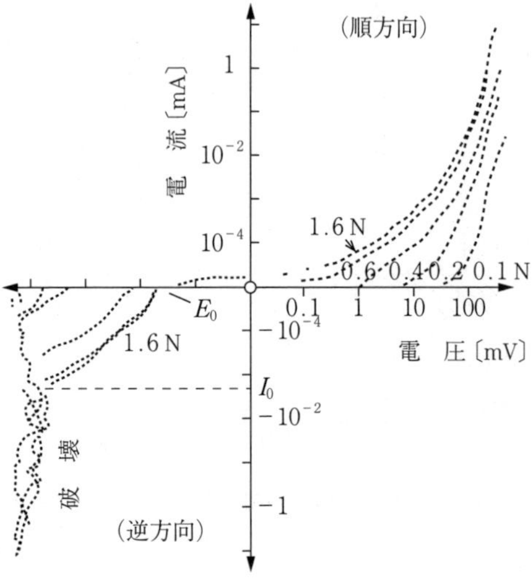

図 4.15　図 4.14 に示した接触部の電圧-電流特性

4.3　ショットキー電流

接触境界部のギャップが真空の場合ではトンネル電流と同様で，異なる点は図 4.4 に示したように，電位障壁を熱エネルギーで乗り越えていく電子電流である。ここで，双方の電極の金属が同種であって同じ種類の皮膜が表面に生成している場合，すなわち対称形接触部について考える。いま，Cu_2O と CuO に皮膜で覆われた Cu の対称形接触部での電圧-電流特性を**図 4.16** に示す。接触抵抗はオーム性ではなく，非線形であることがわかる。つぎに，この特性の温度特性を注意深く実験で測定した温度依存性を見ると，**図 4.17** に示すように，明確な温度依存性があることがわかる。すなわち，トンネル電流では式 (4.3)～(4.6) に示されるように温度に依存しないが，熱励起した電子が電位障壁を乗り越えるような電流は強い温度依存性を受けるので，すなわちショットキー電流が存在していることがわかる。ショットキー電流は式 (4.7) で与えられる[10)～12)]。

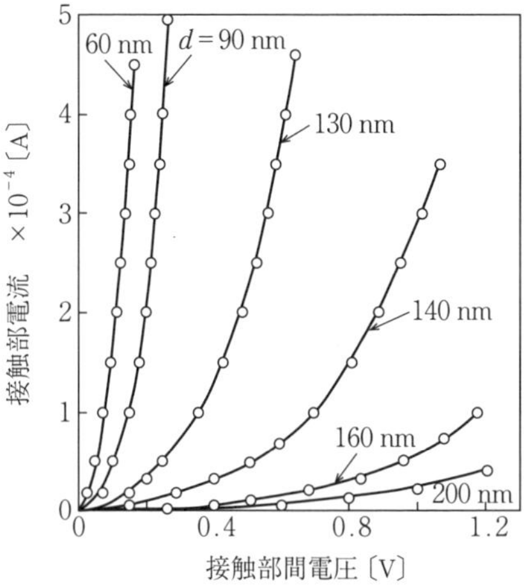

図 4.16 接触部の電圧-電流特性の非線形性

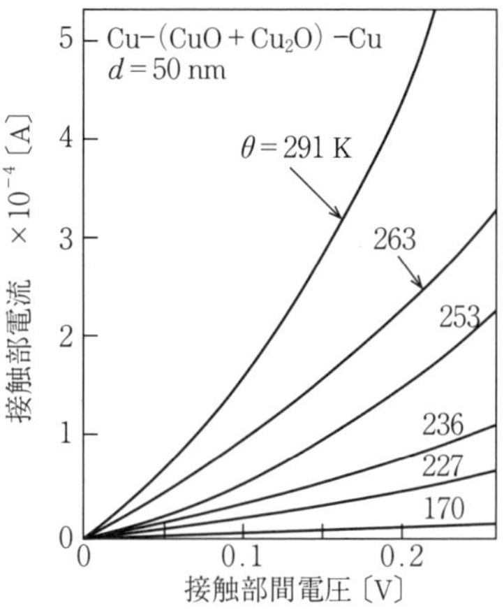

図 4.17 接触部の電圧-電流特性（非線形）（接触部の低温度特性）

$$I_s = AT^2 s \exp\left(\frac{-\phi}{\kappa T}\right) \cdot \exp\left\{\frac{(e^3/\varepsilon d)^{1/2} V^{1/2}}{\kappa\theta}\right\} \tag{4.7}$$

ここに，I_s はショットキー電流，A は 120（A/cm^2)/deg，e は電子の電荷量，s は接触面積，ε は皮膜の誘電率，κ はボルツマン定数，θ は絶対温度〔K〕である。上式の両辺を対数に取り，電圧と電流に着目して書き直すと式 (4.8) となる。

$$\log I_s = mV^{1/2} + n \tag{4.8}$$

ここに，m, n は定数である。

図 4.17 に示した電圧と電流の関係を上式の $\log I_s$ と $V^{1/2}$ との関係に変換すると，**図 4.18** に示す直線関係が得られる。また，いくつかの金属についての対象接触部でも，**図 4.19** に示すように，直線が考えられる。この事実は電圧と電流の側面から見てショットキー導電が存在していることを示している。そこでつぎに，式 (4.6) を電流と温度（θ）の関係で見ると，式 (4.9) となる。

$$\log\left(\frac{I_s}{\theta^2}\right) = b\frac{1}{\theta} + c \tag{4.9}$$

ここに，b, c は定数である。

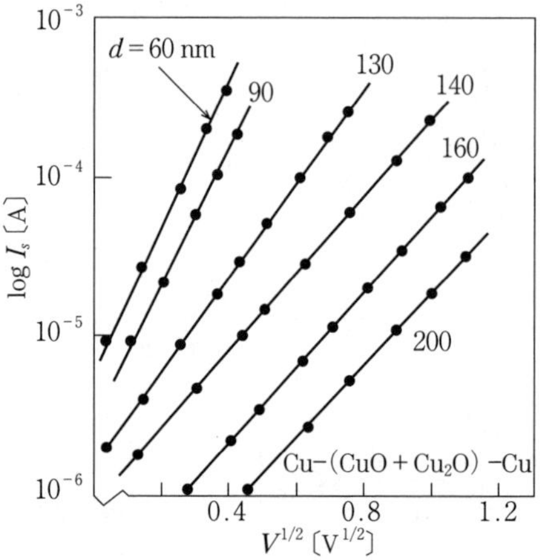

図 4.18　図 4.15 に示した電圧-電流特性の log I_s と $V^{1/2}$ との関係

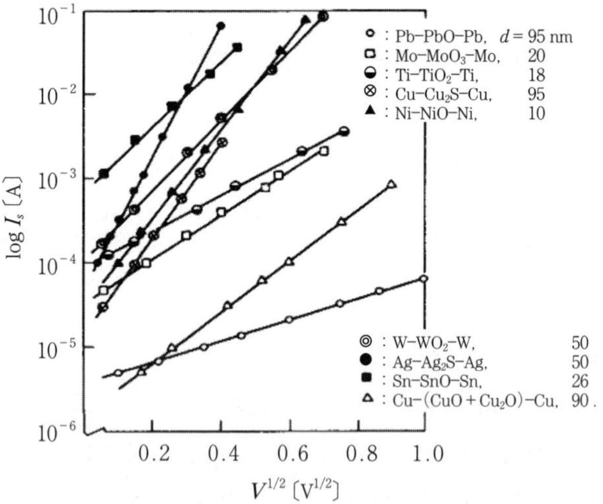

図 4.19　いくつかの金属に見るその酸化物が介在する接触部の log I_s と $V^{1/2}$ との関係

図 4.17 に示した電圧-電流特性の温度依存性を上式の $\log(I_s/\theta^2)$ と $(1/\theta)$ の関係に変換すると，**図 4.20** に示す直線関係が得られ，温度依存性の面からもショットキー導電が支配していることが示される。

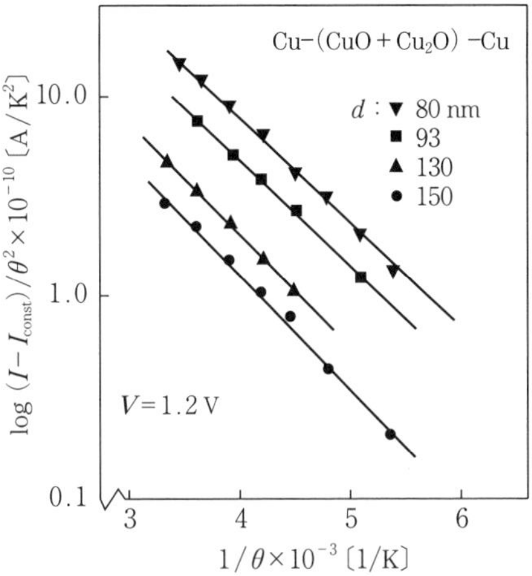

図 4.20　$\log I_s$-$1/\theta$ 特性

また，ショットキー電流を与える式 (4.7) において，$d(\log I)/d(V^{1/2})$ と $(1/\theta)$ との間に一定の関係を持つ直線関係を示す。そこで，y を定数とすると式 (4.10) が成立する。

$$\frac{d(\log I)}{d(V^{1/2})}=y\frac{1}{\theta} \tag{4.10}$$

上述の電圧-電流特性の温度依存性を与える図 4.17 を上式によって表すと，**図 4.21** に示す関係が得られる。図に示されているように，温度が $1/\theta=5.5\times10^{-3}$ 以上になると飽和している。すなわち，このときの温度はほぼ −75 ℃であって，この温度以下になると熱励起電子のエネルギーが不足し，電位障壁を越えられなくなることを意味している。それ以下ではトンネル電流が存在していることを物語っている。

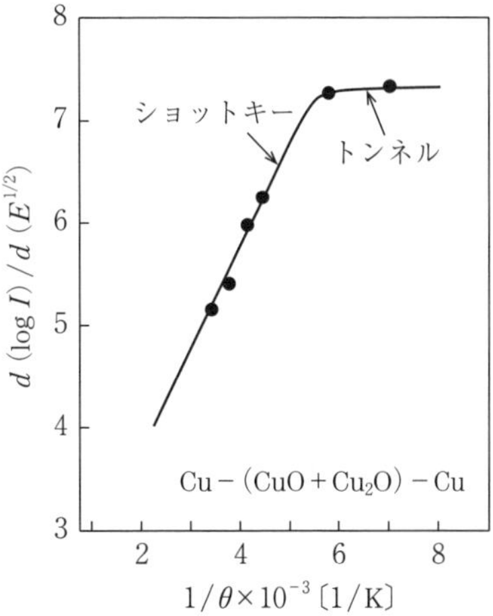

図 4.21　トンネル導電とショットキー導電との分離

さらに，図 4.18, 4.19 に示した直線の傾き Δ は式 (4.6) から，式 (4.11) で与えられる。

$$\Delta = \frac{(e^3/\varepsilon d)^{1/2} V^{1/2}}{\kappa} \cdot \frac{\phi}{\kappa} \tag{4.11}$$

この関係から，電位障壁の高さ ϕ は図 4.18, 4.19 の直線の傾きを上式に代入して求めることができる。式 (4.11) からわかるように，障壁の高さ ϕ は印加電圧によって変化する。$V=0$ における障壁の高さ ϕ を各金属について求めると，その場合の皮膜について**表 4.1** に示す値となる。

表 4.1　いくつかの金属の接触部にその酸化物が介在するときの障壁の高さ

接触部	Pb–PbO–Pb	Sn–SnO–Sn	Ag–Ag_2S–Ag	Cu–O or S–Cu	Ti–TiO_2–Ti	Ni–NiO–Ni	Mo–MoO_3–Mo	W–WO_2–W
障壁の高さ〔eV〕	0.38	0.25	0.36	0.45 0.34	0.18	0.19	0.19	0.22

さて，ここで接触抵抗の一部を構成する皮膜抵抗（境界抵抗）はホルム流に考えると皮膜抵抗は $R_f=\sigma/\pi a^2$ となる。ここに，σ は薄膜の抵抗率である。また，この単位面積当りの抵抗を皮膜の抵抗率 ρ_f に皮膜の厚さ d を掛けて $R_f=\rho_f/\pi a^2$ とする場合がある（図 4.10 を参照）。しかし，いままでの説明からわかるように，皮膜の抵抗率は印加電圧 V，膜厚 d，温度の直接的な関数であって，これらのパラメータに依存してつねに一定値ではない。いまここで，トンネル導電の抵抗率とショットキー導電の抵抗率 σ の電圧依存性を比較して示すと図 4.10 のようになり，電圧の増加とともに急激に低下することがわかる[6)]。抵抗値は印加電圧によって大幅に変化することで，これは電流の流れを妨げている電位障壁が印加電圧の増加とともに低下するためである。このように考えると，薄膜の導電機構が支配する接触部の皮膜抵抗はオームの法則を利用した 4 端子法による抵抗測定や電位降下法による測定では正確な測定はできず，抵抗率の概念を変えなければならないといえる。

4.4 ま　と　め

接触抵抗は3章までに取り上げたように，基本的にはホルムの研究によって接触境界部の金属側の集中抵抗と，そこに介在する表面汚染の皮膜などによる皮膜抵抗の和で与えられるといわれている。しかし，本章で説明したように，接触境界部に介在する皮膜の性質によってそこでの抵抗率は一概に単純化できない。金属と皮膜の境界や，薄い皮膜では電位の障壁が発生し，単純に皮膜の固体として抵抗率を当てはめることができない。電位障壁ができると電流の流れの妨げとなるその高さや厚さは印加電圧によって変化するので，皮膜抵抗は印加電圧や電流の値に依存する非線形抵抗となって外部回路に現れる。

接触抵抗を測定する場合は一般に一定の電流を流して，接触部間の電圧降下をオームの法則で測定しているが，電流値や印加電圧が変わると接触抵抗値も変わることになる。実際問題としてコネクタなどの接触デバイスはその重要特性の一つが接触抵抗である。しかし，電気条件に依存していて，接触抵抗は単独で基準として扱えないことがわかる。また，実装状態ではその部分の電気条件に強く依存することになるので，回路や機器の設計上ではこのことを考慮に入れなければならないたいへん重要なパラメータとなることがわかる。それでは，なぜ接触不良が多発しないかというと，接触荷重が重要で，接触力で介在皮膜が機械的に破壊し，金属接触が生じるので，あまり電気条件が接触抵抗に影響しないのである。介在皮膜に対する電気的影響や機械的作用については5～6章で取り上げる。

引用・参考文献

1）玉井輝雄：図解による　半導体デバイスの基礎，コロナ社（1995）
2）Simmons, J. G.：Potential barriers and emission-limited current flow between closely spaced parallel metal electrode, J. Appl. Phys., **35**, 9, pp.2472-2481（1964）
3）Lamb, D. R.：Electric Conduction Mechanisms in Thin Insulating Film, Methuen（1967）

4) Simmons, J. G.：Generalized thermal J-V characteristics for the electric tunnel effect, J. Appl. Phys., **35**, 9, pp. 2655-2658 (1964)

5) Coutts, T. J.：Electrical Conduction in Thin Metal Film, Elsevier, Amsterdam (1974)

6) Holm, E.：Thermionic and tunnel currents in film-covered symmetric contacts, Proc. 4th Int. Conf. Electrical Contact Phenomena, England, 12 (1968)

7) Henisch, H. K.：Rectifying Semiconductor Contacts, Clarendon Press, Oxford (1957)

8) Rhoderick, E. H.：Metal Semiconductor Contacts, Clarendon Press, Oxford (1978)

9) Ben Jemaa, N., Queffelec, J. L., and Travers, D.：Electrical conduction through Cu_2S corrosion films on copper contacts, Proc. 35th IEEE Holm Conf. Electrical Contacts, ELRCTRICAL CONTACTS 1989, Chicago, pp.149-153 (1989)

10) Milgram A. A. and Lu, C.：Field effect and electrical conduction mechanism in discontinues thin metal films, J. Appl. Phy., **37**, 13, pp. 4773-4779 (1966)

11) Tamai, T., et al.：Contact resistance characteristics at low temperature, IEEE Trans. Compon., Hybrid Manuf. Technol., **CHMT-1**, 1, pp.54-58 (1978)

12) Tamai, T.：Electrical conduction mechanisms of electric contacts covered with contaminant films, Surface Contamination, Vol.2, pp.967-981, Plenum Publishing (1979)

13) 玉井輝雄，他：接点皮膜の導電特性と電気的破壊の機構，電気学会論文誌，**93-A**, 6, pp.237-244 (1973)

5.　接触境界部の発熱現象

電気接触部は電流を流し伝える機能を備えているので，その境界部に接触抵抗などの電気抵抗が存在すると，ジュール熱が発生する。この発熱による温度上昇のため接触境界面では金属面に対する種々の現象が発生する。その一つが真の接触部で金属が軟化溶融することである。これにより真の接触面積が拡大し接触抵抗が低下し，さらには接触境界部の溶着へ展開する。真の接触部は非常に小さいので，直接的に熱電対などで温度を測定することが不可能である。しかし，電流を運ぶのは電子であるが，また同時に熱を運ぶのも電子の熱振動である。多くの金属で電子（自由電子）の数はそんなに違わない。そこで出てくるのが，ヴィーデマン・フランツ・ローレンツ（Wiedemann-Franz-Lorentz）の法則である。すなわち，この法則によって電気現象と熱現象が一義的に結ばれる。これを適用すると接触部の電圧降下を測定するとただちに微小接触点の温度を知ることができる。なお，電気的なジュール熱による発熱のほかに，電極間における摺動による摩擦熱に起因する発熱もある。

本章では，接触境界部で発生するジュール熱とその接触特性への影響を中心に取り上げる。

5.1　微小な真の接触部金属への熱の影響

一般に，微小接触部に電流が通ることにより接触抵抗でジュール熱が発生する。これによる温度上昇に基づく原子，すなわち格子点の熱振動で金属結晶内のひずみが緩和される。その結果，加工硬化されている接触に関与する微小部分の硬さが低下する。すなわち，軟化が生じることになる。このときの温度が軟化温度といわれるが曖昧さを含んでいる。一般に軟化温度は溶融温度の 62

%程度であるといわれている。これに対して，溶融温度は純度にもよるが正確に規定することができる。すなわち，熱振動が活発になり，結晶中のひずみが抜け，ついで，原子間の結合力が弱くなる。これが真の軟化というべきかもしれない。引き続いて熱振動が大きくなると原子間の結合力は著しく低くなり，固体状態を維持できなくなり溶解する。このときが溶融温度である。さらに，熱振動が大きくなると，原子は蒸発することになる。このときの温度が沸騰温度といわれている。これらの各状態に対応する温度は電気接触部の特性を規定する重要な定数である。

金属の電気抵抗の温度依存性は，第一に電子の熱振動と第二に原子である格子の熱振動である。したがって，温度上昇とともに熱振動が激しくなり，見掛けの原子が大きくなり，また電子の熱擾乱が生じるので，それだけ電流は流れにくくなり，電気抵抗は上昇する。つまり，金属の抵抗率 ρ はその温度係数 α が正であるので，式 (5.1) で与えられる。

$$\rho=\rho_0\left\{1+\frac{2}{3}\alpha(\theta-\theta_0)\right\} \tag{5.1}$$

ここに，α は抵抗温度係数で正の値を取る。半導体では負である。係数 2/3 は円形と仮定した真の接触面に電流が均一に流れないことを補正するホルムによる係数である[1)]。一般に電流は電界の影響や自己磁界の影響で真の接触円の周辺部に集まるので，電流が均一に流れると仮定するためである。

ここで，1 個の円形接触面では集中抵抗は式 (5.2) で与えられる。

$$R_c=\frac{\rho}{2a} \tag{5.2}$$

ここに，R_c は集中抵抗で，a は円形接触面の半径である。

この式 (5.2) と式 (5.1) とから集中抵抗は温度とともに増加することがわかる。しかし，軟化温度に達すると硬さが低下するので面積，すなわち $2a$ が増加して R_c は低下する。この結果，新しい接触状態で温度が上昇し始めて，再び正の抵抗温度係数によって集中抵抗は増加する。そしてついには溶融して，接触面積は一挙に増加する。この様子を電圧に対する集中抵抗の関係で**図**

5.1 に示す。この図 5.1 が示すように，二つ山のある特性となる。初めの山の頂点が軟化温度に対応し，つぎの山の頂点は溶融温度に対応するので，それに対応する接触部間電圧はそれぞれ軟化電圧，溶融電圧といわれているが，つぎのように物理的に電圧と温度の関係が規定される。

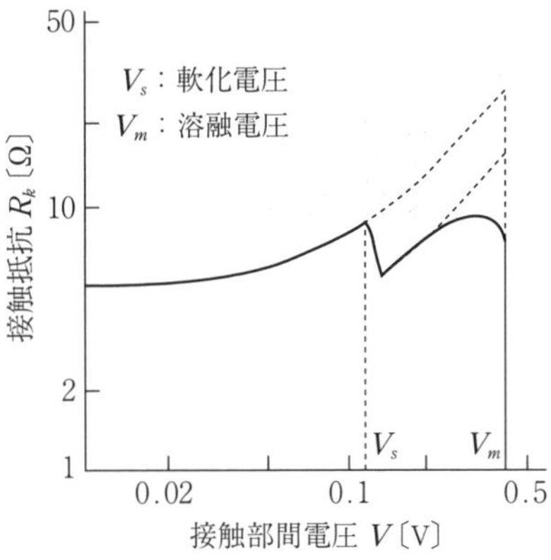

図 5.1　接触部間の電圧と接触抵抗（集中抵抗）の関係

すなわち，これらの温度と電圧の関係は 5.2 節で説明するように，ヴィーデマン・フランツ・ローレンツの法則を介して一義的に決定される。

しかし，真の接触面に着目した場合の電流分布は，3 章で示したように，真の接触面の周囲部が高くなる。四角形や三角形では角の部分の電流密度が上がる。したがって，その部分の発熱量が上がる。この様子を直径 d の円形の真の接触面の発熱量は，**図 5.2** に示すように，その周辺が最高な発熱となる[4)]。

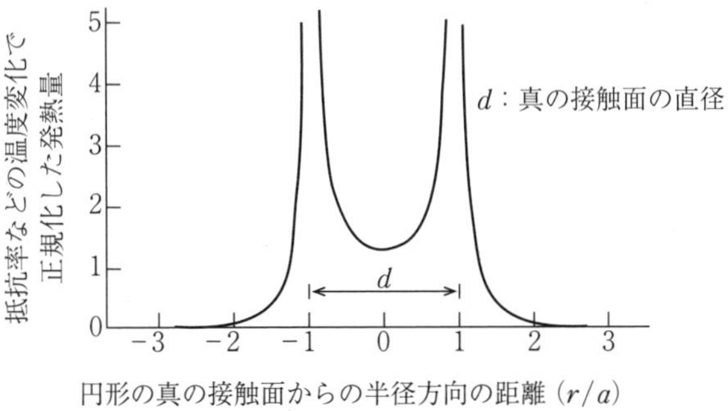

図 5.2　円形の真の接触面の周辺が最高の発熱となる[4)]

金属では電子の移動が電流であるが，そのときの温度に対応して電子は熱振動している。したがって，微小接触部を流れる電流は電荷を運ぶと同時に熱を運んでいるのである。したがって，**図 5.3** に示すように，ジュール熱の発生

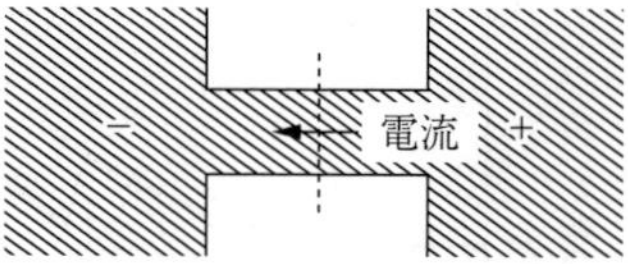

（a） 電流集中部の直流電流の方向

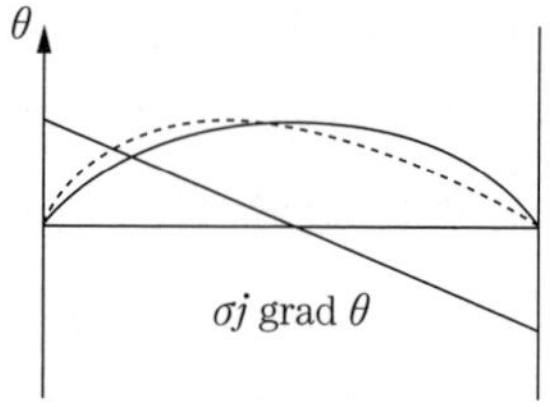

（b） 最高温度部分のずれ（点線）と温度こう配

図 5.3 トムソン効果による最高温度点の移動

点は最高温度となるはずであるが，実際には接触部の中央部で発生するジュール熱は電子の熱振動によって運び出されるので，中央部の温度が下がり最高温度は電流の流れる方向へ移動するのである[2)]。この現象はトムソン効果（Thomson effect）と呼ばれ，これにより真の接触部の最高温度がプラス電極側に移動し，対称とはならない。トムソン効果による発熱と吸熱は式 (5.3) で与えられる。

$$q = \rho J^2 - \mu J \frac{d\theta}{dx} \tag{5.3}$$

ここに，q は単位体積当りの発熱量，J は電流密度，μ はトムソン係数，θ は温度，x は距離である。右辺第 1 項はジュール熱，第 2 項はトムソン熱である。

熱電気効果（thermo-electric effect）によると，電子の平均自由行程より大きいエネルギーを持っていると，有効質量は小さくなり，発熱量は負となり，この逆では正となる。またさらに，半導体ではホールが電気を運ぶと発熱と吸熱が逆になる。トムソン係数は Cu, Zn では正で，Pt, Fe は負となり，Pb では 0 である。

もし開閉接触部が開離する場合は真の接触部で溶融した金属がブリッジ状（金属ブリッジ）になり電極から引き出され，最高温度点で切れ，金属の転移が生じる。ところが，切れる最高温度の場所がずれるので，金属転移（metal transfer）の量が陰極と陽極ではずれる。これが，接触部での典型的なトムソン効果の例である。

また，さらに3章で説明したように，真の接触部を流れる電流はその接触面の周辺部に集中するので，周辺部の温度がほかの部分より高温となる[3)~5)]。接触部が溶着して開離不能となる場合，強制的に機械的に開離させると，接触面の周辺部が強固に溶着していることがわかる。この代表例を**図5.4**に示す。また，発熱量と放熱量の平衡が崩れ，放熱が大きくなると平均温度で周辺部は顕著に高くなるとは考えられない。本節では真の接触面が非常に小さいとして，面内温度は一定とみなし，面内の温度分布は考慮していない。

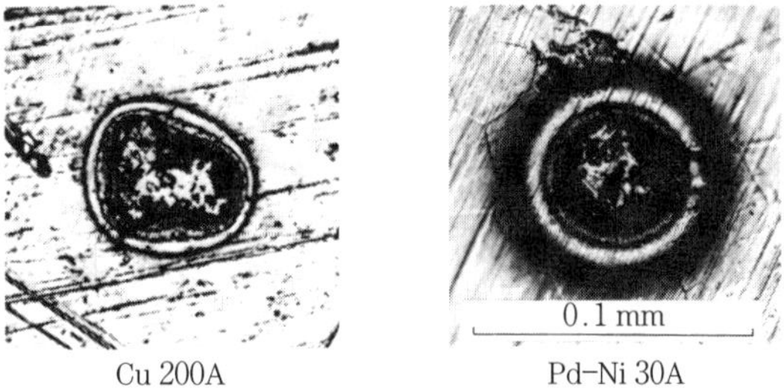

図5.4　接触面の周辺で電流が集中し，その密度が上がり，温度が上昇して溶着が起こる[13)]（円周部での溶着痕を示す。）

このほかに，接触部での熱に関する現象としてコーラー効果（Kohler effect）がある。接触境界部にギャップがあり完全に接触していない場合や皮膜が介在する場合では，電子は，3章で述べたように，トンネル効果やショットキー効果で流れる。このとき，電子は電界で加速されるので，その電子の運動エネルギーは正極に電子が到達すると熱エネルギーとして放出する。この結果，負極よりも正極のほうが温度が高くなる。この現象がコーラー効果と呼ばれている。このような状況で，接触部の温度を評価する場合は，6章で取り上げるように補正する必要がある[5)]。

5.2　接触境界部での発熱の評価

真の接触部でジュール熱（I^2R）が生じると，その熱は時間の経過とともに接触境界部から接点部へと移動する。熱の発生とその移動などを時間と場所について知るためには，3次元の温度分布とその時間に対する伝達状況がわかる熱伝導方程式を境界値について解く必要がある。すなわち，熱伝導の基礎偏微分方程式を与えられた条件のもとでの境界値問題として解くことにある。この問題の解析の一例は窪野のものがある[5]。この解析は1個の接触部を単一の円板とか円柱とかに近似して，熱伝導の方程式を解くということになる。この場合，真の接触部と接触境界部の複雑さの問題がそのまま残る。厳密な解析では3次元の温度分布とその時間に対する伝達状況がわかる。単純化した場合は，接触面を1個の塊として考え，そこの熱容量と熱伝導度から簡単な熱伝導の方程式で求めることもできる。

また，ほかの方法としては，ヴィーデマン・フランツ・ローレンツの法則からの ϕ-θ 理論の適用がある。すなわち，上述したように，金属の場合，自由電子が電流となり，またこれら電子は熱振動しているわけで，電流と熱流は電子によって担われている。すなわち，導電率と熱伝導度とは一義的に結びつけることができる。さらに，おおかたの金属では自由電子はほぼ一定であるので，ローレンツ定数を用いることができる。そこで，接触部の電圧効果から接触部の最高温度を求めることができる。

ここでは，はじめにヴィーデマン・フランツ・ローレンツの法則による温度評価について述べる。接触抵抗に電流が流れて発生する接触部間の電圧降下と，接触部に発生するジュール熱による温度との間に式 (5.4) の関係が成り立つ。

$$\phi^2 = 2\int_{\theta_0}^{\theta_m} \frac{\lambda}{\kappa} d\theta = 2\int_{\theta_0}^{\theta_m} L\theta d\theta = 4\left(\theta^2 - \theta_0^2\right) \tag{5.4}$$

ここに，ϕ は接触抵抗を電流が流れるために生じる電圧降下，θ_0 は室温，θ_m は真の接触面の最高温度，λ は真の接触部の熱伝導度，κ は真の接触部の導電率である。

ヴィーデマン・フランツ・ローレンツの法則は

$$\frac{\lambda}{\kappa}=L\theta \tag{5.5}$$

ここに，L の値は多くの金属で自由電子の数はほぼ一定であるとみると，$2.4\times10^{-8}(\mathrm{V/deg})^2$ となる。

温度を絶対温度とすると，式 (5.6) が成立する。

$$L(\theta_m^2-\theta_0^2)=\frac{V^2}{4}=\left(\frac{RI}{2}\right)^2 \tag{5.6}$$

この関係は発熱の定常状態を表すので，スイッチ on した場合のような過渡特性には対応しない[7),8)]。

つぎに，微小接触部における熱時定数のために温度上昇が遅れることについて触れる。微小接触部の熱抵抗，熱容量を考えると，通電電流が時間に対して一定の割合で上昇するランプ（ramp）状の場合，すなわち，$I=I_0t$ に対する温度変化 $\theta-\theta_0$ は式 (5.7) で与えられる[9)～11)]。

$$I_0^2t^2R_kdt=Qd\theta+K(\theta-\theta_0)dt \tag{5.7}$$

ここに，Q, K はそれぞれ微小接触部の熱容量と熱コンダクタンス，I_0 は電流のこう配，R_k は接触抵抗，θ は接触部温度，θ_0 は室温である。

上式で左辺は接触抵抗 R_k で生じるジュール熱による熱量，右辺第 1 項は熱容量 Q に蓄えられる熱量，第 2 項は熱コンダクタンス K を通して部材側へ流れ出る熱量である。ここで，初期条件として $t=0$ で $\theta-\theta_0=0$ として積分定数 $-2Q^2/K^2$ を求めると式 (5.8) を得る。

$$\theta-\theta_0=\frac{I_0^2R_k}{K}\left[t^2-2\frac{Q}{K}t+2\left(\frac{Q}{K}\right)^2\left(1-e^{-(K/Q)t}\right)\right] \tag{5.8}$$

ここで，**図 5.5** に示すように，微小な接触部を双方の金属から構成される一対の単一円の円筒と考え，この円筒の端面間に皮膜が介在する接触部を考えると，熱容量 Q と熱抵抗 $W=1/K$ はつぎのように求めることができる。すなわち，熱容量 Q は一対の金属円筒部の熱容量 Q_c と介在皮膜の熱容量 Q_f との和となり，式 (5.9) で与えられる。また，熱抵抗 W は同様にして円筒部の熱抵抗 W_c と皮膜の熱抵抗 W_f との和となり，式 (5.10) で与えられる。

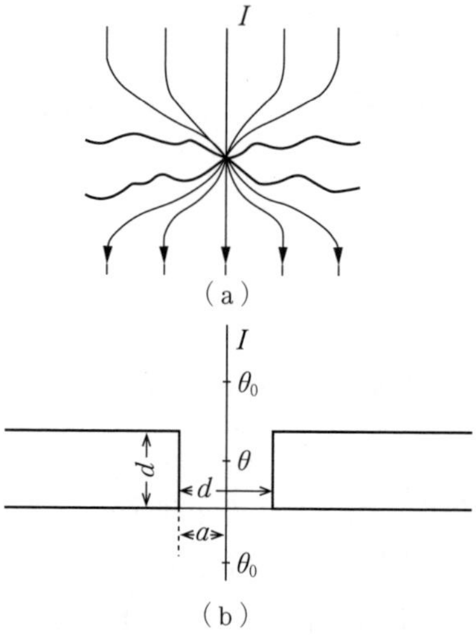

図 5.5　真の接触部とその円筒モデル（真の接触部の高さと直径が等しい円柱モデル）

$$Q = Q_c + Q_f = \frac{C_c \pi d^3 + C_f \pi S^3}{4} \tag{5.9}$$

$$W = \frac{1}{K} = W_c + W_f = \frac{1}{dk_c} + \frac{S}{\pi (d/2)^2 k_f} \tag{5.10}$$

ここに，添え字 c, f はそれぞれ電流集中金属部と皮膜部における諸量を表し，d は上述のように接触部を円筒と考えた場合の高さと直径，C は体積比熱（密度×比熱），k は熱伝導度，S は皮膜の厚さである。すなわち，通電によって皮膜をはさんだ円筒部端面が最高温度 θ_m になり，この温度が温度 θ_0 の金属母材側へ上述の熱定数に従って伝達されることになる。

つぎに，スイッチ on のような階段状波形の通電では，$t=0$ で $I=0$, $t>0$ で $I>0$ とすると，式 (5.1) の場合と同様にして式 (5.11) が得られる。

$$\theta - \theta_0 = \frac{I_0^2 R_k}{K} [1 - e^{-(k/Q)t}] \tag{5.11}$$

正弦波通電では $I = I_a \sin \omega t$ とすると，式 (5.1) と同様にして式 (5.12) が得られる。

$$\theta - \theta_0 = \frac{I_0^2 R_k K}{K_2 + 4\omega^2 Q} \left[\sin^2 \omega t - 2\omega \frac{Q}{K} \sin \omega t \cos \omega t + 2\omega^2 \frac{Q^2}{K^2} (1 - e^{-(k/Q)t}) \right] \tag{5.12}$$

ここに，$\omega = 2\pi f$，f は周波数，I_a は電流の振幅である。

上述の 3 種類の通電波形に対しての温度の応答を**図 5.6 ～ 5.8** に示す。以上の各式と図からわかるように，発熱は通電に対して時定数 k/Q だけ遅れることになる。つまり，電流が通過後に温度上昇が始まるということで，後述のようにこのことが接触抵抗特性に影響する。

つぎに，集中抵抗を中心として，これに直接関係する真の接触面の大きさ，

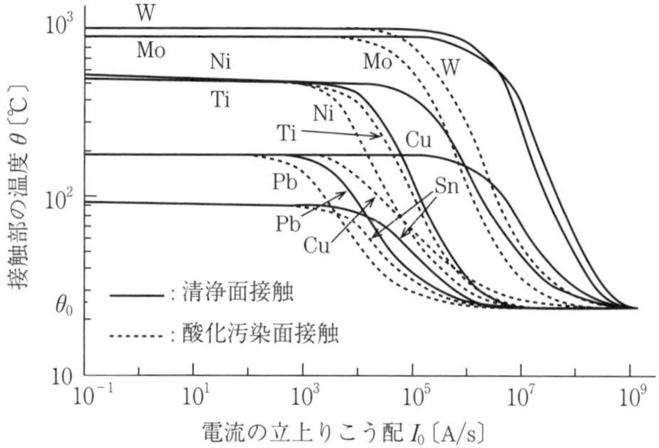

図 5.6　ランプ（ramp）通電の立上りこう配に対する温度上昇における遅れ（いくつかの金属に対する清浄面と汚染面との比較）

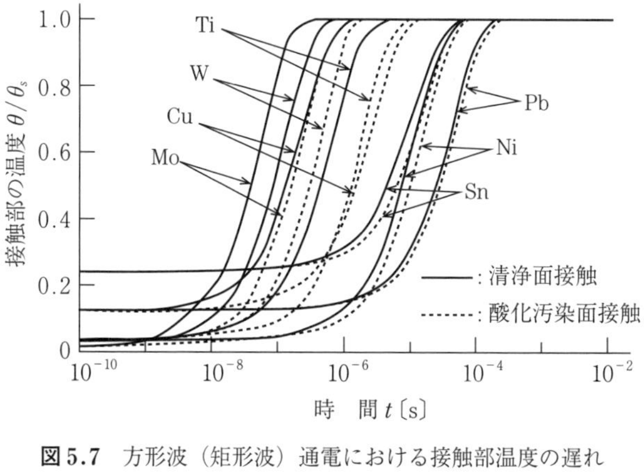

図 5.7　方形波（矩形波）通電における接触部温度の遅れ

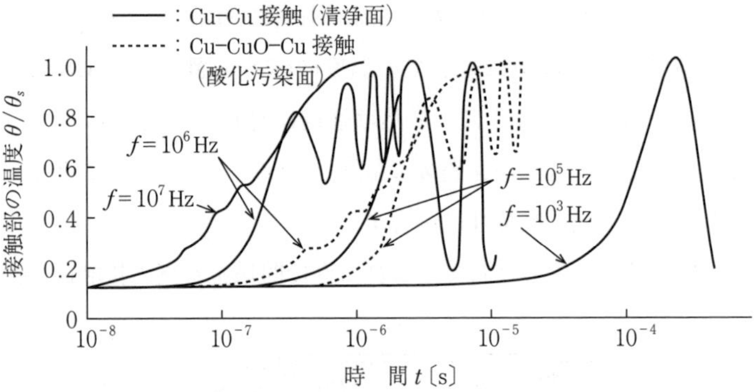

図 5.8　正弦波通電における接触部温度の遅れ（清浄な Cu 面接触部と汚染 Cu 面接触部の比較）

さらにはその面に関係する硬さについて，これらに対する電流の関係を求める。いま，通電電流を単位階段状，すなわちステップ関数とすると $t \leqq 0$ で $I=0$，$t>0$ で $I=I>0$. で，この条件に対して定常状態での温度上昇は式 (5.13) で与えられる。すなわち

$$\theta-\theta_0=\frac{I^2R_c}{8ak_c} \tag{5.13}$$

ここに，k_c は真の接触部の微小円筒の熱伝導度，a は微小の円筒の半径，すなわち真の接触部の大きさである。

集中抵抗は真の接触部を単一と考えて $R_c=\rho/2a$ で表され，抵抗率 ρ の温度依存性は ρ_0 を基準温度での抵抗率とすると，$\rho=\rho_0\{1+(2/3)\alpha(\theta-\theta_0)\}$ であるので，式 (5.12) と式 (5.13) とから，電流と温度との関数としての R_c が式 (5.14) で与えられる。

$$R_c=\left[3k_c\rho_0\frac{\{(4/3)\alpha(\theta-\theta_0)+1\}^2-1}{2a}\right]I^{-1} \tag{5.14}$$

式 (5.14) が示すように，集中抵抗は通電電流に反比例して変化することを示している。この電流と集中抵抗の関係をいくつかの金属について図示すると**図 5.9** に示すようになる。

つぎに，真の接触面は単一円とすると式 (5.14) から $a=\rho/2R_c$ となり，式

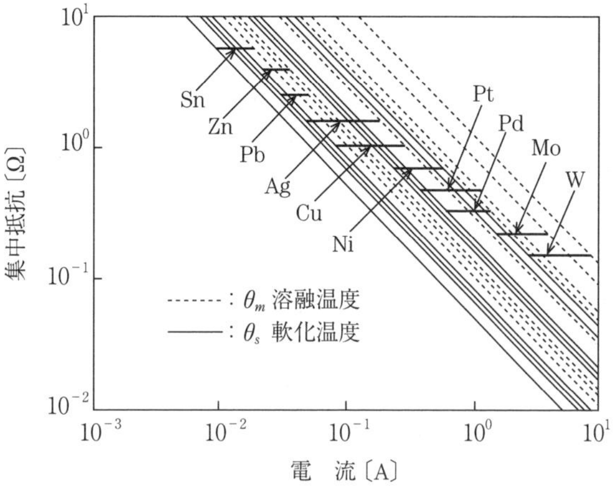

図 5.9 集中抵抗と通電電流の関係

(5.1) と式 (5.14) とから式 (5.15) を得る。

$$a=\left[\rho_0\left\{1+\frac{2}{3}\alpha(\theta-\theta_0)\right\}\right]\cdot\frac{I}{2}\left[3k_c\rho_0\frac{\left\{(4/3)\alpha(\theta-\theta_0)+1\right\}^2-1}{2a}\right]^{-1/2} \tag{5.15}$$

となり，接触面の大きさは電流 I に比例することがわかる。

さらに，真の接触面をつかさどる微小金属部分の硬度 H は式 (5.16)，(5.17) になる。

$$H=\frac{W}{\pi a^2 \xi a^2} \tag{5.16}$$

表 5.1 清浄面と汚染面とにおける熱時定数（接触条件 1 mmϕ，10 gf）

試料	清浄面接触			酸化汚染面接触	
	K〔W/deg〕	Q〔J/deg〕	Q/K〔s〕	K〔W/deg〕	Q/K〔s〕
Sn	6.53×10^{-3}	7.36×10^{-8}	1.13×10^{-5}	4.57×10^{-3}	1.61×10^{-5}
Pb	2.44×10^{-3}	1.09×10^{-7}	4.45×10^{-5}	2.19×10^{-3}	4.97×10^{-5}
Cu	8.73×10^{-3}	2.15×10^{-9}	2.47×10^{-7}	8.09×10^{-4}	2.66×10^{-6}
Ni	1.39×10^{-3}	1.62×10^{-8}	1.16×10^{-6}	9.65×10^{-4}	1.68×10^{-5}
Ti	1.14×10^{-3}	7.33×10^{-10}	6.44×10^{-7}	3.64×10^{-4}	2.01×10^{-6}
Mo	8.93×10^{-3}	4.99×10^{-11}	5.59×10^{-8}	2.18×10^{-4}	2.29×10^{-7}
W	1.82×10^{-3}	2.20×10^{-10}	1.21×10^{-7}	5.18×10^{-4}	4.25×10^{-7}

$$H=\frac{W}{\pi a^2\xi}=\frac{W}{(\pi\xi)}$$

$$\cdot\left[\left[\rho_0\left\{1+\frac{2}{3}\alpha(\theta-\theta_0)\right\}\right]\cdot\frac{I}{2}\left[3k_c\rho_0\frac{\{(4/3)\alpha(\theta-\theta_0)+1\}^2-1}{2a}\right]^{-1/2}\right]^{-2} \tag{5.17}$$

したがって，硬さ H は電流 I の 2 乗に反比例することがわかる。

いくつかの金属に対する熱定数は**表 5.1** に示すようになり，さらに a-I の関

表 5.2　a-I 特性と R_c-I^{-1} 特性における θ_s と θ_m における係数

金属	a-I 特性の係数		R_c-I^{-1} 特性の係数	
	θ_s	θ_m	θ_s	θ_m
Pt	66.15×10^{-6}	55.21×10^{-6}	0.193	0.542
Pd	62.20×10^{-6}	52.47×10^{-6}	0.210	0.450
Ni	61.65×10^{-6}	53.67×10^{-6}	0.170	0.400
Ag	14.81×10^{-6}	9.60×10^{-6}	0.079	0.300
Pb	17.57×10^{-5}	14.91×10^{-5}	0.089	0.130
Zn	56.30×10^{-6}	47.10×10^{-6}	0.075	0.145
Sn	13.50×10^{-5}	94.90×10^{-6}	0.055	0.110
Mo	32.50×10^{-6}	29.60×10^{-6}	0.330	0.860
W	28.10×10^{-6}	25.60×10^{-6}	0.420	1.310
Cu	12.90×10^{-6}	10.30×10^{-6}	0.082	0.330
Al	29.90×10^{-6}	19.50×10^{-6}	0.066	0.190

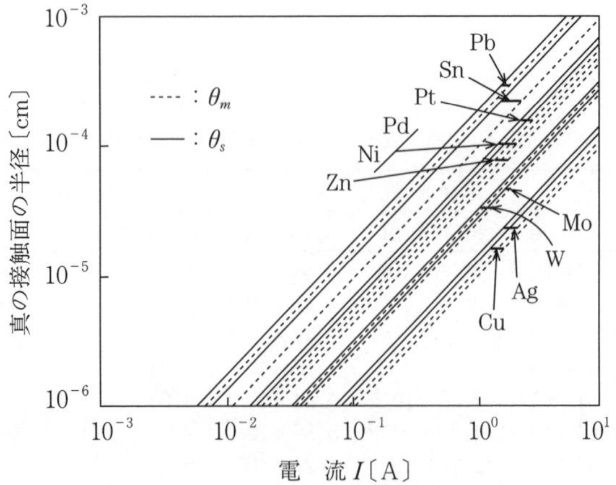

図 5.10　真の接触面の大きさと電流との関係

係と R_c-I^{-1} の関係における θ_s と θ_m での係数を**表 5.2** にそれぞれ示す。また，電流と真の接触面の半径の関係を**図 5.10** に，電流と集中抵抗の関係を図 5.9 にそれぞれ示す。

5.3 通電中の接触面の観察

さて，ここで真の接触面積が電流に比例して大きくなることや集中抵抗が電流に比例して低下することはいったいなにを意味しているのであろうか。発熱が接触部をつかさどる微小金属部分になんらかの影響がなければ，上述の変化は考えにくい。つまり，だれしも接触境界部でなにが起こっているか可視化して観察したいという願望にとらわれる。そこで，**図 5.11** に示す方法で間接的であるが，通電下の接触境界面を観察することを試みた[12)]。すなわち，一方の電極には端部が半球面の金属プローブを用い，他方の電極に耐熱性ガラスに導電膜を塗布した導電性透明電極を用いた。倒立型の金属顕微鏡で導電性透明電極を通して接触境界面を観察することができた。そこで徐々に電流を増加させて接触境界面での変化を観測した。その結果は金属によって異なったが，上述の各式との対応で見ると，Sn や Pb のような融点の低い金属では接触面積の拡大が認められた。また，Cu や Al では境界面の増加とともに変色が観察された。W や Mo のような高融点金属では境界面の変化はあまり見られず，熱のために，耐熱ガラスを用いてあっても，破壊が生じた。それほど高温度になるということである。

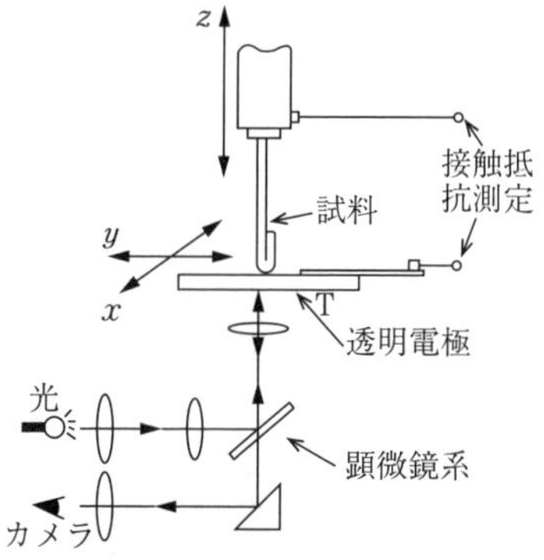

図 5.11 接触境界面の観察装置

そこで，接触部へ電流を流した場合の電圧の変化とそのときの真の接触面の変化をそれぞれ Pb について**図 5.12** と**図 5.13** に示す。接触面がジュール熱によって増大する様子がわかる。いくつかの金属について通電電流とそのときの

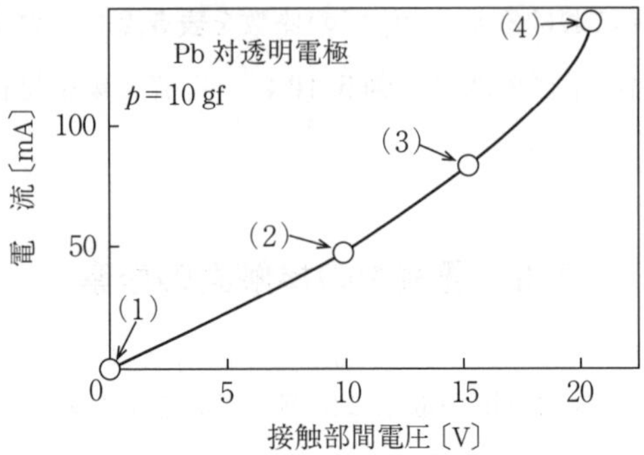

図 5.12　接触境界面観察装置による Pb 接触部の電圧-電流特性

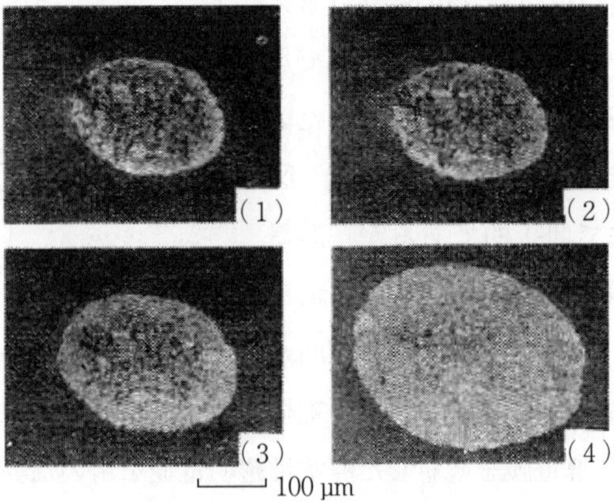

図 5.13　接触境界面観察装置による Pb 接触面の通電による増加を示す観察結果（図 5.12 に示す電圧-電流特性に示す各点に対応する電流値での観測結果）

接触面の変化をまとめて**図 5.14** に示す。

ここで，ジュール熱による温度上昇と接触面の硬さの変化をまとめてみると**図 5.15** に示すようになる。ある特定の温度のもとで硬さの低下が急になることがわかる。この変曲点が取りもなおさず軟化温度である。つまり，再結晶温度である。

つぎに，通電による変色の状況を，Cu について電圧-電流特性と接触面の変色の様子を**図 5.16** に示す。さらに，Ag_2S 皮膜で覆われた Ag について上述と

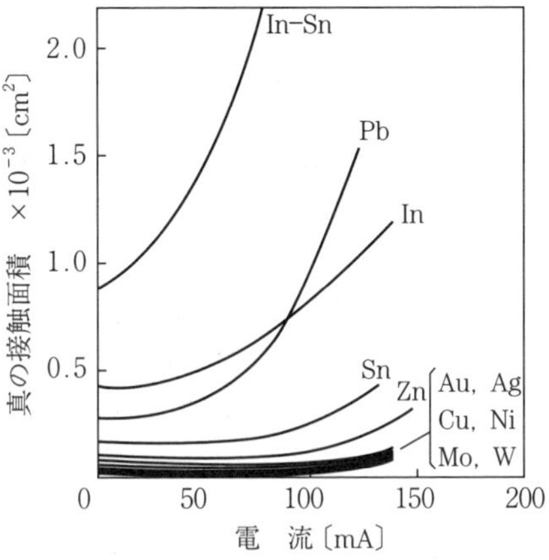

図 5.14　接触境界面観察装置によるいくつかの金属に対する接触面積と通電電流の関係

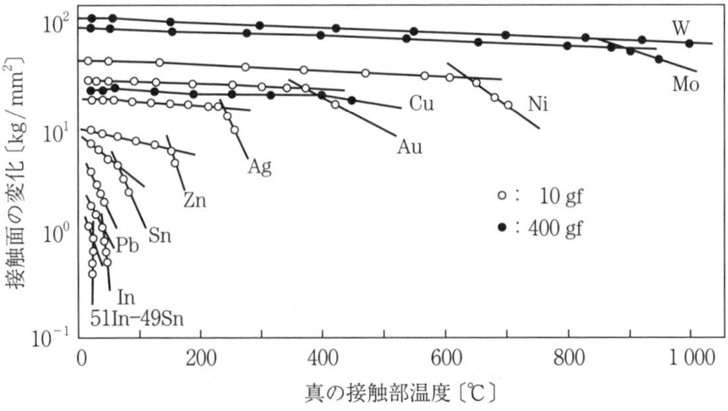

図 5.15　接触面積から変換した硬さと ϕ-θ 理論による接触部温度との関係

同様にまとめた結果を**図 5.17** に示す。接触境界面の変化の状態を示している。ここで，通電後の Ag_2S 表面を SEM で観察した結果を**図 5.18** に示す。ジュール熱の影響で接触痕の内部と周辺とで組織の状況が異なることがわかる。

さらに，電流の増加に対する接触面積の増加を上述した境界面の実測から求めてまとめると**図 5.19** に示すようになる。すなわち，電流の増加とともにジュール熱の発生が大きくなり，真の接触部の温度が上昇する。その影響を受けないうちは，真の接触面の大きさは一定であるが，ひとたび軟化温度に達す

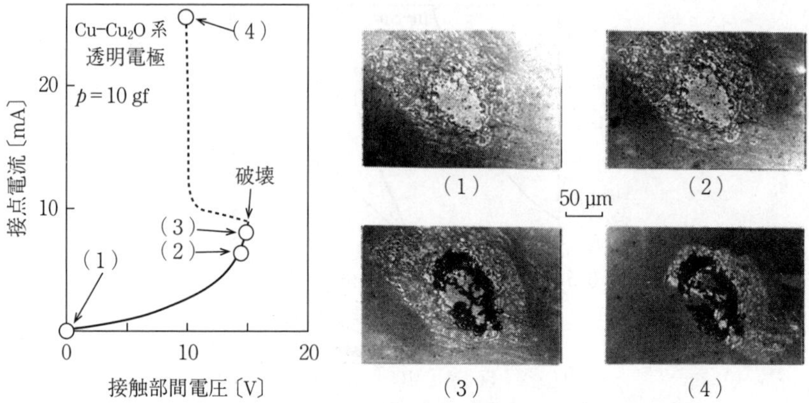

図 5.16　Cu$_2$O で覆われた Cu の通電下における接触境界面の観察結果（変色が認められる。）

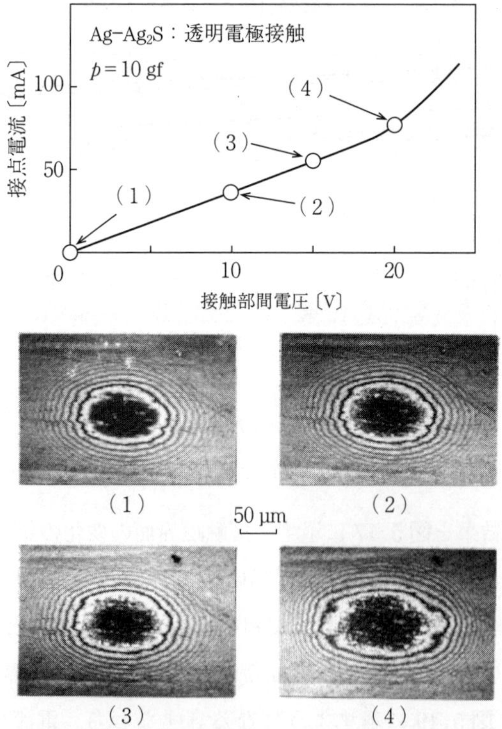

図 5.17　Ag$_2$S 皮膜で覆われた Ag 接触部の通電下における接触面の変化

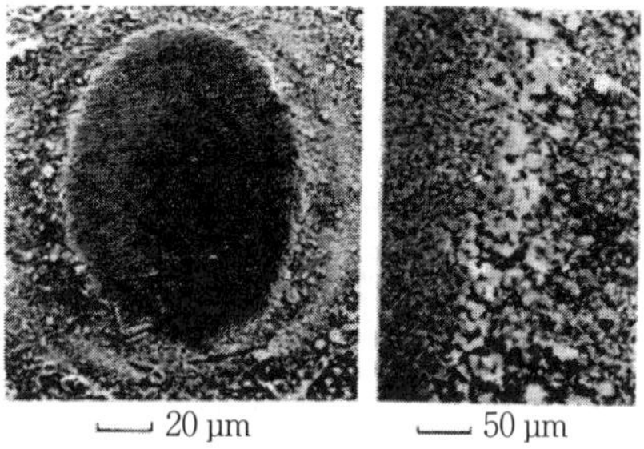

図 5.18 図 5.17 の接触面の SEM 像

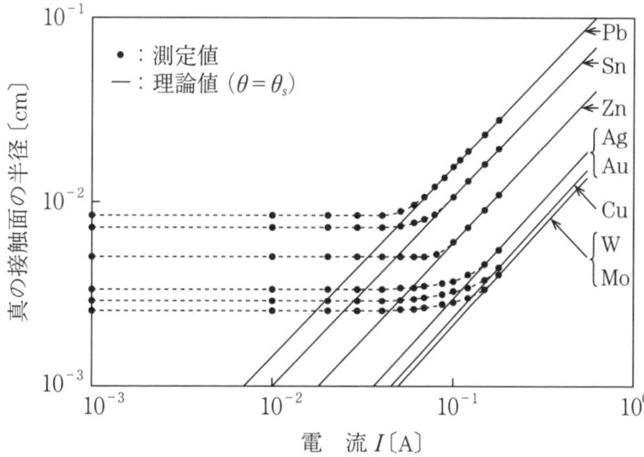

図 5.19 真の接触面の大きさに対する電流の大きさの影響

ると，硬さが低下するので，この接触面は増加し始める。このとき，上述の理論計算した電流と接触面半径との関係である式 (5.15) に従う。すなわち，接触面は電流に比例する関係に実測値が乗ることになる。この関係は特に軟化温度の異なる代表的な金属とともに図 5.19 に示した。さらに，真の接触面の観察結果に，荷重と接触面を考慮して硬さを求め，その硬さに対する電流の影響を異なる軟化温度の金属についてまとめて**図 5.20** に示す。通電による発熱が軟化点に達すると硬さは，式 (5.16) に従って I^{-1} 特性で低下することを示している。以上の結果から得られた汚染皮膜を持つ試料の特性温度と抵抗率を，いくつかの試料について**表 5.3** に示す。

さらに，接触抵抗と通電電流の関係で見ると，硫化銀 (Ag_2S) 皮膜で覆われ

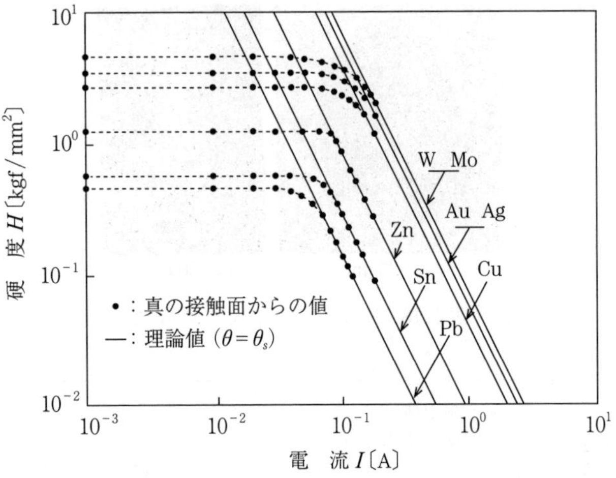

図 5.20　接触面の大きさと接触荷重とから求めた硬さに対する電流の影響

表 5.3　汚染皮膜を持つ試料の特性温度と抵抗率

	溶融温度〔℃〕	軟化温度〔℃〕	抵抗率〔Ω·cm〕
Ag	960	{180* 320	1.65×10^{-6}
Ag_2S	845	281	10^2
Cu	1083	{190* 361	1.75×10^{-6}
Cu_2O	1230	410	10^6～10^9
CuO	1148	382	10^6～10^7
Cu_2S	1130	376	10^2

＊　ホルムによる値。ほかは再結晶温度。

た Ag 接触部では，**図 5.21** に示すように，電流の影響のない範囲では通電初期のほぼ一定値を示すが，ある電流値，すなわち軟化温度に対応する電流値に達すると，式（5.14）の I^{-1} 特性に従うことがわかる。さらに，酸化した Cu（$CuO+Cu_2O$）の接触部について接触抵抗と通電電流の関係を調べると，図 5.19 に示した場合と同様な関係が得られたので，I^{-1} 特性に従う範囲で整理すると**図 5.22** に示すようになる。そこで，式（5.16）に軟化温度と溶融温度を

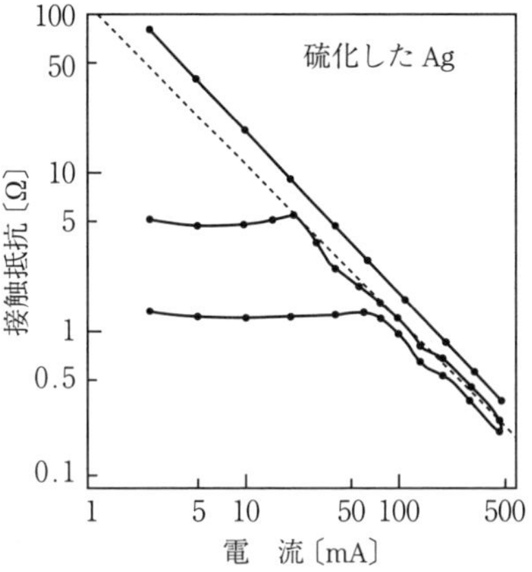

図 5.21　硫化皮膜で覆われた Ag 接触面の接触抵抗に対する電流の影響

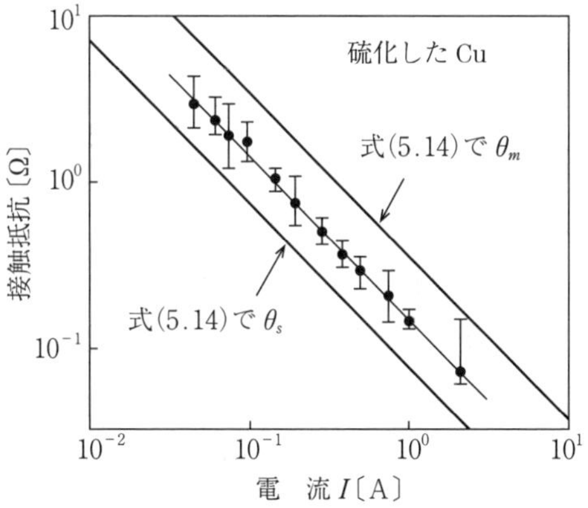

図 5.22　酸化皮膜で覆われた Cu 接触面の一定値の変化が崩れたときの接触抵抗に対する電流の影響（測定値は理論値との比較で $2\theta_s$ または $0.62\theta_m$ で一致する。）

代入してみると，その中間にデータが落ちることがわかる。これは軟化温度の2倍，$2\theta_s$ で，溶融温度の 0.62 倍，$0.62\theta_m$ であることを示している。すなわち，皮膜の種類に関係なくこれらの温度になると軟化が生じることを意味している。この研究で得られた金属試料と透明電極の接触部の各定数を**表 5.4** に示す。

表 5.4　金属試料と透明電極の接触の定数

金属	ρ〔Ω·cm〕	k_c〔W·cm^{-1}·deg〕	α	$2\theta_s$〔℃〕
Pb	0.050	0.001	0.0115	400
Sn	0.050	0.004	0.0110	200
Zn	0.004	0.001	0.0180	340
Ag	0.004	0.003	0.0128	360
Au	0.004	0.004	0.0116	200
Cu	0.004	0.004	0.0126	380
Mo	0.004	0.003	0.0127	1 800
W	0.004	0.003	0.0118	2 000

5.4　ま　と　め

接触境界部には接触抵抗が存在するが，そこを電流が流れるとジュール熱が発生する。微小な真の接触部をつかさどる金属部はその熱の影響を受け，それが接触抵抗に影響する。つまり，熱軟化であり，溶融であり，沸騰である。これらは真の接触面に影響し接触抵抗に作用する。電流値が大きくなり，それによる発熱が放熱量より大きくなると，基本的には接触面積を拡大する方向に働くので抵抗値は低下することになる。微小な接触点は発熱の影響をたいへん受けやすいので，接触抵抗は電流に対して非可逆的な非線形抵抗となる。したがって，接触抵抗の測定や接触部が受け持つ電気条件にはこのことを考えておかなければならない。

引用・参考文献

1)　Holm, R.：Electric Contacts, Theory and Applications, 4th ed., Springer-Verlag (2000)
2)　Bowden, F. P. and Williamson, J. B. P.：Electrical conduction in solids I. Influence of the passage of current on the contact between solids, Proc. Roy. Soc. A, 246, 22, pp.1-12 (July 1958)
3)　Llewellyn Jones, F.：The Physics of Electrical Contacts, Clarendon Press, Oxford (1957)
4)　Greenwood, J. A. and Williamson, J. B. P.：Electrical conduction in solids II.

Theory of temperature-dependent conductors, Proc. Ray. Soc. A, 246, pp.13-32 (1958)

5) 窪野隆能：直流電流通電中の電気接点電流集中部での温度分布，電気学会論文誌 A，**104**，6，pp.337-343 (1984)

6) Höft, H.：Die Übertemperature an electrischen Kontakten mit Fremdschicht, Vorabdruck aus Wiss. Z. TH Ilmenaw Jg., **12**, Heft 2, pp.1-4 (1966)

7) 玉井輝雄，他：接点皮膜の電気的破壊に及ぼす軟化電圧および溶融電圧の影響，電気学会誌，**89**，3，966，pp.499-508 (1969)

8) Tamai, T., et al.：Effects of softening and melting voltage on electrical breakdown of contact films, Electrical Engineering in Japan, **89**, 3, pp.8-17 (1969)

9) 玉井輝雄，他：接点皮膜の電気的破壊に及ぼす熱伝導の影響，電気学会論文誌，**94-A**，9，pp.13-20 (1974)

10) Tamai, T., et al.：Effect of thermal conduction on electrical breakdown of contact films, Electrical Engineering in Japan, **94**, 5, pp.1-6 (1974)

11) Tamai, T.：Influence of the passage of current on electrical static contact characteristics, Trans. IEE Japan, **108**, 9/10, pp.147-152 (1988)

12) Tamai, T.：Direct observation for the effect of electric current on contact interface, IEEE Trans. Compon. Hybrid Manuf. Technol., **CHMT-2**, 1, pp.76-80 (March 1979)

13) 佐藤允典：電気接点，p.13，日刊工業新聞社 (1984)

6.　接触抵抗の印加電気条件依存性

汚染皮膜などの介在する接触部に外部より電圧を印加すると，微小接触部には電圧と電流の影響が加わる。その結果は接触抵抗値が低下する結果として現れる。つまり，高抵抗であった接触抵抗が低下して低抵抗値が回復するのである。この現象は定量的に明確化されていないので，そのときの印加される電気条件で接触抵抗の値が高かったり，高いと測定された抵抗値が低下したりする。ここに接触抵抗の取り扱いの難しさ，しいていえばばらつきの多さがあるわけである。例えば，接触抵抗の測定においてはオームの法則を適用するので外部より電圧を印加し，そのときの電流値と電圧降下の比から求める。この場合の電気条件が重要であって，その値によって測定される抵抗値が変わる。この事実を認識しておかなければ測定した抵抗値の意味がわからないことになる。

この漠然とした現象に科学的な切り込みを入れたのが本章である。

6.1　低接触抵抗が回復する現象

ここで，印加電圧で接触部の皮膜が破壊して，低接触抵抗が回復する代表的な現象を**図 6.1** および**図 6.2** に示す。すなわち，図 6.1（a）の電圧–電流特性において，電流を流すとわずかに電圧が増加して，図 6.1（a）の点Ａから，突然，電圧が下がり電流の増加に対して点Ｂ，Ｃ，Ｄと変化する。すなわち，点Ａで微小接触部の皮膜が破壊して，初期に生じた高い接触抵抗が低下することを示している。測定された電圧–電流特性から電圧に対する接触抵抗の変化を求めた図 6.1（b）に示す電流–接触抵抗特性も同様である。点Ａで皮膜を含む接触部が破壊して，抵抗値が点Ｂ，Ｃ，Ｄ，Ｅの順に低下する様子

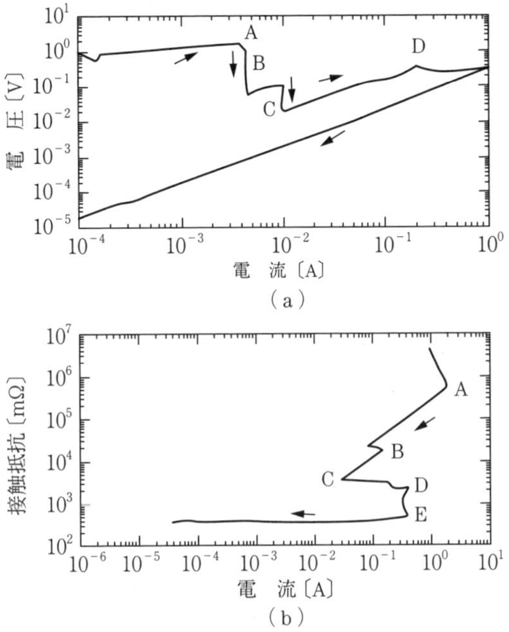

図 6.1　皮膜が介在する微小接触部の通電による破壊に伴う電圧と接触抵抗の低下の例

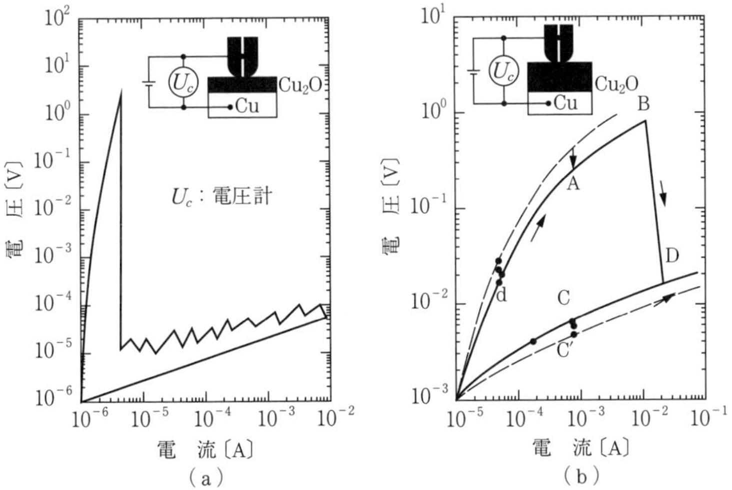

図 6.2　皮膜が介在する微小接触部の通電による破壊に伴う電圧と接触抵抗の低下の例

を示している[1]。これらの特性から皮膜破壊の電気的影響が接触抵抗の変化に影響することが見て取れる。さらに，別の事例を示す図6.2（a），（b）の電流-電圧特性を示す。この実験では，接触荷重による介在皮膜の機械的な破壊などを防いで，電気的影響のみを抽出するために，一方の接触電極に液体金属のガリウム（Ga）を用いたことが特徴である。図6.2（a）では，電流の増加に対して電圧降下が急上昇し，3×10^{0} V で急激に低下している。この時点で皮膜を含む微小接触部の破壊が生じ，以後，電流の増加に対して低電圧で変動している。また，図6.2（b）では，傾向は同様であるが，電流の増加に対して点Bで破壊が生じ，それ以後電圧降下が低下して，接触抵抗に減少が生じていることを示している[2),3)]。また，ルテニウム（Ru）接点（リードスイッチ用）の酸化物が厚い場合と薄い場合について接触抵抗の電圧の依存性を**図6.3**に示す。0.2V程度の電圧印加で接触抵抗が低下し始めることがわかる[4)]。このように，電気条件で接触部の破壊が生じて接触抵抗が激減することがわかる。

つぎに，電気接点に代表される接触部が多量にシステム的に用いられてきた装置に，かつて電話交換機があった。現在の電子交換機に変わる前は，電気接

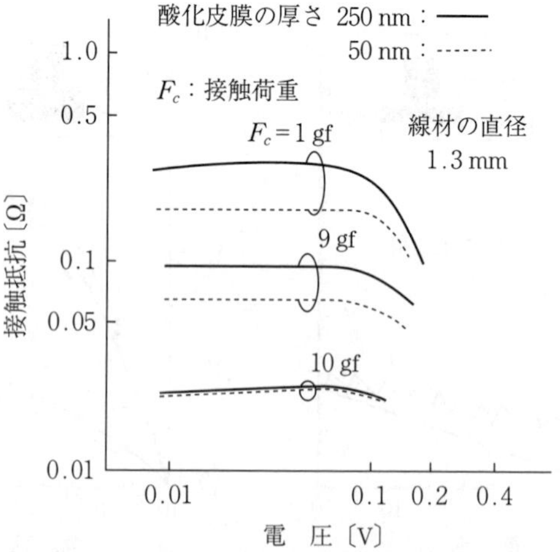

図6.3　リードスイッチの酸化物で覆われたルテニウム（Ru）接点における接触荷重（F_c）の接触抵抗の電圧依存性

点がすべての制御や通話路に多用されてきた。この場合，端末にテレビ電話のような電話機以外の機器を接続すると，音声などの主信号電流が流れる主回路につながる通話路接点で接触抵抗の増大することが認められた[5),6)]。この原因として，電気的負荷が変わることで接点にかかる電気条件が変わるためであることが解明された。

この事実から，安定な低接触抵抗を得るためには，金属材料の選択はもとより重要であるが，回路の電気条件の設定が重要であると結論づけられた。つまり，接触抵抗値が低く安定といわれるAuやPtの材料の選択によるほかに，回路条件や接触後の機械的作用などの接触条件で接触抵抗値自体が強く影響を受ける。さらに，安定な低接触抵抗を得るには，ここで取り上げる電気現象のほかに機械的な因子，すなわち接触荷重，微摺動があるが，これらは6.2節で述べる。

また，MEMSなどの微小な接触部において，Al板とAg線との接触に10Vの電圧を印加した場合とそうでない場合の接触部の開閉に伴う開閉ごとの接触抵抗の変化を**図6.4**に示す。例えば，10V電圧の印加とそうでない場合で明瞭な接触抵抗の違いが認められる。すなわち，10V印加で抵抗値が減少している[7)]。

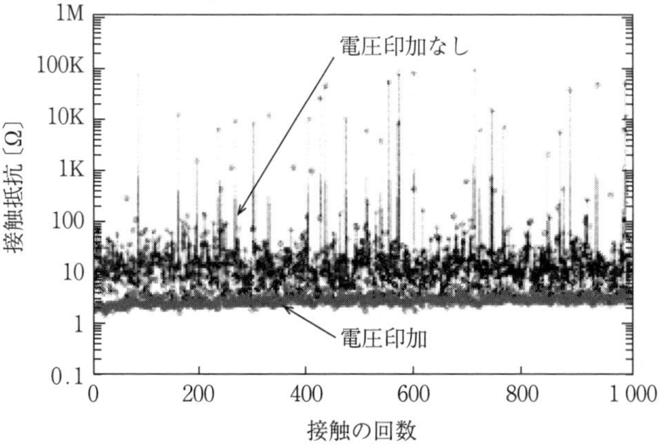

図6.4　MEMSリレーにおける10V印加による開閉接触抵抗の低下例（電圧印加とそうでない場合の比較[7)]）

6.2 接触抵抗に与える電気的作用

接触部に印加された電気条件，すなわち電流，電圧がいかに接触境界部に作用するかはつぎの説明に集約される。第一は4章で説明した薄膜の導電機構である。第二は皮膜介在の電気的特性である，第三は金属と半導体や酸化物などの界面の電気的問題である。第四は電気的発熱の問題である。これらの因子によって接触境界部の抵抗率が印加電気条件によって変化する。つまり，接触抵抗は印加される電気条件によって変化し，オーム性の抵抗とは異なる非線形の特有な抵抗である。ここでは，各因子について説明する。

6.2.1 薄膜の導電機構が接触抵抗に作用する場合

すでに4章で説明したように，接触境界部に薄膜などが介在し，接触部が非常に短いギャップを介している場合は，ギャップをはさんで電位の障壁の山，すなわちポテンシャルバリアが立ちはだかる。この障壁は金属内の電子がクーロン力で金属を構成する原子（+にイオン化している）に引かれるために生じるものであるから，このギャップをまたいで電圧 V を印加すると，障壁は eV だけ低くなる[8),9)]。つまり，外部からのプラスの電界でマイナスの電気を持つ電子が引かれるようになるためである。それに伴い電位の幅も狭くなる。これは取りもなおさず，薄膜の導電機構による電子は通過しやすくなる。すなわち，障壁の高さが低くなればショットキー電子はポテンシャルの山を越えやすくなり，トンネル電流は狭くなったギャップを通過しやすくなる。この様子を**図 6.5** に示す[8)]。すなわち，もし障壁に高さ（仕事関数）に等しい電圧 V が外部から印加されると，障壁は仕事関数の高さまで下がり，見掛け上，上述の電流は接触境界部でほとんど妨げられずに相手電極に流れることになる。このあたりの状況は図 6.5 が示している。この印加電圧による電流の増加は指数関数的に増加するので，微小接触部になんらかの損傷を与えることになる。この変化を外部回路から見ると，接触境界部の接触抵抗を支配する抵抗率 ρ が印

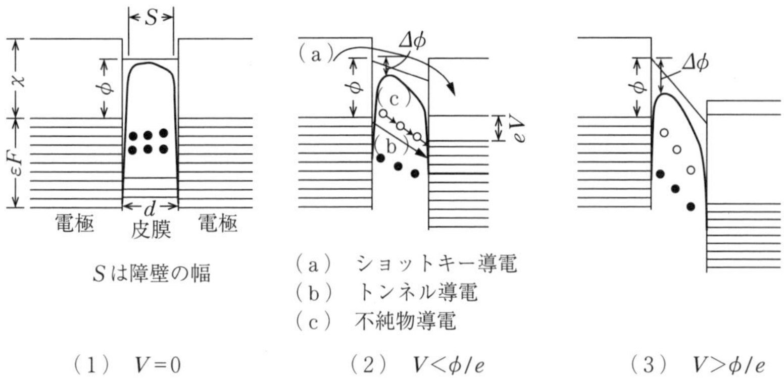

図 6.5 接触部に介在する汚染皮膜の導電機構（薄膜の導電）

加電圧の関数となって変化することを意味している。このあたりの事情は4章の図4.21が示している。つまり，印加電圧の上昇とともにいわゆる抵抗率は急減少し，この結果，電流は急上昇する。その結果，I^2Rで決まるジュール熱が接触境界部の微小電流集中部で生じ，その温度が急上昇する。結果として，微小接触部の金属が軟化し，ついには接触部の非可逆的な破壊に至り，低抵抗値が回復することになる。

この現象はホルムのいうフリッティング〔fritting（punch through：貫通）〕である[17]。これは古くはCoherer（コヒーラ）現象といわれていた[17),18]。

印加電圧で電位障壁が下がる程度$\Delta\phi$はショットキー効果を示す4章の式(4.11）で与えられる。すなわち，式(6.1）である。

$$\Delta\phi = \frac{(e^3/\varepsilon d)^{1/2} V^{1/2}}{\kappa} \cdot \frac{\phi}{\kappa} \tag{6.1}$$

障壁の高さは4章の表4.1に示したような値で，これらの値から低接触抵抗を回復させるための印加電圧を知ることができる。

6.2.2 ジュール熱による接触部の破壊

介在皮膜が導電性か，あるいは皮膜のあるなしにかかわらず，**図6.6**に示すように，接触に関与する微小な陰極面から出た電子はギャップにかかる電界

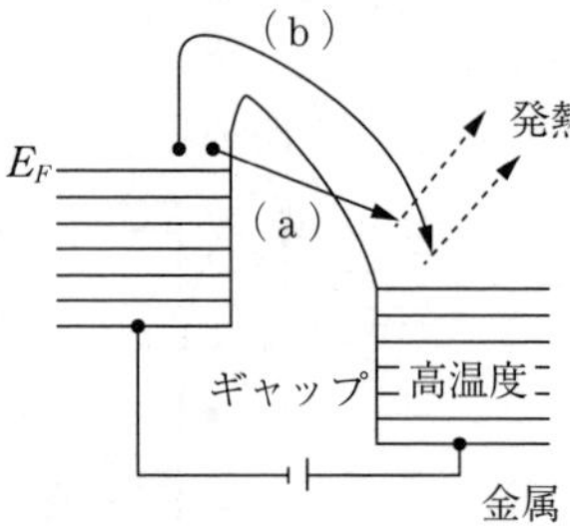

(a) トンネル電子
(b) ショットキー電子

図 6.6 コーラー効果の発熱のモデル図

で加速されて陽極面に衝突する。その結果，電子は電界から受けた運動エネルギーを陽極で放出する。したがって，微小な陽極部は陰極面より高温度となる。この現象はコーラー（Kohler）効果といわれる[16),17)]。それゆえ，5 章で取り上げた ϕ-θ 理論から温度を評価するには，このコーラー効果を考慮しなければならない。すなわち，微小な接触部の究極の温度を評価するには，ϕ-θ 理論による θ-V の関係にコーラー効果を考慮した Höft 氏[19)]による次式を用いることになる。

$$\theta=\frac{1}{2}\left\{\sqrt{\frac{V_k^2}{4\gamma_\infty}Y_a+\left(\frac{\gamma_0}{\gamma_\infty}\theta_0\right)^2}+\sqrt{\frac{V_k^2}{4\gamma_\infty}Y_k+\left(\frac{\gamma_0}{\gamma_\infty}\theta_0\right)^2}\right\}-\frac{\gamma_0}{\gamma_\infty}\theta_0 \tag{6.2}$$

$$Y_a=1+\frac{1}{n^2}-\frac{3}{n^3} \tag{6.3}$$

$$Y_k=1+\frac{3}{n^2}+\frac{2}{n^3} \tag{6.4}$$

$$V_k=V_f+V_c \tag{6.5}$$

すなわち

$$I_kR_k=I_k(R_f+R_c) \tag{6.6}$$

式 (6.2) をさらに一般化したものが式 (6.7) である

$$\theta=\frac{1}{2}\left\{\sqrt{7.14\times10^6\,V_k^2\left(1+\frac{V_f^2}{V_k^2}-2\frac{V_f^3}{V_k^3}\right)+57\,600}+\sqrt{7.14\times10^6\,V_k^2\left(1-3\frac{V_f^2}{V_k^2}+2\frac{V_f^3}{V_k^3}\right)+57\,600}\right\}-270 \tag{6.7}$$

ここで

$$n = \frac{V_k}{V_f} = \frac{V_c + V_f}{V_f}$$

ここに，V_c は集中抵抗による電位降下，V_f は皮膜抵抗による電位降下である。

式 (6.2) は皮膜の影響を式 (6.3)，(6.4) で近似している難点があるので，式 (6.2) が実際に成立することを接触部温度を実測で検証する必要がある。それには母材の微小接触部に起因する集中抵抗 R_c での電位降下 V_c と，皮膜による皮膜抵抗 R_f での電位降下 V_f との比 V_f/V_c をパラメータとして，接触部間の全電位降下 V_k と接触部の温度 θ の関係を測定するのが実際上簡便である。接触部間の電位降下 V_k は式 (6.8)，(6.9) で与えられるので，V_f/V_c を測定するには R_f/R_c を測定すればよい。

$$V_k = V_f + V_c \tag{6.8}$$

$$I_k R_k = I_k (R_f + R_c) \tag{6.9}$$

接触面がきわめて清浄な場合の接触抵抗 R_k は集中抵抗が支配的と考えられる。そこで，清浄面の接触抵抗 R_k を測定して集中抵抗 R_c とした。ついで，酸化した試料では，接触抵抗 R_k から先の R_c を減じて R_f を求め，V_f/V_c を得た。

さらにここに，V_k は接触部間電圧，θ_0 は室温（基準温度），γ_∞ は高温度におけるローレンツ定数，γ_0 は室温におけるローレンツ定数，Y_a と Y_k はそれぞれ陽極（a）と陰極（k）に対するコーラー効果による温度のずれを与える係数で，それぞれ陽極に対しては Y_a，陰極に対しては Y_k で，式 (6.3)，(6.4) で与えられる。

上式により薄膜の導電機構が生じている場合，その最高温度を多少とも実態に近い評価ができると思われる。コーラー効果による陽極部と陰極面の温度ずれを式 (6.3)，(6.4) とで与えられる。この温度のずれを**図 6.7** に示す。

このような薄膜の導電は金属表面と厚膜の表面と接触部でも同様と考えられる。つぎに，半導体などのかなり厚い皮膜が介在する場合では，4 章で説明したように，導電機構が金属表面と半導体や酸化物表面との接触問題となる。したがって，印加電圧の増加に対してつぎの構図が考えられる。すなわち，印加

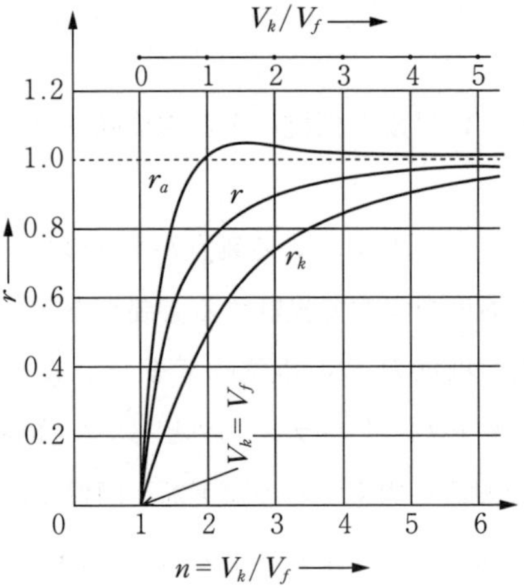

図 6.7　コーラー効果によって生じる陰極と陽極の温度差

電圧を増加していくと，障壁の高さは低下し，抵抗値が減少し，電流は大きく流れる。この結果，印加電圧が障壁の高さに対応する値となると，接触抵抗に寄与する抵抗率は著しく低くなり，破壊的で雪崩的な電流が流れることになる。これは，微小な皮膜が介在する真の接触部の破壊へと至ることになる。

通電による真の接触部の温度上昇については6.1節で説明した。ここでは，低接触抵抗の回復との関連で説明する。5章の説明で電流が大きく流れると，それだけジュール熱の発熱は大きくなり，コーラー効果のあるなしにかかわらず，第1段階として金属の軟化が始まる。一般に下地金属の軟化点は介在皮膜（一般に金属の酸化物の化合物であるので，たとえ非常に薄くても軟化点は母材金属よりも高くなると考えるのが普通である），したがって，接触をつかさどる下地金属の熱軟化に伴って荷重を支える微小部分に介在する皮膜は荷重を支えきれず破断し，金属がその破断部より出現して金属接触となる。皮膜の破断と接触面の増加の双方により接触抵抗値は著しく低下する。すなわち，皮膜の介在によって生じた高抵抗は低下し，低接触抵抗が回復する。

6.2.3　接触部皮膜の電気的破壊の実例

ここでは，6.2.2項の説明をもとに，広範囲の厚さの皮膜がそれぞれ介在する接触部の破壊電圧を取り上げる。つまり，広い範囲にわたる接触抵抗の破壊電圧を取り上げる[20),21)]。

接触抵抗 R_k は集中抵抗 R_c と皮膜抵抗 R_f の和として式 (6.10) で与えられる。

$$R_k = R_c + R_f = \frac{\rho}{2a} + \rho_f d \cdot \pi a^2 \tag{6.10}$$

ここに，ρ は金属の抵抗率，a は接触面の半径，d は皮膜の厚さ，ρ_f は皮膜の抵抗率である。

皮膜の抵抗率 ρ_f は印加電圧の増大とともに低下する非線形性であることに注意する必要がある。皮膜抵抗 R_f は膜厚 d に直接比例するので接触抵抗 R_k の増加はほかのパラメータが一定であるとすると，膜厚 d に比例することになる。つまり，皮膜厚さの増加は接触抵抗の増加に対応するので，接触抵抗に対する破壊電圧をつぎのようにまとめることができる。すなわち，皮膜の介在する接触部に機械的接触荷重や電気的な影響を与えないように，注意深く低接触荷重を印加し，さらに，10 mV のように低い電圧を印加して，電気的な影響のない真の接触抵抗を測定し，これを真の接触抵抗 R_k とした。介在皮膜の厚さが大きくなると真の接触抵抗は式 (6.10) によって増加する。そこで，**図 6.8** に示すように，皮膜の厚さの増加に伴う真の接触抵抗 R_k の増加を下方の横軸（上方の横軸はそのときの介在皮膜の膜厚）に示す。すなわち，皮膜が介在する接触部の接触抵抗は式 (6.10) で与えられるので，皮膜抵抗の項の皮膜の厚

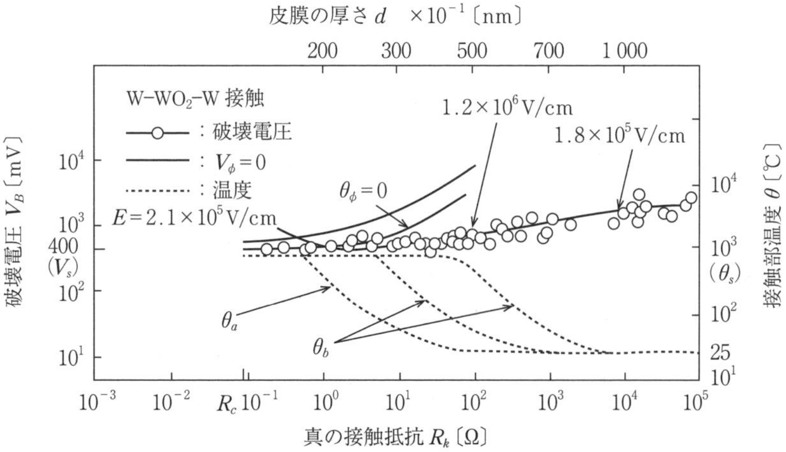

図 6.8 皮膜を介した接触部との膜厚と破壊に要する電圧とそのときの接触部温度との関係（W-WO_2-W）

さ d が大きくなると皮膜抵抗の R_f が大きくなり，接触抵抗 R_k は増加する。このそれぞれの真の接触抵抗を示す接触部に 10 μV を出発点として順次電流を増加させて，電圧が急激に低下し，接触部が破壊したと思われる時点での電圧をそのときの真の接触抵抗を与える接触部が破壊したとみて，破壊電圧 V_B とした。接触部の破壊電圧を左縦軸に取ると図 6.8 の特性が得られる。この関係において，破壊時の接触部の最高温度を式 (6.7) から求め，図 6.8 に右縦軸として示す。すなわち，10 mV 以下の微小電圧で測定した場合の接触抵抗を真の接触抵抗 R_k とし，それ以後，電流を増加して，図 6.1 または図 6.2 に示したように，電圧の上昇が止まる初めの値を接触部の破壊電圧 V_B とみなして，R_k と V_B の関係を整理すると一定の関係が認められる。この事実を，R_k に作用する母材金属の諸性質，すなわち抵抗率，硬さ，軟化温度などが異なり，しかも，従来より広く接触部材料として用いられている金属を中心として，Pb, Cu, W, Ag を例にとって図 6.8 ～**図 6.11** に○印で示す。真の接触抵抗は式 (6.10) で示されるように，試料と荷重が同一ならば集中抵抗 R_c は一定であるので，接触抵抗 R_k の変化は皮膜の厚さ d が直接影響する。そこで，上述のよ

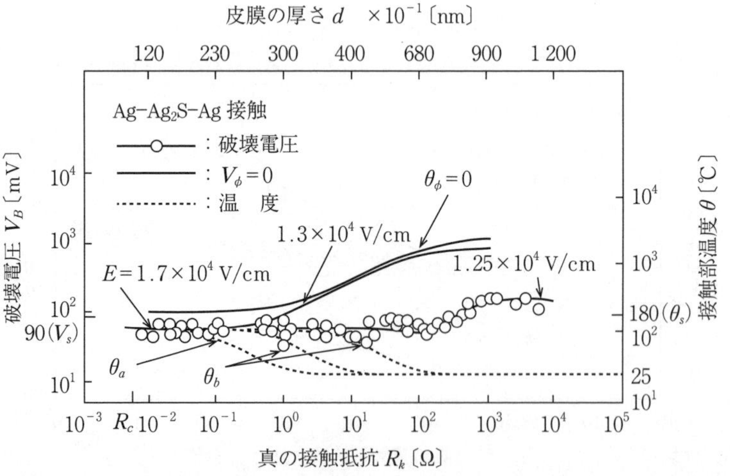

図 6.9　皮膜を介した接触部との膜厚と破壊に要する電圧とそのときの接触部温度との関係（Ag–Ag$_2$S–Ag）

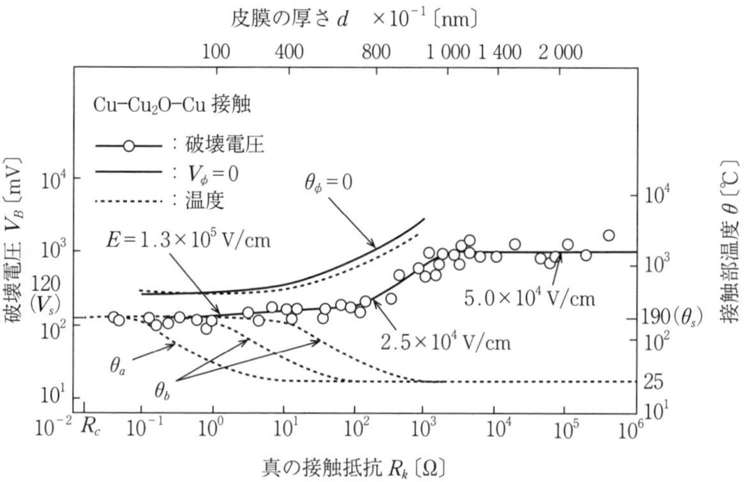

図 6.10 皮膜を介した接触部との膜厚と破壊に要する電圧とそのときの接触部温度との関係（Cu-Cu_2O-Cu）

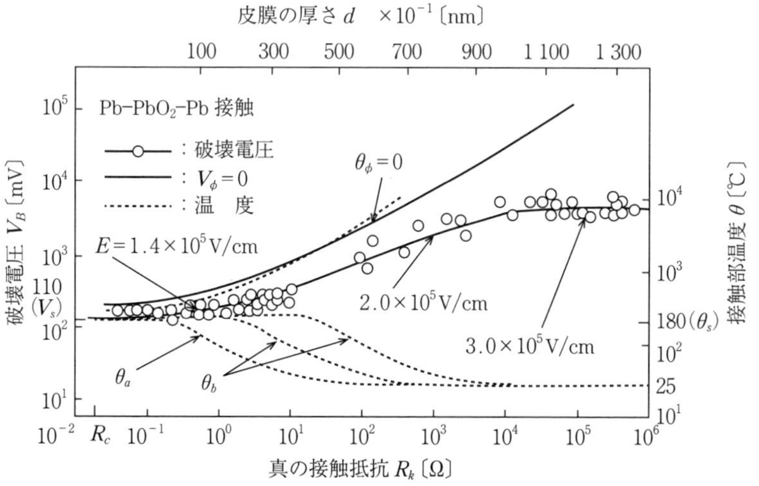

図 6.11 皮膜を介した接触部との膜厚と破壊に要する電圧とそのときの接触部温度との関係（Pb-PbO_2-Pb）

うに，R_k に対する皮膜の厚さ d を各図の上部横軸に示す。ここで，すべての試料に共通して特徴的なことは，低接触抵抗の範囲での破壊電圧 V_B が各金属に固有の熱的軟化温度に対応する軟化電圧 V_s にそれぞれ等しいことである。

5章までに説明してきたように，清浄な金属面またはそれに近いごく薄い皮膜が介在した接触面の通電による電位降下 V_B と，そのときの接触部温度 θ とは，ϕ-θ 理論または式（6.7）の $V_f/V_k \simeq 0$ の場合によって直接関係づけられる。この場合，接触部が軟化する軟化温度 θ_s または再結晶温度に対応する接触部間の電圧が軟化電圧 V_s と呼ばれており，その値を**表6.1**に示す。このような R_k の低い領域を第1破壊領域と呼ぶこととする。ついで，接触抵抗 R_k の増加に対して軟化電圧以上の電圧で破壊の電圧が増加する中間の接触抵抗領域の第2破壊領域と，硫化の試料（例えば図6.9）を除いた酸化の試料（図6.8～6.10）で，破壊電圧が1V以上の高接触抵抗領域の第3破壊領域に分類できる。接触抵抗 R_k とそのときの皮膜の厚さ d について**表6.2**に示す。各領域の接触部の破壊の機構について〔1〕～〔4〕項で説明する。

〔1〕　破壊に対する温度の影響

非常に薄い皮膜の破壊には，4章で説明したジュール熱による接触部母材の

表6.1　試料金属とその軟化特性，汚染皮膜および障壁の高さの測定結果

試料金属	Pb	Sn	Ag	Cu	Ti	Ni	Mo	W
軟化温度〔℃〕	190	100	180	190	490	520	900	1 000
軟化電圧〔V〕	0.11	0.07	0.09	0.12	0.23	0.22	0.25	0.4
皮膜の種類	PbO	SnO	Ag_2S	Cu_2O Cu_2S	TiO_2	NiO	MoO_3	WO_2
障壁の高さ〔eV〕	0.38	0.25	0.96	0.45 0.34	0.18	0.19	0.19	0.22

表6.2　接触の抵抗（皮膜の厚さ）と破壊の機構

試　料	接触抵抗 R_k〔Ω〕（皮膜の厚さ d〔nm〕）		
	第1破壊領域（熱的軟化）	第2破壊領域（ショットキー効果）	第3破壊領域（ツェナー効果）
Pb-PbO-Pb	R_c	（<5）～2.4×10^{-1}（8　）～	10^4（100）～
Sn-SnO-Sn	R_c	～1.1×10^{-1}（10　）～	10^4（ 80）～
Cu-Cu_2O-Cu	R_c	～1.0×10^{-1}（ 5　）～	2×10^3（100）～
Ni-NiO-Ni	R_c	～1.5×10^{-1}（ 3.5）～	10^4（ 13）～
Ti-TiO_2-Ti	R_c	～4.6×10^{-1}（ 9　）～	10^4（ 25）～
Mo-MoO_3-Mo	R_c	～3.4×10^{-1}（ 5　）～	10^4（ 35）～
W-WO_2-W	R_c	～4.0×10^{-1}（19　）～	10^4（ 70）～

熱軟化現象が作用する。また，皮膜がなく純粋な金属接触の場合でも，発熱で微小接触部は熱軟化して破壊現象が作用する[19]。そこで，はじめに接触部温度の影響を検討する。皮膜破壊時の接触部の定常最高温度 θ を，前に検証した式 (6.8) によって各試料の真の接触抵抗 R_k と破壊電圧 V_B の関係から上述した場合と同様にして求めると，真の接触抵抗 R_k と接触部温度 θ_s との関係が得られる。この場合，軟化とともに真の面積が広がるので，軟化温度は θ_a から θ_b へと移動する。この例を図 6.8 ～ 6.11 に示す。

ここで各試料について破壊電圧と接触抵抗の値から，表 6.2 に示したような熱軟化による第 1 の破壊領域，ショットキー効果などの薄膜の導電の障壁の高さが作用する第 2 の破壊領域，および絶縁破壊などの第 3 の破壊領域の 3 領域に分類した。第 1 破壊領域の皮膜を持つ接触部は金属母材の軟化温度 θ_s に達しており，微小な金属母材の熱軟化変形によって微小接触部が拡張して，それに伴って皮膜が破断し，その破断部を通して純粋な金属どうしの接触が生じることを示している。図 6.9 に一例を示したが，硫化の場合はすべての接触抵抗 R_k に対して破壊が軟化温度 θ_s 以下で生じている。これは従来から指摘されているように，硫化皮膜の機械的強度が低いことによる皮膜の機械的破壊によると考えられる。しかし，真の接触抵抗 R_k と接触部温度 θ_s との関係からわかるように，各試料とも抵抗値の低い領域を越える皮膜では，その膜厚の増加に従って温度は低下して室温となる。したがって，接触部温度 θ_s 以下で皮膜破壊を生じる表 6.2 の第 2，第 3 破壊領域の皮膜に対しては，機械的破壊のようなほかの原因を考えなければならない。

〔2〕 電位障壁の存在

〔1〕項で述べたように，導電性を示す第 2 破壊領域程度の膜厚の導電機構はショットキー効果が支配的と見ることができる。ショットキー電流は接触部間の障壁を熱エネルギーで励起した電子が乗り越える電子流なので，接触部間の電圧を増大させると障壁がこの電圧に対応して押し下げられ，それに比例して電流が増大する。電圧に対する障壁の高さの減少分 $\varDelta\phi$ は式 (6.12) に示したように求まる。

したがって，オーム性の抵抗は現れず，4章の図4.15，4.16に示すような非線形となる。障壁の高さを金属のフェルミレベル近くに押し下げることが，この導電機構における破壊の一因子とみなせば，各試料の障壁の高さϕを知る必要がある。4章の図4.19の電圧-電流特性のこう配と式(4.11)とから各試料に対する障壁の高さϕを求めると，皮膜の厚さに関係なくほぼ一定の表6.1に示した値が得られる。この障壁の高さϕから，障壁に原因する皮膜抵抗R_fをなくすのに要する電圧$V_{\phi=0}$を4章の式(4.11)と図4.19から求め，真の接触抵抗R_kと破壊電圧V_Bの関係に近い傾向を示す関係が得られた。この例は図6.8～**6.12**に実線で示すような真の接触抵抗R_kと$V_{\phi=0}$との関係（実線）である。

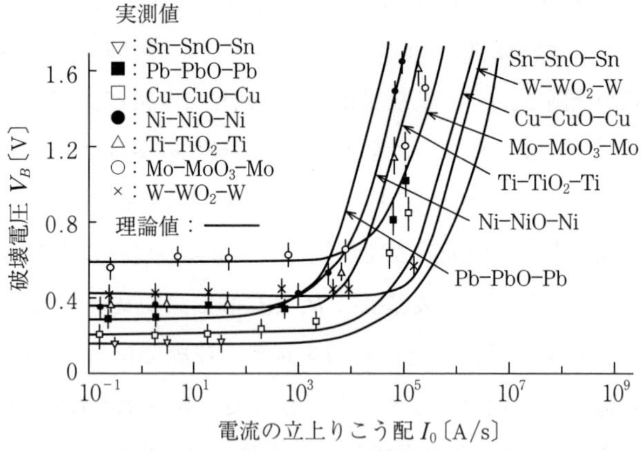

図6.12　微小接触部の破壊電圧に影響する電流の立上りこう配の影響

さらに，印加電圧による障壁の高さの低下分$\Delta\phi$を与える式(6.1)から，接触部に実在する障壁の高さを求め，また$\phi=0$での温度を計算し各図中に乗せると図6.8～6.11の全体像となる。この図の関係からつぎのことがいえる。

すなわち，要約すると，接触部間に電位の障壁が存在すれば，これが薄膜の導電機構の代表例であるトンネル電流やショットキー電流の流れを阻害する。この障壁はすでに詳述したように，印加電圧でその高さや厚さを減少させることができる。$\Delta\phi=0$ となるような印加電圧を式（6.1）から求め図6.7～6.10中に○印の破壊電圧の実測値と比較して $V_{\phi=0}$ として実線で示した。第1破壊領域で破壊電圧の実測値とほぼ一致している。第2破壊領域に至ると実測値の上方に位置するようになる。すなわち，薄膜の導電が存在する範囲で一致しているといえる。

〔3〕電界の影響

破壊電圧 V_B から，集中抵抗 R_c での電位降下 V_c を除去して，皮膜にかかる V_f を求め，この電圧 V_f と皮膜の厚さ d との比から皮膜にかかる電界強度 E を各試料について計算すると 10^4～10^6 V/cm の値が得られる（図6.8～6.11中に E の値で示す）。図示のように強電界が皮膜にかかるので，トンネル効果またはショットキー効果が十分に起こると考える。膜厚が5～10 nm程度以下になるとトンネル導電が生じることをホルムが指摘している[12]。したがって，第1領域の皮膜の導電はおもに電位の4章で取り上げた薄膜に起因するトンネル効果によっているといってよいと考えられる。その破壊はジュール熱による微小接触部母材の軟化変形によって，皮膜の破壊を含む接触部の破壊変形によると結論される。また，高接触抵抗領域の皮膜の破壊を示す表6.2の第3破壊領域は破壊電圧が1～5Vで生じている。第3破壊領域に至ると接触部温度の評価結果も $V_{\phi=0}$ の効果もなくなる。そこで，つぎに，破壊時の電界強度を膜厚と印加電圧とから求める。

上述したように，破壊時の電界強度 E は各試料について 10^4～10^6 V/cm である。非常に高い電界強度であるので，このことから第3破壊領域の破壊はツェナー効果などの絶縁破壊であると推論される。破壊電圧が1V以上で，電界強度が 10^5～10^6 V/cm であれば，ツェナー形の絶縁破壊を示すAフリッティング（A fritting）であるので[17]，第3皮膜破壊領域はツェナー形の絶縁破壊と一応説明される

〔4〕パルス性通電による発熱の遅延とその接触部破壊電圧への影響

上述したように，金属接触であれ皮膜が介在した接触部であれ微小な真の接触部を電流が流れると，接触抵抗 R_k の存在によって I^2R_k のジュール熱が発生

する。接触部金属を熱的に軟化させたり溶融させたりするには熱時定数の存在によって時間経過を要する。したがって，スイッチ on で通電すると，その瞬間においては，接触部は電気的破壊の影響を受けないので，初期の存在する高接触抵抗による高い電圧降下が生じる。この直後，非常に短い時間経過とともにこの高い電圧降下は急激に低下する。すなわち，この現象は微小接触部に介在する皮膜で熱的破壊が生じて低接触抵抗を生じ，その破壊には時間経過を要するということである。すなわち，微小接触部には熱容量や熱抵抗が存在し，これらから構成される熱時定数のために，発熱は遅れ，電流が先行して流れるため，それに対応して破壊以前の高い電圧降下が生じるが，それを追うように発熱で温度が上昇し軟化点に到達する過程が存在する[16),17)]。微小接触部に存在する熱時定数などの熱伝導に関する諸量を**表 6.3** に示す。

表 6.3　接触部の熱伝導に関する諸量（1 mmϕ 線材の荷重 10 gf による直交接触）

試料	清浄面接触			酸化汚染面接触	
	K〔W/deg〕	Q〔J/deg〕	Q/K〔s〕	K〔W/deg〕	Q/K〔s〕
Sn	6.53×10^{-3}	7.36×10^{-8}	1.13×10^{-5}	4.57×10^{-3}	1.61×10^{-5}
Pb	2.44×10^{-3}	1.09×10^{-7}	4.45×10^{-5}	2.19×10^{-3}	4.97×10^{-5}
Cu	8.73×10^{-3}	2.15×10^{-9}	2.47×10^{-7}	8.09×10^{-4}	2.66×10^{-6}
Ni	1.39×10^{-3}	1.62×10^{-8}	1.16×10^{-5}	9.65×10^{-4}	1.68×10^{-5}
Ti	1.14×10^{-3}	7.33×10^{-10}	6.44×10^{-7}	3.64×10^{-4}	2.01×10^{-6}
Mo	8.93×10^{-4}	4.99×10^{-11}	5.59×10^{-8}	2.18×10^{-4}	2.29×10^{-7}
W	1.82×10^{-3}	2.20×10^{-10}	1.21×10^{-7}	5.18×10^{-4}	4.25×10^{-7}

そこで，5 章で説明したように，温度上昇の遅れは熱伝導の解析から得られる。いま，簡単のために一定の傾きで時間とともに上昇する場合を考える。ランプ（ramp）状（一定傾斜）の通電に対して温度上昇が遅れる事実については 5 章の式（5.11）で示されており，正弦波電流入力 $I=I_0 \sin \omega t$ に対する温度上昇の遅れは 5 章の式（5.12）で与えられる。さらに，ステップ関数状入力（$t \leqq 0$ で $I=0$，$t>0$ で $I>0$）に対して 5 章の式（5.13）で与えられる。

上述の 3 種類の電気的入力に対する温度上昇の遅れは 5 章で説明したとおりである。これに対する接触部の破壊電圧の実測値を**図 6.13** に示す。この図はランプ状通電で，その立上りこう配を大きくしていくと破壊電圧が大きくなることを示している。この図に示されている理論値の実線は軟化温度に達したときに破壊としている。この測定結果から，通電電流の立上りが急峻になると熱伝導の遅れが顕著となり，熱軟化を伴う微小接触部の破壊時には電流値が大きくなり，破壊電圧が高くなることを意味している。このことから類推して通電波形が方形波，正弦波となってもその立上り時の立上り特性が破壊電圧に影響することになる。そこで，通電波形を 4 種類について破壊電圧の実測値と温度上昇から軟化点を破壊と見て求めた理論は，図 6.13 に示すように，破壊電圧の実測値と比較してよい一致を見ることができる。

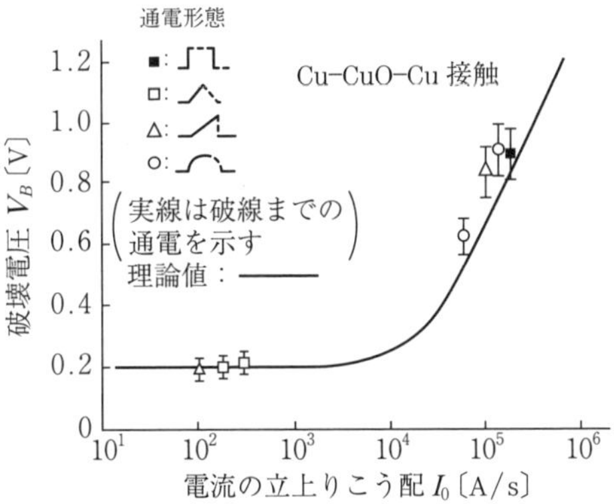

図 6.13　4 種類の通電波形に対応する立上りこう配の微小接触部破壊に対する影響

以上の検討における破壊電圧の実測値を電圧-電流特性で**図 6.14**，**6.15** に示す[11]。すなわち，図 6.14 では上部の電流波形はランプ電流の通電を示し，下部の電圧波形において，通電の初期ではランプ電流に対応して一定傾斜で上昇するが，$t_B = 0.22$ s で $V_B = 0.20$ V の電圧で破壊したことを示している。この場合の通電電流の傾斜は $I_0 = 5 \times 10^{-1}$ A/s である。また，図 6.15 に示す方形波通電（a）や正弦波通電（b）でも同様で，各通電電流波形（図中の上部波形）に対して破壊電圧（図中の下部波形）の変化の状況が見て取れる。

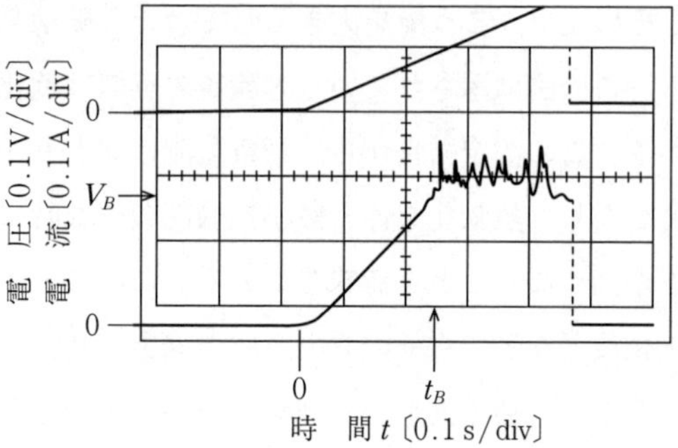

$I_0=5\times10^{-1}$ A/s,　$V_B=0.20$ V,　$t_B=0.22$ s

低こう配の直線掃引通電

図 6.14　一定のこう配を持つ直線掃引電流による破壊電圧の測定例

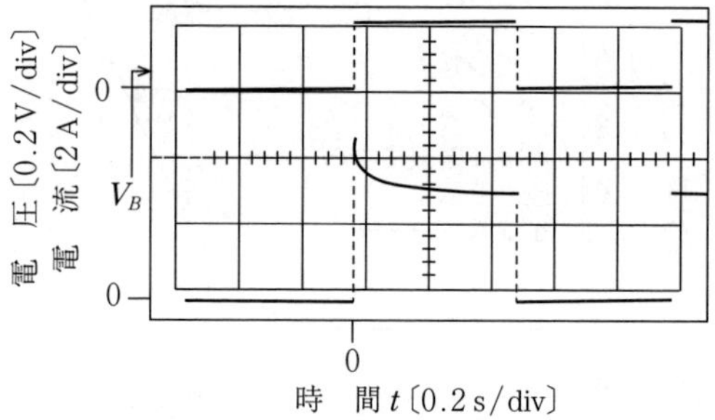

$V_B=0.68$ V

（a）　方形波通電

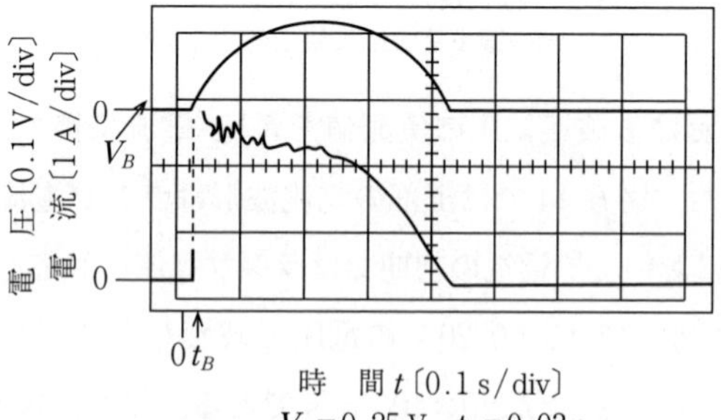

$V_B=0.25$ V,　$t_B=0.03$ s

（b）　正弦波通電

図 6.15　方形波通電（a）と正弦波通電（b）に対する破壊電圧の測定例

6.3 ま　と　め

電圧の印加を行って高接触抵抗が突然に低接触抵抗に変化したり，通電電流の値によって接触抵抗値が変化することが経験されるところであるが，これは，微小な真の接触部が電気的に破壊して金属または擬似金属接触が生じて接触抵抗が低下するためである。

本章では，この原因について，広範囲の接触抵抗，すなわち介在皮膜の厚さから微小接触部金属の熱的軟化現象，薄膜の導電機構であるトンネル効果やショットキー効果に直接作用する電位障壁の電圧依存性，厚い皮膜に対しては皮膜にかかる電界強度の点からツェナー破壊などで説明した。これらの値から，接触抵抗に対する電気条件が明確となり，接触抵抗測定の電気条件や，低接触抵抗を得るための電気条件が明確となる

引用・参考文献

1） Ron. Liu, D. and MaCarthy, S.：Resistance change at copper contacts with thin and thick oxide films under a zero force liquid gallium probe, Proc. 46th IEEE Holm Conf. Electrical Contacts, 183-190 (2000)
2） Belyi, V. A., Konchits, V. V., and Savkin, V. G.：Polar effect within the sliding contact of metalcontaining brushis, Wear, **25**, 3, pp. 346-348 (1982)
3） Braunovic, M., Konchits, V. V., and Myshkin, N. K.：Electrical Contacts, Fundamantals, Applications and Technology, CRC Press, New York (2007)
4） Umemoto, T., Takeuchi, T., and Tanaka, R.：The behaviour of surface oxide film on rutenium plated contacts, Proc. 8th Int. Conf. Electrical Contact Phenomena, Tokyo, pp.102-106 (1976)
5） 山崎眞一，長尾　守：サージパルスによる接触抵抗皮膜の電気的破壊，電子通信学会機構部品研究会資料，**EMC70-21**，10 (1970)
6） 山崎眞一：サージパルスによる接触抵抗皮膜の電気的破壊，日本電信電話公社電気通信研究所経過試料，4955 (1973. 3. 24)
7） Kataoka, K., Itoh, T., and Suga, T.：Micro phenomena in low contact-force probing on aluminum, Proc. 55th IEEE Holm Conf. Electrical Contacts, 259-263 (2005)

8）Emtage, P. R. and Tantranporn, W.：Schottky emission thourgh thin insulating films, Phys. Rev. Lett., **8**, 7, pp.267-268（April 1962）

9）Pollack, S. R.：Schottky field emission through insulating layers, J. Appl. Phys., **34**, 4（part 1）, pp.877-880（1963）

10）Tamai, T.：Electrical conduction mechanism of electric contacts covered with contaminant films, Surface Contamination, Vol.2, ed. K. L. Mittal, pp.967-981, Wiley（1979）

11）玉井輝雄，他：電気接点の導電特性と電気的破壊の機構，電気学会論文誌，**93-A**，6，pp.237-244（1973）

12）Price, M. J.：Sliding electrical contacts, Proc. Inst. Mechanical Engineers, 182, Pt 3A, pp.349-354（1967-1968）

13）Stepke, E. T.：Electrical conduction process through very thin tarnish films grown on copper, Proc. Engineering Seminar on Electrical Contact Phenomena, pp.125-135（Nov. 1967）

14）難波　進，中嶋郭和，石田春雄：薄い金属薄膜を通してのショットキー電流，応用物理，**32**，8，pp. 562-567（1963）

15）Holm, R.：Thermionic and tunnel current in film-covered symmetric contacts, J. Appl. Phys., **39**, 7, pp.3294-3297（June 1968）

16）Holm, E.：Discussion on tunnel and thermonic effects in film-covered contacts, Proc. 4th Int. Res. Symp. Electrical Contact Phenomena, Swansea, U.K., pp.15-18（July 1968）

17）Holm, R.：Electric Contacts Handbook, 3rd ed., Springer-Verlag, Berlin（1958）

18）Windred, G.：Electrical Contacts, Macmillan and Co., London（1940）

19）Höft, H.：Die Übertemperature an elrctrischen Kontakten mit Fremdschicht, Vorabdruck aus Wiss. Z. TH Ilmenaw Jg., **12**, Heft 2, pp.1-4（1966）

20）Tamai, T., et al.：Effects of softening and melting voltage on electrical breakdown of contact films, Electrical Engineering in Japan, **89**, 3, pp.8-17（1969）

21）Tamai, T.：Influence of the passage of current on electrical static contact characteristics, Trans. IEE Japan, **108**, 9/10, pp.147-152（1988）

7. 接触部皮膜の機械的特性と低接触抵抗の回復

金属の接触表面には酸化物皮膜などの汚染皮膜が存在し，表面を覆っている。この皮膜は非常に薄いので，硬さなどの機械的性質は固体の表面のように簡単には取り扱えない。つまり，それ自体の持っている機械的性質以外に下地金属の機械的性質を強く受ける。皮膜の機械的性質は2章で取り上げたように，皮膜を構成する原子の大きさや，結晶性，組織の緻密性などによって異なる。しかし，感覚的には硬い，脆い，表面から剥がれやすい，柔らかい，ザクザクしているなどいろいろな表現で表される。このあたりのことはすでに4章で説明したとおりである。

微小接触境界部に介在する皮膜が機械的に破壊して金属どうしの接触が生じると，皮膜に由来する非常に高い接触抵抗が突然に低い値となる。このことは経験的に感じるところであるが，高い抵抗値が低下して低接触抵抗が回復するのである。

ここでは，垂直荷重や水平摺動によって表面皮膜を機械的に破壊，除去して低接触抵抗を回復させることを取り上げる。従来からこの問題についていくつかの検討が行われている。まず，ウィリアムソン（Williamson），オシアス（Osias），トリップ（Tripp）らの研究がある[1),2)]。彼らは一方の接触面に粘土の球面を半乾きにし，表面層の乾いた部分を皮膜に見立てたり，金属球体の表面に塗料を塗布して皮膜に見立てたものを一定荷重下で相手の平板ガラス面に接触させ，ガラス越しに接触境界面をカメラで撮影することが行われた。この結果は，**図7.1**に示すように，同心円状と放射線状のひび割れが観察されている。さらに，真の接触面の内側の円周近傍に同心円状のひび割れが集中していることが特徴的に認めら

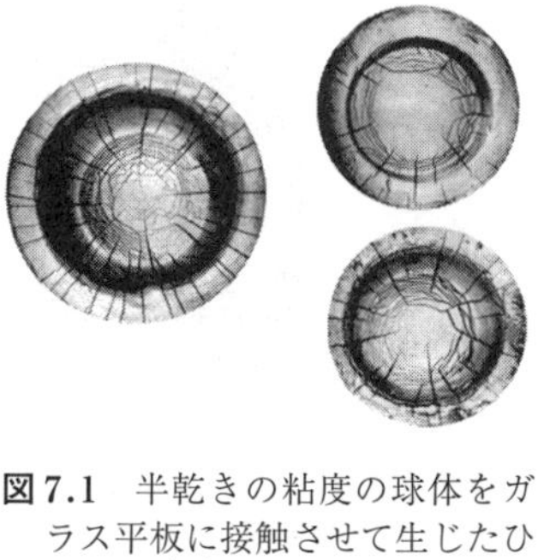

図7.1　半乾きの粘度の球体をガラス平板に接触させて生じたひび割れ[1),2)]

れる。このほか，最近では，Sn の蒸着基板上に SnO_2 皮膜を生成させ，プローブ半球端面との接触後の表面を SEM で観測し，図 7.1 に示す形態と同様な同心円状のひび割れを観測している。この場合の SnO_2 皮膜の膜厚は 100 nm とかなり厚いものである。さらに，破断面の観察から下地の Sn が割れ目に貫入し，表面に現れ，接触境界面で金属どうしの接触となったことを示している。このときの接触抵抗の急低下を測定している[3)]。

皮膜が薄くなればなるほどその機械的破壊は下地金属の性質に強く依存する。特にほかの例では，4 章で説明したように，酸化皮膜などの皮膜が硬度の低い金属表面に生じている場合は垂直荷重によって容易に下地金属とともに破断する。この様子をモデルで**図 7.2** に示す。すなわち，半球面のプローブの表面を押しつけることにより，高度の低い下地が変形する。これに伴い，皮膜が硬く脆い場合，その破断が容易に生じる。破断の割れ目から下地の金属が貫入して，接触境界部で金属接触が生じる。この様子を実際のアルミニウム（Al）表面に生じる酸化アルミニウム（Al_2O_3）表面に半球面を押しつけたあとの SEM 像を**図 7.3** に示す[4)]。黒灰色の酸化皮膜が破断し，白色のアルミニウム下地が現れている。このことから硬度の低い表面に硬い金属や皮膜が存在すると，容易にこれらの表面層が破壊することがわかる。

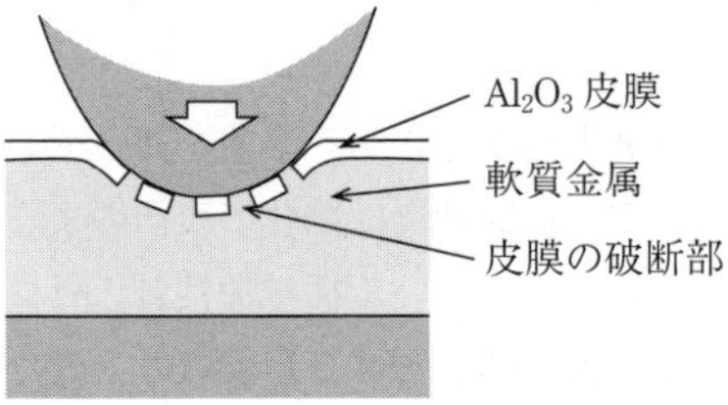

図 7.2　Al などの軟質金属表面の硬質の機械的破壊のモデル

これとは別に，Ag 表面に生じた Ag_2S 皮膜は接触痕からの SEM の観察に

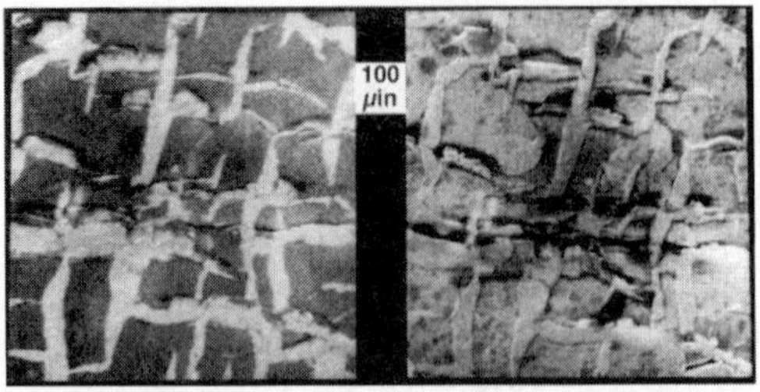

左：Al_2O_3 皮膜の破断部（黒灰色）から下地の Al（白色）が貫入した SEM 像
右：上記表面の SEM 像

図 7.3　図 7.2 に示す硬質皮膜の破断モデルの実証 SEM 像

よると，**図7.4**に示すように，スポンジ状で柔らかく，相手の接触面で押しつぶされたことを示している。このように，生成皮膜の組成によって皮膜の破壊の状況は異なる[5)]。また，Snめっきの表面に生成したSnO_2皮膜は，下地の硬さが低い。そのうえ，その結晶構造は，**図7.5**に示すように，柱状結晶の組織からできているので，半球面プローブの接触によって特異な変形を示す。**図7.6**に示すように，接

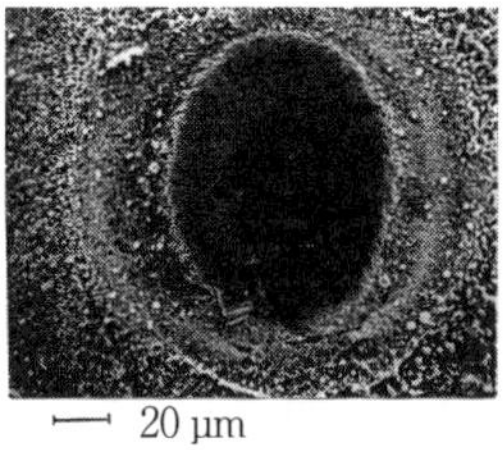

図7.4　Ag表面に生じたAg_2S皮膜の接触後の痕跡

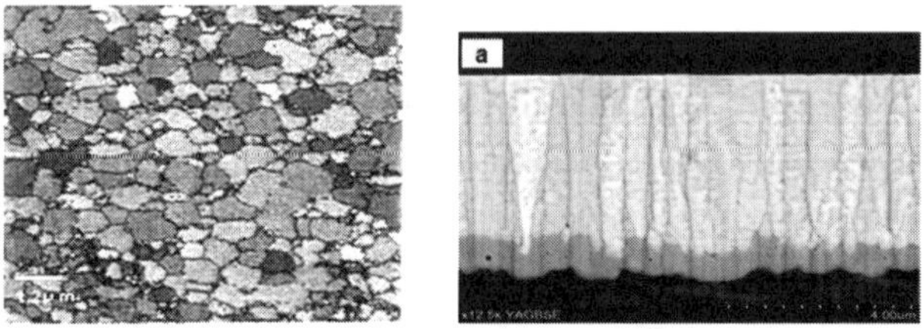

Snめっき層の表面の組織のSEM像　　Snめっき層の断面の組織のSEM像

図7.5　SnのめっきSEM像（柱状の結晶組織が平行に並んでいることがわかる。）

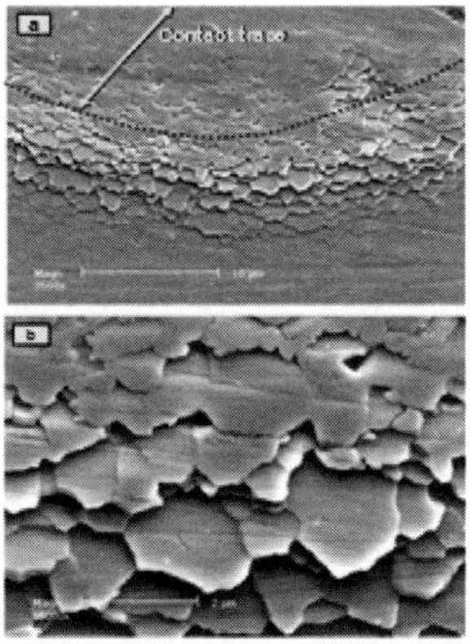

図7.6　Snめっき面に生じた接触面の状況（周辺部にうろこ状の破断面が見られる。）

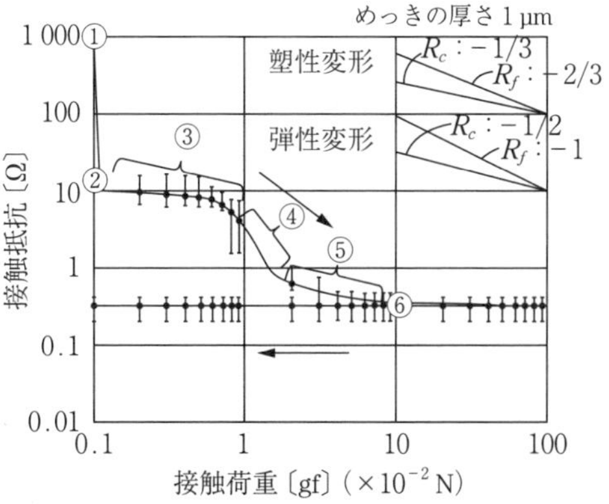

図7.7　荷重の増加に対する接触抵抗の変化

触面やその周辺近傍は下地がうろこ状に分離し，これに伴って表面皮膜も移動して，分離した結晶面の境界を通しての金属接触が生じる。この様子は接触抵抗値の変化でわかる。**図 7.7** に示すように，1 gf 程度の接触荷重で金属接触が始まり，これに対応して抵抗値が低下する。10 gf の荷重までその低下が続く[6)]。

すなわち，図 7.7 の領域③は低荷重領域で，皮膜の機械的破壊の生じていない領域で，皮膜の弾性変形の範囲である。それゆえ接触抵抗 9 Ω 程度で高い値を示している。さらに，接触荷重が 0.7 ～ 1.0 gf（×0.01 N）と大きくなると③の領域の後半に示すように一定の傾斜を持って減少している。この抵抗減少の傾斜は，接触抵抗と荷重の関係において W^{-1} であって，さらに高い荷重領域④に対してこの傾向は顕著となっている。このことは，介在皮膜で機械的に破壊の生じていることを意味している。さらに，2 ～ 7 gf（×0.01 N）の範囲⑤に入ると接触荷重対接触抵抗の傾きは $W^{-1/2}$ になる。これは塑性変形の発生を意味している。さらに高い荷重範囲⑥になると，接触抵抗の減少はなくなる。このあとは下地金属の硬化銅合金（Cu＋Zn）に支配される。これは Sn めっき表面の代表的な特性である。

接触表面に生成した皮膜の厚さは非常に薄いので，皮膜に外力が加わっても厚さ方向の構成原子数が少ない。したがって，構成原子は容易に滑り，皮膜組織の変形が容易に起こると考えられる。このような観点から，はじめに垂直荷重と水平摺動により接触部に介在する皮膜の圧縮変形や摩耗による原子の移動について取り上げる。

7.1　垂直荷重による接触抵抗値の低下について

ここでは，はじめに垂直荷重の影響として，ひび割れなどの顕著な変化の前に，接触境界面下の皮膜部に加わる圧縮ひずみとそれに伴う皮膜厚さの減少を考える。この場合，皮膜の硬さなどが低いか粗な組織であることが要件となる。皮膜の厚さが減少するとショットキー効果やトンネル効果などの薄膜の導電機構が働き，皮膜の抵抗率は激減する。垂直荷重の増加に伴って皮膜は圧縮され，膜厚の減少で接触抵抗は低下する。最終的に皮膜は接触中心部の周囲に排除されることになる。この様子を一方の接触面に導電性ガラスを用い，その接触境界部を光学顕微鏡で観察した[5)]。この光学的に観察した像を**図 7.8** に示

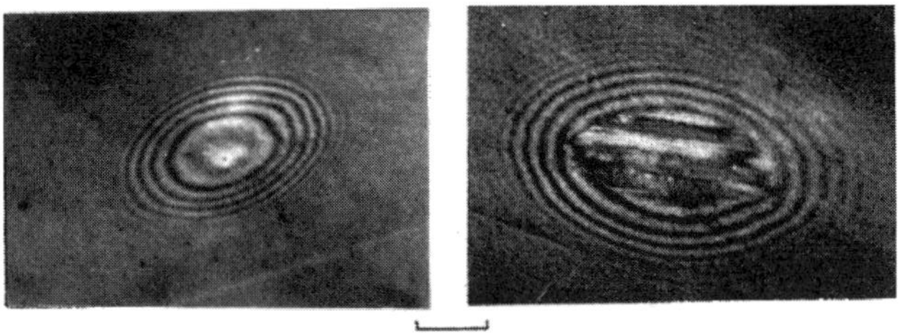

$d=80.0$ nm，$p=10$ gf　（a）　垂直荷重による場合

$d=80.0$ nm，$p=10$ gf，$l=0.4$ mm　（b）　水平変位による場合

図 7.8　Cu_2S が生じた面上の接触痕跡

す。

そこで，平面接触部に対してこれと同じ材質で，表面が皮膜で覆われた半球面接触部が平面と接触する場合について，垂直荷重の増大によって皮膜の厚さが圧縮して減少することを検討する[6]。**図 7.9** に示す接触部モデルにおいて，垂直荷重 W を受けて半球部の接触部が圧縮されると，そのときに生じる接触面積 s は式 (7.1) で与えられる。

$$s=\pi r^2=\frac{W}{H\xi} \tag{7.1}$$

ここに，ξ は $1/3<\xi<1$ で，接触部全体に均一に圧力が加わらない点を補正する係数である[7]。H は皮膜層と金属との合成硬度である。

式 (7.1) による円形の面積 s が生じるのに要する半球面の接触部のへこみ h は，図 7.9 から式 (7.2) で与えられる。

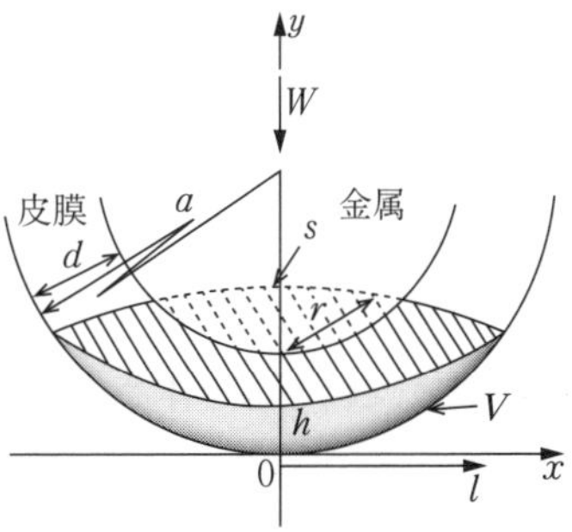

図 7.9　平面に対する皮膜を持つ半球面の接触による変形モデル

$$h = a - (a^2 - r^2)^{1/2} \quad (a^2 \geqq r^2) \tag{7.2}$$

ここで，へこみ h を生じるのに要する垂直荷重 W は，式 (7.2) に式 (7.1) を代入して式 (7.3) で与えられる。

$$W = \pi H\xi(2ah - h^2) \quad (0 < W \leq \pi H\xi a^2) \tag{7.3}$$

いま，ここで図 7.9 に示したように，皮膜中に生じているへこみの深さ h が皮膜の厚さ d まで達したとすれば，$h = d$ を式 (7.3) に代入することで，厚さ d の皮膜をおおむね完全に圧縮するのに要する荷重が与えられると考えられる。したがって，式 (7.3) より厚さ $h = d$ の皮膜の接触抵抗に対する影響を除去し，低接触抵抗を回復するのに要する垂直荷重を算出できることになる。

皮膜が厚く，皮膜自体の変形が支配的な場合，合成硬度 H は皮膜の硬度 H_f は支配的となる。また，皮膜が薄い場合は皮膜の圧縮変形も当然あるが，金属の変形が支配的となるとみることができる。この場合，接触面の増大には金属母材の硬度 H_c が大きく作用する。したがって，同一荷重では母材の変形のない場合（母材の硬度 H_c が皮膜の硬度 H_f より大きい場合），より母材の変形があるほうが破壊可能な皮膜は薄くなるといえる。

なお，皮膜の破壊の確認は，電位降下法によって接触抵抗の測定で行われるので，トンネル効果などの薄膜の導電機構は生じる程度のきわめて薄い皮膜は残留すると考えられる。

7.2　摺動による接触抵抗値の低下について

7.1 節と同一条件で，平面な接触面に対して皮膜で覆われた半球接触面を一定荷重のもとで接触させ，平面あるいは半球面に対して水平変位を与えると，接触境界面の皮膜部およびその下の母材部には垂直ひずみと水平ひずみとによるせん断応力が生じる。上述のように，接触境界部の光学観察あるいは 2 章で説明した r 値から見て，7.1 節と同様に金属母材と皮膜とは一体となって，摺動変位に対して摩耗すると考えられる。

そこで，まず摩耗に対するホルムの考えを適用するのが適当と思われる[7)]。

すなわち，接触境界面で凝着の生じた原子（粒子）が相対変位によって他方の面へ持ち去られるという考え方で摩耗を評価するもので，この理論は電気接触部に適すると思われる。

真の接触面 s 内にある原子間距離の α 粒子は摺動変位 l に対して sl/α^3 の凝着の機会を持ち，この凝着で生じた摩耗体積 V 内の粒子数は V/α^3 となるので式 (7.4) が成り立つ。

$$\frac{V}{\alpha^3}=Z\cdot\frac{sl}{\alpha^3} \tag{7.4}$$

ここで，真の接触面 s に式 (7.2) を適用することにより，摩耗体積 V は式 (7.5) で与えられる。

$$V=Z\cdot\frac{Wl}{H\xi} \tag{7.5}$$

ここに，Z は凝着粒子が他方の表面へ移る確率である。

真の接触面内で平均 m 層の粒子が取り去られたとすれば，その高さは $m\alpha$ となり，この接触面の直径が $2a$ で，摺動変位が l なので，摩耗体積は $V=2a\cdot m\alpha\cdot l$ となる。この体積は式 (7.5) による体積と等しくなければならないので，係数 Z は式 (7.6) となる。

$$Z=\frac{2\alpha m}{\pi a}=5\times10^{-6}m \tag{7.6}$$

ここに，a は凝着の生じている真の接触点の半径であって，一般に $\alpha=2\times10^{-8}$ cm，$a=2.5\times10^{-3}$ cm 程度であるから，式 (7.6) の右辺の値を得る。m の値として，ホルムによる値を摩耗の状態に従って整理すると**表 7.1** のようになる。電気接触部における通常の摩耗形態として，摺動速度，接触荷重，金属の種類，および摺動面の状態などから，総合的に判断して $m=50$ を取るのが適当と思われる。

表 7.1 摩耗の状態に対応する m 値

摩耗の状態	m
微　弱	<2
小	2 ～ 25
中	25 ～ 100
顕　著	>100

つぎに，図 7.9 の接触モデルにおいて，摩耗によって半球面の深さ h の面 s まで失われたとすると，その摩耗体積 V は図に示すように座標軸を取ること

によって式 (7.7) で与えられる。

$$V=\pi\int_0^h \{a^2-(y-a^2)\}\,dy=\pi h^2\left(a-\frac{1}{3}h\right) \tag{7.7}$$

式 (7.5)＝式 (7.7) を満たさなければならないから，深さ h を生じるのに要する水平変位と垂直荷重 W の関係が式 (7.8) のように与えられる。

$$l=\frac{\pi H\xi}{ZW}h^2\left(a-\frac{1}{3}h\right) \tag{7.8}$$

ここで，水平変位を接触部に与える場合，まず垂直荷重によって一対の接触部を接触させ，ついで，一方の接触部を水平方向へ摺動変位させるので，第一に前に導いた垂直荷重によるへこみ h が存在し，第二に水平変位による摩耗に起因する h が加算される。したがって，初期条件として摩耗による式 (7.8) の h から垂直荷重によるへこみ分を減じておく必要がある。これにより実際的な関係式 (7.9) が導かれる。

$$l=\frac{\pi H\xi}{ZW}\left(h-a+\sqrt{a^2-\frac{W}{\pi H\xi}}\right)^2 \times\left\{a-\frac{1}{3}\left(h-a+\sqrt{a^2-\frac{W}{\pi H\xi}}\right)\right\} \tag{7.9}$$

7.1 節の場合と同様にして，圧縮されて摩耗する深さ h が皮膜の厚さ d に達したとすれば，$h=d$ を式 (7.9) に代入することによって，皮膜の厚さ d がわかっていれば，その影響を機械的に除去するのに要する垂直荷重と摺動変位が推定できることになる。なお，式 (7.4)，式 (7.9) の合成硬度 H の値は，実際的には複雑な因子が含まれる。

7.3　実測による検証

いままでの説明を実証するために，**図 7.10** に示すように，x, y, z の 3 軸のマニピュレータを用意し，垂直荷重の検出には z 軸に設けたひずみゲージを用い，摩擦係数の測定には x 軸に設置したひずみゲージによって行った。さらに，摺動痕跡を詳細に観察するために，試料部を光学顕微鏡で観察するように

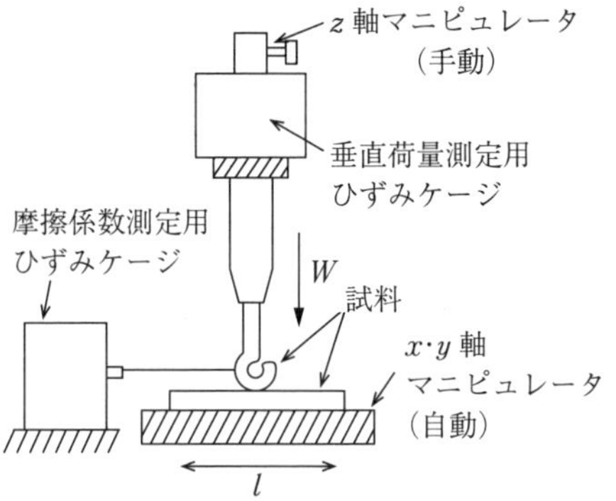

図 7.10　平面対半球面の垂直接触と摺動のための装置

構成した。また，ひずみゲージで測定された垂直荷重や摩擦係数はレコーダによって測定中に記録した。これらによって，皮膜破壊したときの状況を接触抵抗の変化や摩擦係数，垂直荷重の変化としてとらえることに成功した[6)]。試料には**表 7.2** に示す金属母材と皮膜の硬さが広く異なる Zn, Cu, W などをそれぞれ用いた。

表 7.2　試料金属とその性質

試料金属	Zn	Cu	W
母材金属の硬度〔kg/mm^2〕	38	80	430
酸化皮膜	ZnO	Cu_2O（+CuO）	WO_2（+WO_3）
皮膜の硬度〔kg/mm^2〕	200	100	540

7.3.1　垂直荷重の効果

一定の厚さの皮膜を持つ試料の皮膜を壊さないようにできるだけソフトに接触させ，ついで，垂直荷重を増加させていくと，接触抵抗は**図 7.11** に示す Cu の例のように一定の傾斜で低下する。皮膜が十分に厚いと -1 のこう配を示し，清浄面では $-1/2$ となり，薄い皮膜の場合は -1 ～ $-1/2$ の範囲となる。このことは，接触抵抗 R_k と垂直荷重 W の関係を与える式（7.10）によっていることを示している。

$$R_k = R_c + R_f = \left[\frac{\rho_c}{2(\pi H_c \xi_c)^{1/2}}\right] W^{-1/2} + (\rho_f d H_f \xi_f) W^{-1} \tag{7.10}$$

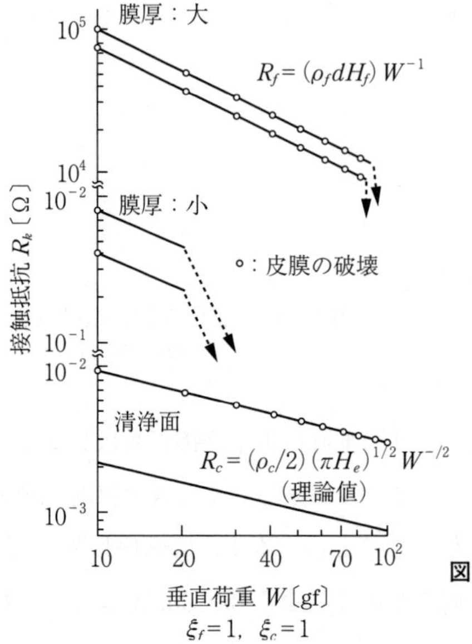

図 7.11　Cu_2O 皮膜の介在する接触部の荷重と接触抵抗の関係

ここに，R_c は集中抵抗〔Ω〕，R_f は皮膜抵抗〔Ω〕，ρ_c は金属の抵抗率〔Ω·cm〕，ρ_f は皮膜の抵抗率〔Ω·cm〕，H_c は金属の硬度〔kg/mm²〕，H_f は皮膜の硬度〔kg/mm²〕，d は皮膜の厚さ〔nm〕，W は垂直荷重〔gf〕，ξ_c, ξ_f はそれぞれ係数である。ここで重要なことは，荷重を増加させていくと，ある特定の荷重で接触抵抗が急減することである。これは取りもなおさず皮膜が機械的に破壊され，除去されたことを意味するものである。そこで，皮膜が破壊して除去された時点での垂直荷重をこのときの膜厚との関係において示すと，**図 7.12**，**7.13** に示すように，各試料とも一定の傾向があることがわかる。

ここで，前に得た式 (7.3) をこれらの図の関係に適用してこの特性と比較して検討した。まず，金属母材および皮膜の硬度を知らなければならない。金属母材の硬度は直接測定して表 7.2 に示した値が得られたが，皮膜の硬度はその厚さが非常に薄いため測定不可能である。そこで，固体状酸化物のモース硬度値などから類推した値（表 7.2）を用いた。これらの値によって皮膜の厚さ d（ここでは $d=h$ とする）を除去するのに要する垂直荷重の関係を式 (7.3) から求めて図 7.12，7.13 中に実験値と併せて示した。この種の実験値として

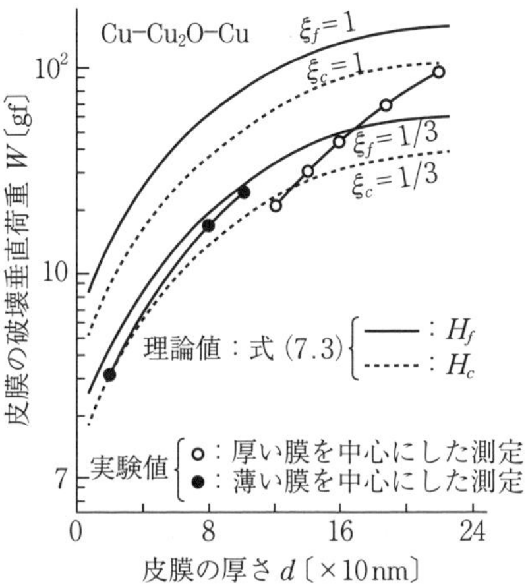

図 7.12 Cu_2O 皮膜の機械的除去に対する垂直荷重の効果

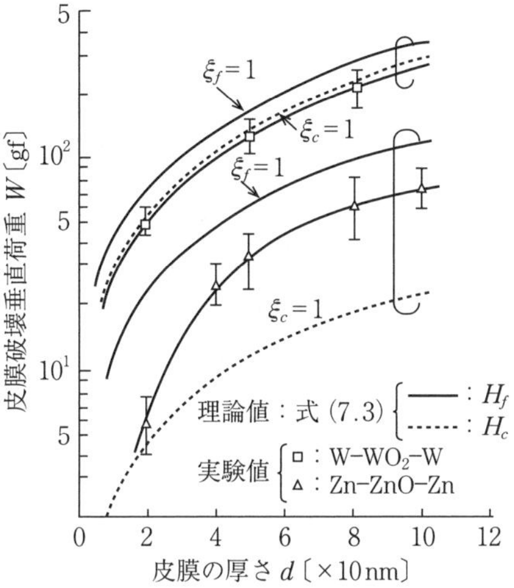

図 7.13 皮膜の機械的除去に対する垂直荷重の効果

理論値に非常によく一致していることがわかる。皮膜の厚い場合は皮膜の硬度 H_f が，薄い場合は金属の硬度 H_c が支配的になっていることが，金属の硬度の比較的低い Cu, Zn に顕著に認められた。また，トンネル効果の生じる程度の厚さの皮膜が残留することを上述したが，これを考慮すると皮膜の真の機械的除去に対して電気的検出による皮膜除去可能の荷重は低めに出ることになる。また，逆に同一荷重に対しては，皮膜除去の電気的検出のほうが真の除去よりも，除去可能な皮膜は厚く出ることになる。これらのことが実験結果に認められる。すなわち，図 7.12，7.13 の関係において，同一膜厚に対して実験値は理論値よりも垂直荷重が低めに出ることが示されている。

7.3.2　水平摺動変位の効果

清浄面どうしを用いて垂直荷重下で接触させて，平面試料を水平方向へ摺動させた場合の接触抵抗の一例を Cu について**図 7.14** に示す。低荷重（10 ～ gf）では接触抵抗の変動幅が大きいが，荷重の増大によって一定値に落ち着く傾向を示している。特に，低荷重においても摺動初期の 1 ～ 2 mm 以下では，

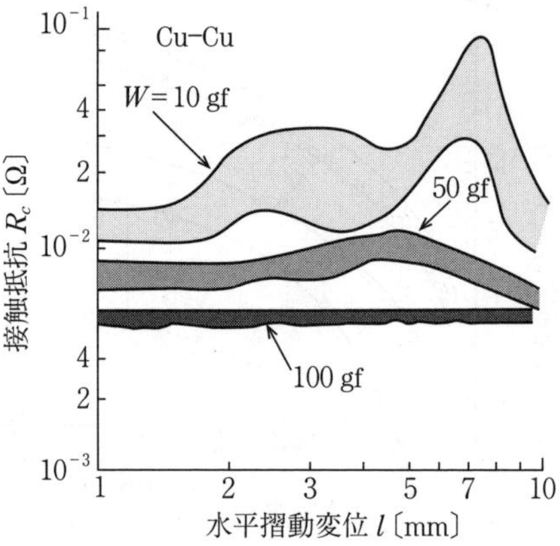

図 7.14　正常な Cu 面接触に対する水平摺動変位の影響

接触抵抗の変動幅が小さいことが特徴的である。これに対応する痕跡の所見は，低接触時から摺動開始時にかけて最大となり，以後，ほぼ一定の痕跡が認められた。このことは，静止摩擦から動摩擦に移行する時点で摩擦係数が最大となり，摩耗率も最大となることと一致する。摺動開始以後は接触部の一部に突部（prow といわれている）が発生し[8),9)]，これを介した接触となるので接触抵抗の変動幅は増大するが，この影響も荷重の増大で除去される。したがって，摺動開始直後に安定な低接触抵抗が得られる領域があるといえる。このことは，皮膜の薄い貴金属にとって重要である。

つぎに，酸化皮膜の生じた試料に対する垂直荷重と水平摺動変位の効果の一例を Cu について**図 7.15** に示す。一定荷重下において，摺動とともに接触抵抗は一定のこう配で低下し，ついで，皮膜が破壊除去して急減する。皮膜が除去されたのち，摺動を往復させても（例えば垂直荷重 29 gf），接触抵抗はほぼ一定値を示した。これは同一条件で清浄面どうしを摺動させた場合と同様の値（図 7.15 の●印）であって，皮膜が除去されたのちに純粋な金属どうしの接触となっていることを物語っている。

このようにして得た皮膜の破壊除去時の垂直荷重と水平摺動変位との関係を，各金属，すなわち Cu, Zn, W についてその種々の膜厚について整理すると**図 7.16 ～ 7.18** に示すようになる。ここで注目すべきことは，これらの間に一定の関係が認められることである。そこで，前に導出した式 (7.9) に $m=50$ を代入して上述の関係を算出し，各図に実験値と比較して示す。実験値は理論値の幅（$1/3<\xi<1$）の範囲に収まっている。低荷重において，摺動変位が大きくなると破壊の垂直荷重は理論値より低めになる傾向にある。これは上

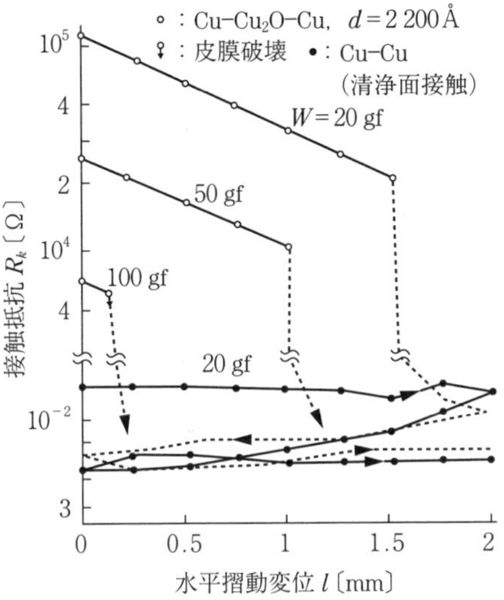

図 7.15 皮膜の機械的除去に対する水平摺動変位の影響

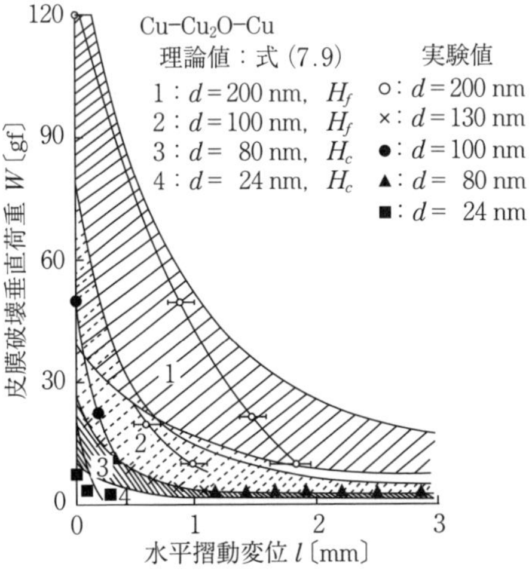

図 7.16 皮膜の機械的除去に対する水平摺動変位と垂直荷重の影響

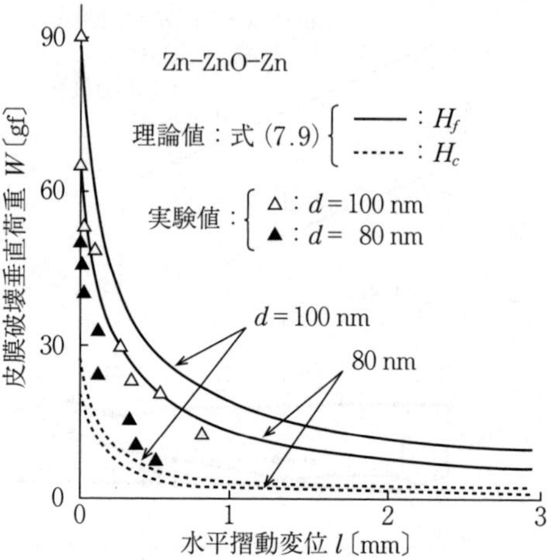

図 7.17　皮膜の機械的除去に対する水平摺動変位と垂直荷重の影響

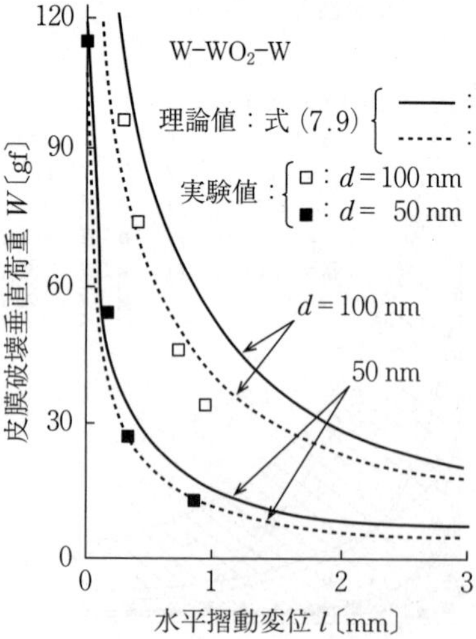

図 7.18　皮膜の機械的除去に対する水平摺動変位と垂直荷重の影響

述した皮膜の除去の電気的検出に伴う残留皮膜に原因して実験値のほうの摺動変位が小さくなることと，半球モデルでは摺動とともに接触面積が増大して摩耗面の深さ h に対する摩耗率が低下するために，理論値では摺動変位が大きくなることに原因すると考えられる。また，6章の場合と同様に，薄い皮膜では金属の硬度 H_c が，厚い皮膜では皮膜の硬度 H_f が支配的なことが Cu，Zn で顕著に認められる。したがって，皮膜の硬度 H_f による皮膜除去に要する垂直荷重および水平変位と垂直荷重の理論値はこれらの上限といえる。

以上の残留皮膜に関して，皮膜の除去の電気的検出以外の検出法についてさらに検討した。電気的検出以外に摩擦係数を測定することによっても明確である。一般に金属摺動では，皮膜が除去されて完全な金属接触が生じた時点で凝着摩耗となって非常に高い摩擦係数を示すことが認められている。そこで，接触抵抗 R_k，摩擦係数 μ，および垂直荷重 W を同時測定して，皮膜の破壊除去の状況を測定した。その結果が**図 7.19** である。接触抵抗は摺動時間 13 s（秒）付近で皮膜が除去された特徴を示す低下を示しているが，摩擦回数では検出されていない。すなわち，膜厚の著しい減少は生じたが，完全な金属どうしの接触は生じていないことを示している。続いて，14 ～ 15 s にかけて再び接触抵抗は低下し，このときはじめて摩擦係数 μ が増大して（μ の縦軸は下向きを正としてある）完全に皮膜が除去されたことを示している。また，金属どうしの摺動になって接触部の摩耗が急増したため垂直荷重も低下している。16 ～ 19

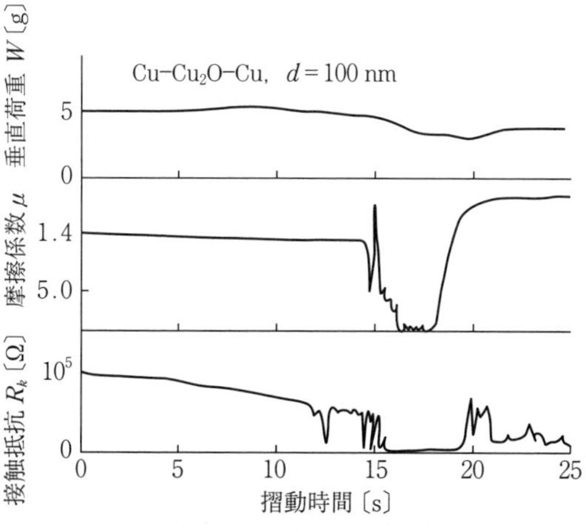

図 7.19　皮膜の機械的除去に対する接触抵抗と摩擦係数の比較

s の間は金属接触を示しているが，19 s 以後再び摩擦係数は低下し，接触抵抗が変動している。これは，皮膜などの摩耗粉が接触部に不完全に介在していることを示している。この結果から，皮膜の破壊除去の電気的検出は摩擦係数による場合に比べて非常に敏感であるが，残留皮膜の影響を受けると考えられる。

7.4 ま　と　め

接触面に生じ，接触信頼性，接触不良などの接触抵抗特性を害する汚染皮膜の挙動は，一見して法則性のない闇の世界のように思われる。特に，スケール状に発生した皮膜に比べ著しく薄く，皮膜の種類にもよるが一般に数百 nm である。この種の皮膜は，接触荷重，微小な摺動変位などの機械的要因によって，一般にいわれているような破断，剥離などの形態で破壊することはなく，金属母材と一体化して変形を受けることがわかった。特に，垂直荷重による膜厚の減少と水平摺動変位による摩耗に起因する膜厚の減少とがあることが判明した。また，皮膜の厚さの減少は，接触抵抗を支配する皮膜抵抗の減少に非常に影響し，低接触抵抗の回復に著しく有効であることが判明した。ここではこの事実を解説し，さらに，垂直荷重による皮膜の厚さの圧縮現象，および水平摺動変位による摩耗に基づく膜厚の減少が定量的に求められることを示し，従来，経験に負うことが多いこれらの機械的要因の定量化の可能性を示した。

引用・参考文献

1）Williamson, J. B. P.：The microworld of the contact spot, Proc. 27th Annual Meeting of the Holm Conference on Electrical Contancts, Chicago., pp.1-10（1981）
2）Osias, J. R. and Tripp, J. H.：Mechanical disruption of surface films on metals, Wear, **9**, pp.388-397（1966）
3）Kondo, K., Toyoizumi, J., and Onuma, M.：The influence of the nano-scale surface structure on the electrical contact resistance, 28th Int. Conf. Electrical Contacts, Edinburgh, U.K, pp.231-235（June 2016）
4）Wilson, R. W.：Contact resistance and mechanical properties of surface films on

metals, Proc. Physical Society, 68B, 625 (1955)

5) Tamai, T., et al. : Direct observation for the effect of electric current on contact surface, IEEE Trans. Compon. Hybrids Manuf. Technol., **CHMT-2**, 1, pp.76-80 (March 1979) ; This was presented at the 9th International Conference on Electrical Contact Phenomena and the 24th Annual Holm Conference on Electrical Contacts, Chicago, pp.469-475 (Sept. 11-15, 1978)

6) 玉井輝雄，他：接点皮膜の機械的除去による低接触抵抗特性の回復，電気学会論文誌，**97**，9，pp.433-440，(1977) ; Tamai, T., et al. : Recovery of low level contact resistance based on mechanical removal of contact films, Proc. 8th Int. Conf. Electrical Contact Phenomena, Tokyo, pp.95-100 (Aug. 1976)

7) Holm, R. : Electric Contacts Handbook, Third Completely Rewritten Edition, pp.246-254, Springer-Verlag (1958)

8) Antler, M. : Processes of metal transfer and wear, Wear, **7**, pp.181-203 (1964)

9) Antler, M. : Tribological properties of gold for electrical contacts, IEEE Trans. Parts, Hybrids and Packing, **PHP-9**, 4, pp.4-14 (1973)

8. 表面を覆う汚染皮膜の厚さの測定

接触表面を覆う皮膜はすでに詳述したように，接触抵抗を構成する皮膜抵抗を著しく増加させる。したがって，皮膜抵抗の増加に伴って接触抵抗は増大する。この場合，皮膜の厚さが直接的に接触抵抗に作用する。そこで，皮膜の厚さの計測が重要となる。膜が非常に厚くなると皮膜抵抗が非常に高くなり，接触不良となる。この状態に至る前段階で接触抵抗が増加し始める初期の皮膜の厚さが重要となる。とはいえ，一般にこの皮膜の厚さはナノメートル（nm）で，非常に薄く原子分子レベルでその厚さの測定は困難が伴う。

本章では，ナノスケールレベルの非常に薄い皮膜をどのように測定するのかということを取り上げる。皮膜の厚さの測定や計測方法には以下のようないくつかの方法があるが，それぞれに一長一短がある。

8.1 皮膜の厚さの計測

8.1.1 秤　量　法

酸素などの反応性気体（例えば O_2, H_2S, SO_2 など）と金属表面が化学反応すると，皮膜の重量は化合物皮膜を構成する気体原子の分だけ増加する。すなわち，式 (8.1) のようになる。

$$\mathrm{Me} + \mathrm{O_2} = \mathrm{MeO_2} \tag{8.1}$$

上式で，清浄面に比して O_2 分だけ皮膜の重量は増加する。この皮膜の増加分に伴う重量の増加を計測すれば皮膜の厚さに関する情報が得られる[1),2)]。この場合，皮膜の比重や金属原子と気体原子との構成比，成分，組織などが必要となる。このためにはあらかじめ皮膜の電子線回折などで組織の基本データを知る必要がある。秤量用の天秤は高精度が要求されるため，石英ばねなどを用いた真空マイクロ天秤が用いられる。

8.1.2 電界還元法

表面に生成した皮膜を電界液中（例えばKClなど）で参照電極を用いて電気分解してイオン電流として取り出す。このイオンの移動によるイオン電流を時間に対して計測する。皮膜を構成するイオン1個当りの電気量から，積算したイオン電流量に対して電流として流れたイオン数が求まる。つまり，イオン1個当りの大きさとイオン数と皮膜の生じている表面積から厚さを求める方法である[3),4)]。この場合も皮膜の成分や組成をあらかじめ調べておく必要がある。そのためには低速電子線回折などが必要となる。

試料を電界液に浸してnmオーダの皮膜を測るので精度への影響を心配する向きがあるが，CuO＋Cu_2Oのように層状となった皮膜は還元電位の変化からCuO層とCu_2O層を分離して明瞭に判明できる。しかし，原子の積み上げ状態を規定するファラデー定数（Faraday constant）が必要で，不明の場合はそれを別途に求めなければならない。つまり，**図8.1**に示すように，球状を仮定したイオンが層状に積み重なると，連なる球の凹部に一方の球面が入ったり，凸部どうしの配列となって，高さ方向つまり膜厚が異なるが，これを決めるのがファラデー定数である。

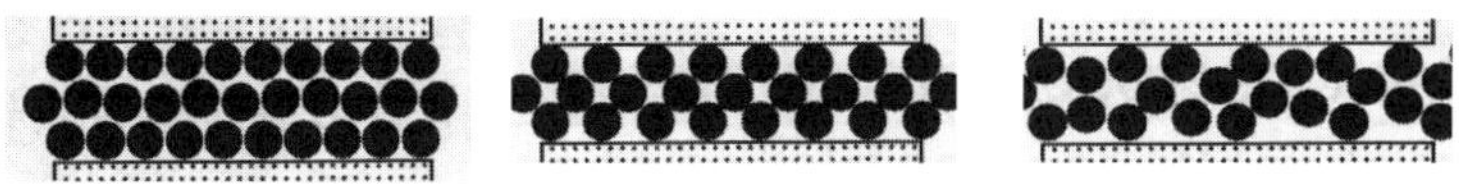

図8.1 同じ数の原子や分子であってもその配列で厚さが異なるが，それを補正するのがファラデー定数である

8.1.3 光による方法

代表例にエリプソメトリ（ellipsometry）がある。この方法は古くから原理はわかっていたが，方程式の数より未知数の数が多くなり数学的に解くことが

不可能で，ごく薄い皮膜について近似的にその厚さが求められていた[5)~11)]。しかし，コンピュータの発達により容易に膜厚を求めることができるようになっている。2枚の偏光板を直交させたときの消光点を基準点からの光学定数基準として，皮膜を持つ試料表面の反射光による消光角の上述の基準点からのずれを測定する。この結果を，ドルード（Dulde）の式を用いて膜厚を求めることができる[6),7)]。この計算には，皮膜の光学定数が必要であるが，皮膜の光学定数は自身で探らなければならない。皮膜表面での反射光には膜厚の情報が含まれるので，偏光板の消光角や試料への入射角，下地や皮膜の光学定数からドルードの式によって求めることができる。測定精度は消光角の読み取り精度が重要で，この方法によると単分子膜の厚さも測定できる。

8.1.4　皮膜のスパッタによる方法

XPSやオージェ電子分光などでArイオンを照射して皮膜面をスパッタして除去し，XPSで元素分布変化から構成原子に着目して膜厚を求めることができる[15)]。しかし，皮膜の原子に対するスパッタ率をあらかじめ求める必要があることが欠点である。よくあることであるが，半導体の世界で求められているSiO_2皮膜のスパッタ率をうのみにして，ほかの金属表面の酸化物を求めることがしばしば行われている。しかし，これはまったく別の試料であるので，自分の試料のスパッタ率を求めて厚さを評価しなければ意味がないことである。

つぎに，エリプソメトリと電界還元法，秤量法などによる実際の計測例を説明する。

8.2　酸化皮膜の成長に対するエリプソメトリ

ここでは，広く導電材料や接触部材料として用いられている歴史の長い銅（Cu）に着目して，その酸化皮膜の成長を見る[7)~11)]。

エリプソメトリは試料表面での反射光の偏光状態を検出することにより，非接触で表面に存在する皮膜の厚さやその光学定数を求める技術である。接触面に対するエリプソメトリの応用は半導体デバイスの分野に比してあまり多くない。また，国外でもほとんど例を見ない。わが国ではNTTの高橋らの研究が最初である[14)]。これは，接触面は多結晶であって，結晶面もそれぞれ異なり，また表面の仕上がりやその状態が個々に異なるために光学定数が定まらないという難点があるためである。これに対して，半導体の分野ではほとんど単結晶を扱うので光学定数が一定で扱いやすいためである。すなわち，通常の多結晶金属では同一試料面であっても光学定数が一義的に定まらず，また表面処理によってこれらが変化するので，解析に困難を伴うためと思われる。しかし，コンピュータの効果的利用で計算過程に要する時間が短縮され，種々の要因を考慮した解析が容易となったため，接触面に対する解析も可能となった。

ここでは，**図8.2**に示す単光路方式のエリプソメータに例を取って膜厚を測定する方法を説明する。入射光に対して（1/4）λ 板（Q）の主軸方向を +45°または −45° にそれぞれ設定し，楕円偏光の傾きを +45° あるいは −45° に設定し，ポラライザ（P）とアナライザ（A）の回転によって生じる試料面からの反射光の消光点を光電子増倍管とロックインアンプとの組み合わせによって検出し，そのときのポラライザとアナライザとのそれぞれの方位角 Ψ と Δ を読み取る。この方法は Archer[6)] の方法によった。Ψ は楕円偏光の傾きを表し，Δ は楕円偏光の楕円度を表している。これらの Ψ と Δ は皮膜および下地金属の

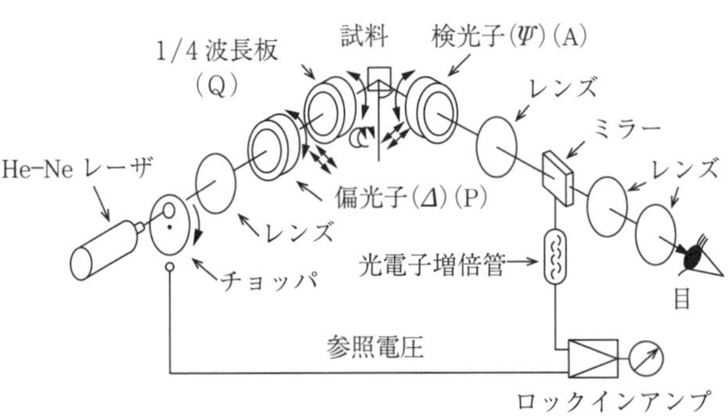

図8.2　単光路方式のエリプソメータ

光学定数を含むSnellやFrensnelの屈折の公式の組み合わせによる関数として式(8.2)のように与えられる。

$$\tan \Psi \cdot \exp(i\Delta) = f(n_1, N_2, N_3, \phi, \lambda, d) \tag{8.2}$$

ここに，n_1 は大気の屈接率，N_2, N_3 はそれぞれ皮膜と下地金属の光学定数，ϕ は入射角，λ は光の波長，d は皮膜の厚さである。光源にHe-Neレーザを用いると λ は6 328 nmとなる。入射角は一般に70°が用いられる。

ここで，銅（Cu）の300℃での加熱酸化による酸化皮膜の成長のエリプソメトリによる解析結果（Ψ-Δ の関係）を**図8.3**に示す[10),11)]。図8.3に各酸化時間における皮膜の厚さを示し，また測定された清浄表面と酸化皮膜表面の光学定数をも合わせ示す。図8.3の○印のように皮膜の成長は点BP（清浄面：光学定数 $N_s = 0.365 - 2.929i$）より始まり，成長とともに点Mまで理論曲線（皮膜の光学定数 $N_2 = 2.950 - 0.210i$）（実線）上を変化する。点Mを過ぎると実測値は理論曲線より外れるが，これは，はじめに設定した皮膜の光学定数（$N_2 = 2.950 - 0.210i$）を持つ皮膜と異なる組成の皮膜が生じたことを物語っている。このようにして測定された酸化皮膜の成長は，酸化時間と皮膜の厚さとの関係において**図8.4**に示すようになる。

図8.4に示すCuの加熱酸化で生じる酸化皮膜は文献上で示されるような，

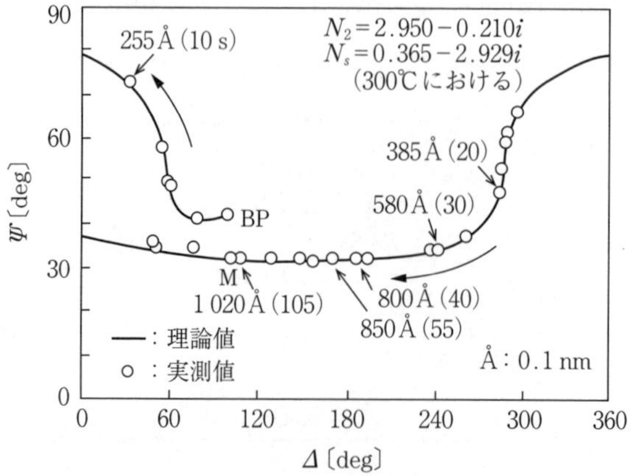

図8.3　Cuの加熱酸化による Ψ-Δ 特性

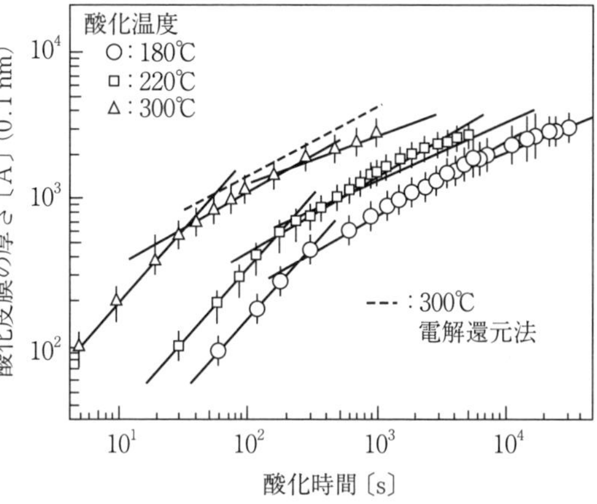

図 8.4 Cu の酸化時間と皮膜の成長特性

膜厚は時間に対して一定の傾きで成長はせず，酸化時間とともに飽和していくことがわかる。すなわち，酸化の初期，中期，後期に分けて成長則を見ると**表 8.1** に示すようになる[10)]。皮膜の成長に伴って，皮膜の組成などの状態が変化して，拡散の形態が変化するものと思われる。

表 8.1 Cu の酸化における酸化定数

定　数	酸化初期	酸化中期	酸化後期
n	1.00	2.00	3.00
A〔$Å^n$/s〕	1.43×10^5	1.12×10^2	4.84×10^4
Q〔cal/mol〕	1.05×10^4	1.31×10^4	1.39×10^4

すなわち，皮膜の成長機構として，皮膜を通しての酸素や金属イオンの熱拡散を考慮して，アレニウス（Arrehnius）関係を用いると，式 (8.3) が成立する。

$$d^n = At\exp\left(\frac{-Q}{RT}\right) \tag{8.3}$$

ここに，d は皮膜の厚さ〔Å〕，n と A は定数，Q は活性化エネルギー〔cal/mol〕，T は温度〔K〕，t は時間〔s〕である。

図 8.4 に示した測定結果を用いて，式 (8.3) によって酸化に関する定数 n, A, Q を求めると表 8.1 に示した値が各酸化時間に対応して得られる。これは，

酸化の初期，中期，後期に対応して皮膜の成長が順次遅くなることを示している。

つぎに，銀（Ag）が硫化性の気体中でその表面に生成する Ag_2S 皮膜の成長にエリプソメトリを適用した例を紹介する[4)~12)]。Ag 表面を 3 ppm，40 ℃，80-85 %RH の H_2S 雰囲気に放置した場合の Ag 表面に生成する Ag_2S 皮膜の成長の状況を Ψ と Δ との関係で**図 8.5** に示す。図 8.5 において，Ag_2S 皮膜は Δ が 110° で Ψ が 44° の清浄面から始まり，8 か月の放置で 950 Å に達している。この関係を皮膜の厚さと放置時間の関係にまとめると**図 8.6** のようになる。

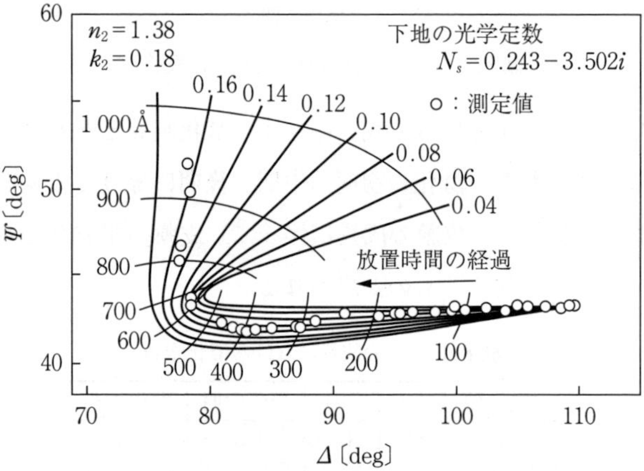

図 8.5　Ag の Ag_2S 皮膜の成長（大学室内の放置）

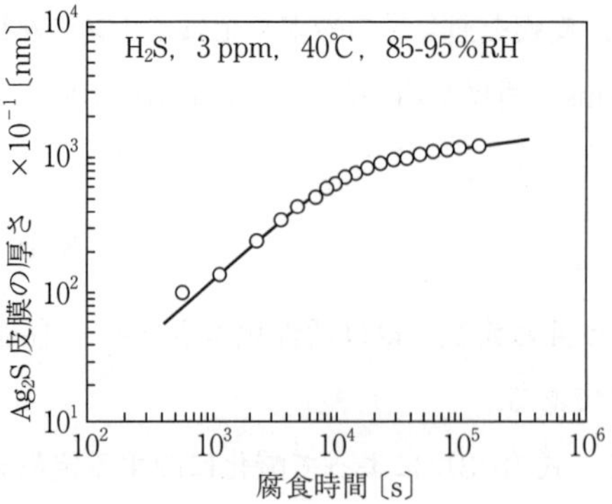

図 8.6　H_2S：3 ppm 雰囲気中の Ag_2S 皮膜の成長

10^4 s 過ぎると成長が鈍くなる。さらに，清浄と思われる室内に清浄な Ag 面を放置した場合の硫化銀皮膜の成長は**図 8.7** に示すようになり，初期を除いてほぼ一定の傾向で増加することを示している。双方の雰囲気において生成皮膜の厚さが同一となるまでの硫化時間の比で加速率を定義すると，3 ppm の H_2S の高濃度雰囲気中では清浄な室内放置に対して，**図 8.8** に示すように，時間経過に対する加速的な変化として一定の関係となる。50 nm（500 Å）の厚さまでは，加速率は 1.8×10^3 となる。

また，室内放置で 5 300 h 放置した場合，そのときの Ag_2S 皮膜の厚さは

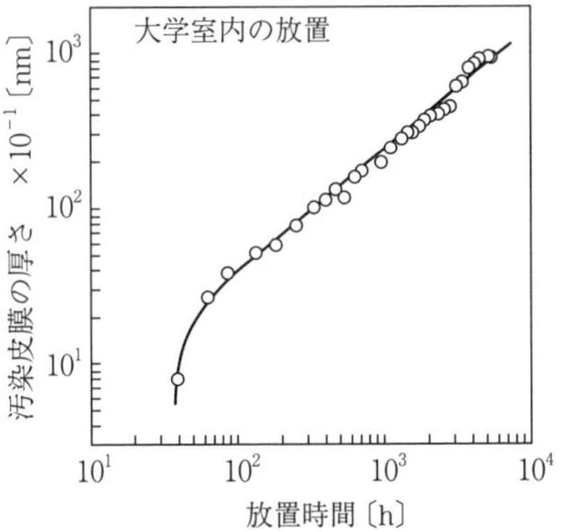

図 8.7　清浄大気中での Ag 表面に成長する Ag_2S 皮膜

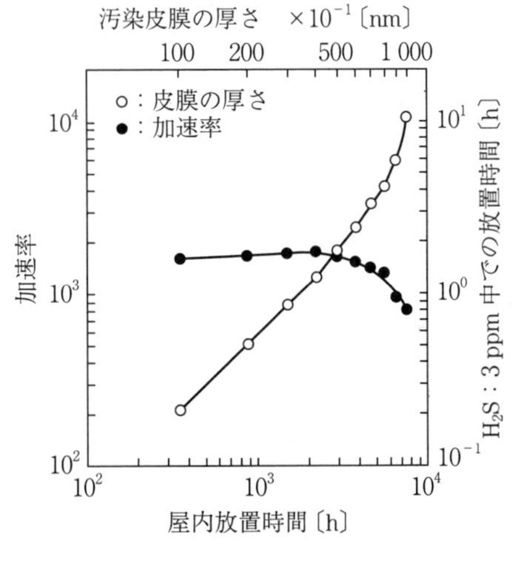

図 8.8　H_2S：3 ppm 雰囲気の Ag に対する加速率

94.4 nm（944 Å）となり，接触抵抗特性は**図 8.9** に示すようになる。

さらに，種々の環境下における硫化皮膜の成長を比較して**図 8.10** に示す。

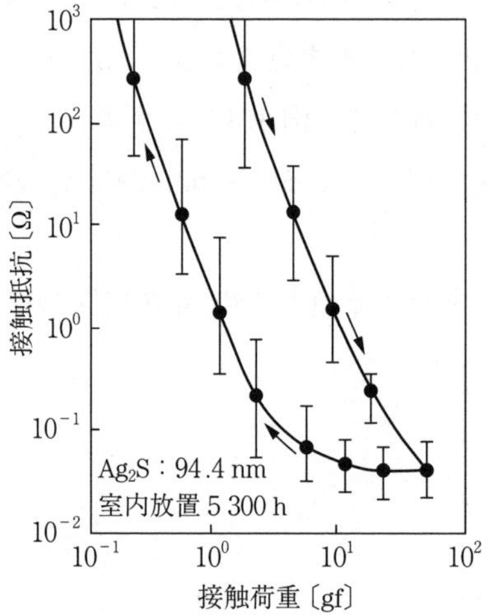

図 8.9　図 8.6 で生じた硫化皮膜の接触抵抗特性

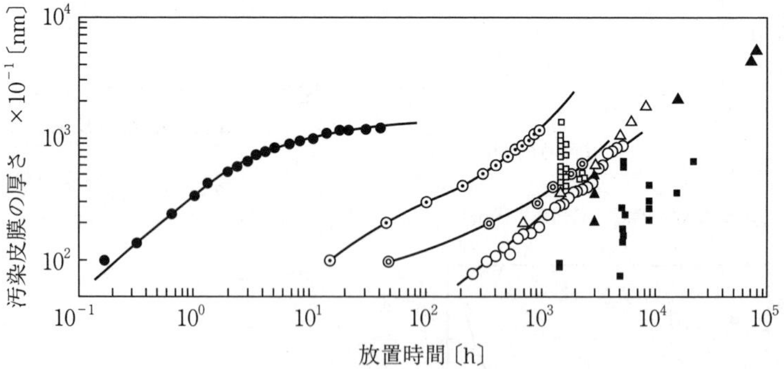

加速試験：
○ 3 ppm H_2S，85–95％RH，40℃
⊙ 15 ppm H_2S，75％RH，25℃
◎ 0.01 ppm H_2S，75％RH，25℃

野外試験：
■ イギリスの海岸沿いの軽工業地帯と河口近くの重工業地帯

室内試験：
● 大学室内（日本）
□ アメリカの各都市
△ ニューヨークの事務室
▲ 種々の産業地帯と都市

図 8.10　種々の雰囲気中での Ag_2S 皮膜の成長

8.3　電界還元法による層状皮膜の組織別の厚さの測定

電界還元法は電界液中で皮膜を上層部表面から下層部へ向かって順次電気分解し，そのときの還元電流の時間に対する積算によって皮膜の厚さを求める方法である[11)]。この場合，異なる皮膜の成分が層状に分布していると，各層に対して還元電位が異なるため，複数の層状の皮膜の厚さをそれぞれ求めることができる。なお，各層の皮膜の組成は低速電子線回折などで同定しておかなければならない。

図 8.11 にその概要を示すように，酸化した表面を持つ Cu 試料を陰極とし，陽極に不活性な Pt を用い，また電界液として試料に影響の少ない 0.1 N KCl を用いて N_2 ガス雰囲気中で試料表面の電気分解を行う。この場合，参照電極として Hg_2Cl_2 を用いた[11)]。

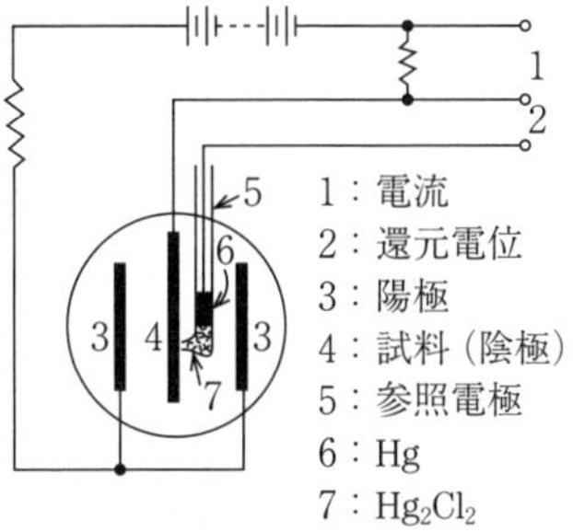

図 8.11　電界還元法の原理図

電界還元中の参照電極の還元電位の経時変化を *X*-*Y* レコーダで記録することにより，その電位の値から表面に存在する皮膜などの種類を概略判別し，その電位の継続時間より皮膜の厚さを算出できる。皮膜の厚さの算出は式（8.4）による。

$$d = \frac{ItS}{a} \tag{8.4}$$

ここに，d は皮膜の厚さ〔Å〕（0.1 nm），I は還元電流〔mA〕，t は還元に要した時間〔s〕，a は還元に関係した表面積〔cm^2〕である。S は還元される物質によって決まる定数であって，式（8.5）で与えられる。

$$S = \frac{M}{NF\rho} \times 10^5 \tag{8.5}$$

ここに，M は 1 グラムモルの質量，N は 1 グラムモルを還元するのに必要なファラデー数，F はファラデー定数，ρ は皮膜の密度である。ρ の値として

Cu_2O で 6.0，CuO で 6.45 を用いて，S の値はそれぞれ Cu_2O が $S=12.4$，CuO が $S=6.4$ となる。

このようにして，種々の皮膜から構成される多数の酸化試料の皮膜の厚さを測定できる。電子線回折による接触面の状況を清浄面と酸化表面（300 ℃，150 s 加熱）について，回折パターン例をモデル図によって**図 8.12** に示す。ポリッシした直後の表面でも大気中で処理されているため Cu_2O の存在が認められる。また，上述のように酸化が進んだ表面では CuO と Cu_2O とが混在していることが明瞭に認められる。

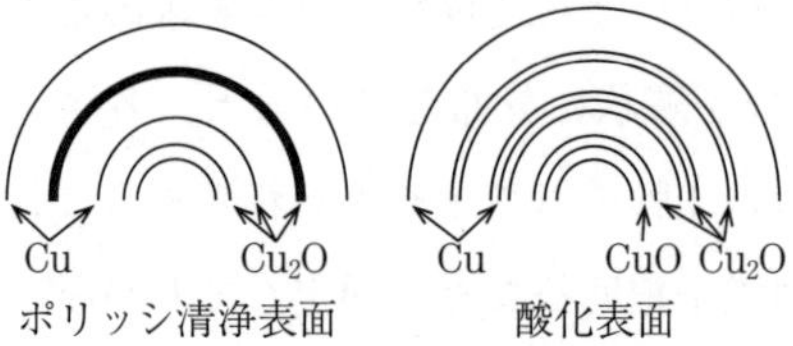

図 8.12　Cu の清浄面と加熱酸化面の電子線回折像

つぎに，電界還元による還元電位の時間経過を**図 8.13** に示す。この図から 2 個の還元電位が認められ，これは上述の電子線回折による成分の皮膜に対応していることが考えられる。そこで，酸化皮膜を CuO と Cu_2O とに分離して，それぞれの厚さを算定した。これらの分離した皮膜の厚さと酸化時間の関係を**図 8.14** に示す。厚さにおいて Cu_2O が優勢で成長することを示している。また，加熱時間が 50 〜 100 s 付近から Cu_2O の表面に薄く CuO が存在すること

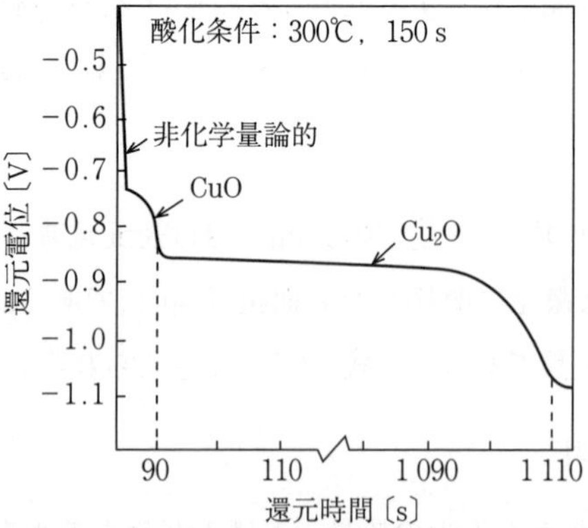

図 8.13　還元時間と還元電位の関係（Cu と Cu_2O）

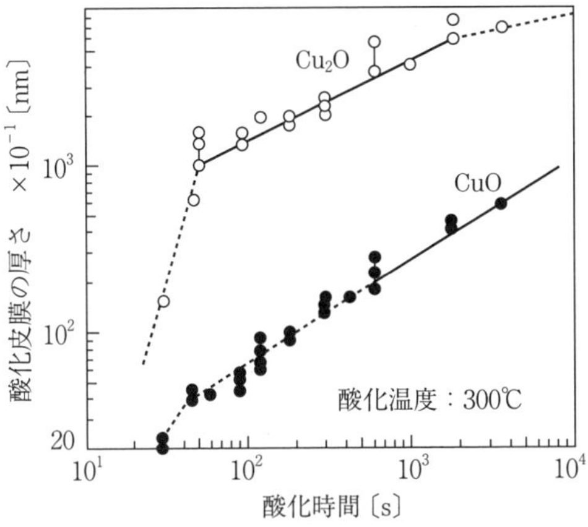

図 8.14　CuO と Cu$_2$O 皮膜の成長

を示している。電界還元法で Cu の 300 ℃加熱による皮膜の成長を，エリプソメトリ測定した結果と比較して図 8.4 に示した。双方の測定結果はこの種のデータとしてはかなりよく一致している。

またさらに，図 8.3 に示したエリプソメトリによる Ψ-Δ 特性において，1 020 Å 付近（点 M）を過ぎてこれより厚い皮膜となると，皮膜の光学定数に $N_2=2.950-0.210i$ を与えた理論曲線が実測点からずれ始める。これは，点 M 付近より皮膜が厚くなると，その光学定数が上述の値からずれることを意味している。300 ℃で加熱の場合，点 M を過ぎると皮膜の光学定数は吸収率が $k=0.210$ で一定であるが，屈折率が $n=2.950$ から増加し始める。これらの傾向はほかの酸化温度でも同様である。つまり，皮膜の成長が 100 nm（1 000 Å）付近を境にして，これより厚く成長する皮膜はその表面や皮膜自体の組成に変化をきたしたことを意味している。

そこで，図 8.13 に示されている二つの成分の皮膜の成長は図 8.14 に示したように，CuO と Cu$_2$O の膜厚との関係に整理すると，上述のエリプソメトリによる事実と一致する結果が得られた。すなわち，Cu$_2$O の 100 nm（1 000 Å）付近までの成長に対して，CuO は数 nm 以下であって，皮膜は Cu$_2$O が主体であることがわかる。しかし，100 nm（1 000 Å）付近を超えると，CuO の成長が始まり，Cu_2O が CuO 皮膜で覆われることを示している。偏光顕微鏡による光学的観察での所見は，点 M 付近で皮膜の色が緑から赤褐色に変化するところで，偏光によると色彩の異なる結晶粒が認められるところである。つまり，銅表面の結晶粒の各結晶面に対応した結晶性の皮膜が成長し始める段階であると考えられる。

つぎに，皮膜の厚さに対する接触抵抗の関係を**図 8.15** に示す。上述の Cu_2O の表面に CuO が生成し始める 100 nm（1 000 Å）（Ψ-Δ 特性の点 M）は，接触抵抗が 7 mΩ から数十 kΩ へ急上昇する変曲点に対応していることが示されている。これは，Cu_2O の表面を CuO が覆ったために接触抵抗が高くなったとも考えられるが，皮膜の導電機構の点から見て，皮膜の厚さが増加してトンネル効果のような薄膜の導電機構から厚膜の導電機構に変わったことに関係していると考えられる。

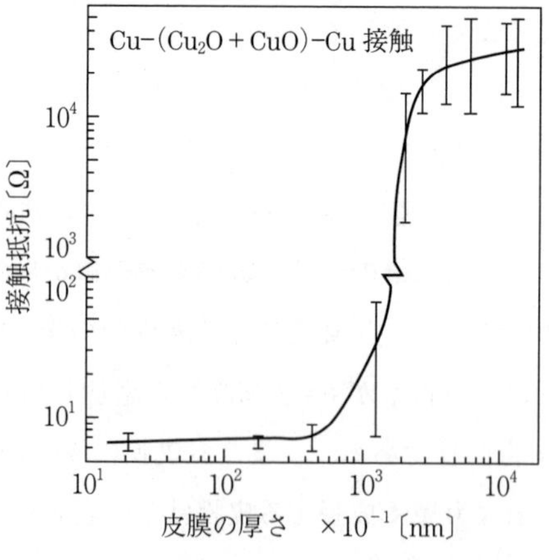

図 8.15　Cu の酸化皮膜に対する接触抵抗特性

なお，電解液中にナノメートルオーダーの膜厚の試料を浸すということは，たいへん誤差が大きくなるのではという意見もあることを忘れてはいけない。

8.4 秤量法による皮膜の評価[14),15)]

ここではAg-Pd合金の粘着特性を改善するために，第3添加元素としてMgとCrをそれぞれ微量（0.1～0.5 wt%）添加した場合の酸化皮膜の成長を秤量法とエリプソメトリによる場合とについて比較した例を紹介する[1)~15)]。

この試料を400℃あるいは500℃で加熱し，導電性に影響しないような薄い酸化皮膜を作り，接触境界部で金属接触の生じるのを防いで凝着による粘着を防止しようとする試みである。Ag-Pd-Mg系の試料の場合の表面皮膜の成長について，エリプソメトリと秤量法とによる結果を比較して**図8.16**に示す。この場合，皮膜の比重が不明なので重量そのもので示してある。また，Ag-Pd-Cr系については**図8.17**に示す。加熱時間とともに皮膜の厚さは増加するが，重量も直線的増加することを示している。ここで，一定の表面積に対して厚さがわかり，またそのときの重量が測定されたので，これらから比重〔g/m^3〕を求めると**図8.18**に示すようになり，皮膜の厚さが40 nm以上になると一定

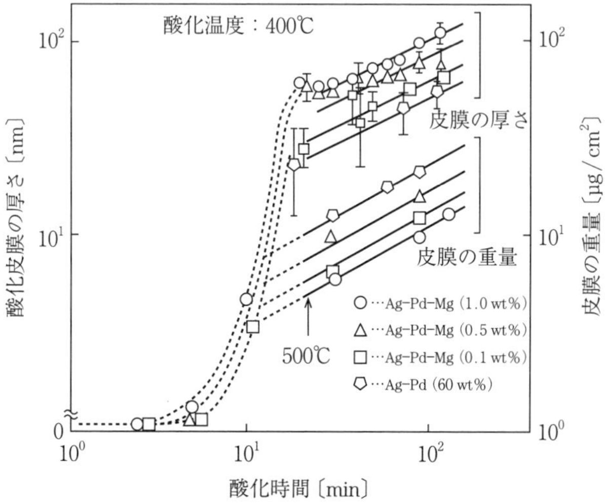

図8.16　耐凝着金属のAg-Pd-Mgの酸化皮膜の成長秤量法による重量増加とエリプソメトリによる膜厚

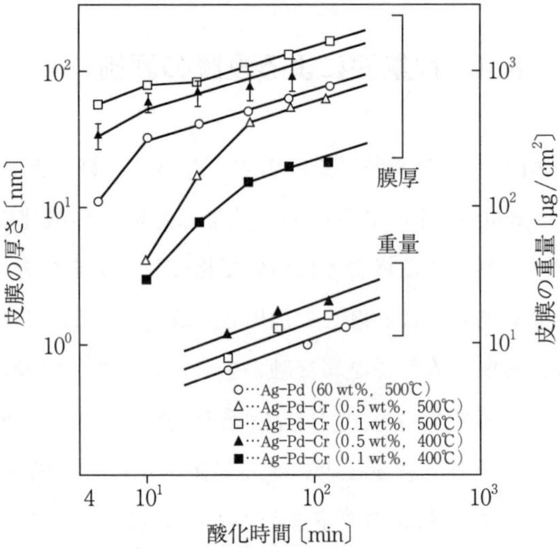

図 8.17　耐凝着金属の Ag-Pd-Cr の酸化皮膜の成長秤量法による重量増加とエリプソメトリによる膜厚

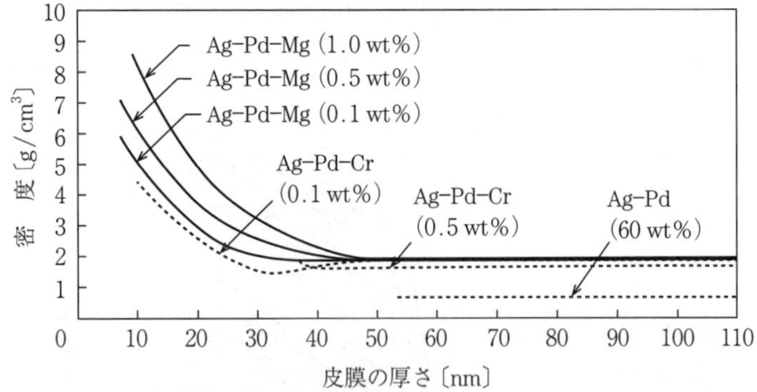

図 8.18　膜厚に対する皮膜の密度の変化（図 8.16 と図 8.17 とによる）

値を示す。

接触抵抗特性には金属表面に形成する種々の皮膜が強く影響する。この問題を解決し，その現象を解明するには，その導電機構を支配する皮膜の厚さを正しく評価することが重要である。ナノメートルオーダーの膜厚を測定するには，ここで取り上げた測定方法であるエリプソメトリ，電界還元法，および秤量法などを巧みに利用することが重要である。

8.5 ま と め

金属表面に付着した油膜やさびなどの汚れは一見，不特定で膜厚などの概念は成立しないように思われる。しかし，先人の努力のおかげで種々の測定方法があり，それらを駆使することで，このような汚れを膜厚としてとらえることができる。このことは，すなわち膜厚はただちに接触抵抗の中の皮膜抵抗に関係づけけられるので，表面の汚れは接触抵抗に置き換えられて取り扱うことができるのである。つまり，注意深く接触抵抗測定すれば表面の汚れの状態を把握することができるわけである。

オームが 200 年前に彼の電気抵抗発見の実験で，表面が変色していたり，油で汚れている試料は実験には不都合であるといっている。このことは正に，本章あるいは本書で取り上げていることにほかならない。

引用・参考文献

1） Kubashewski, O. and Hopkins, B. E.：Oxidation of Metals and Alloys, pp.168-173, Butterworths, London（1967）
2） Hauffe, K.：Oxidation of Metals, pp.431-439, Plenum Press, New York（1965）
3） Campbell, W. E. and Thomas, U. B.：Tarnish studies, the electrolytic reduction method for the analysis of films on metal surfaces, Seventy-sixth General Meeting at New York City（Sept. 12, 1939）, Trans. Electrochemical Soc., **76**, pp.303-328（1939）
4） Tamai, T. and Kominami, M.：Ellipsometric analysis for growth of contaminant films of contact surfaces, Trans. IEICE, **E70**, 4, pp.343-345（1987）
5） Tamai, T.：Ellipsometric analysis for growth of Ag_2S film and effect of oil film on corrosion resistance of Ag contact surface, IEEE Trans. Compon. Hybrids Manuf. Technol., **CHMT-12**, 1, pp.43-47（1989）
6） Azzam, R. H. and Bashara, N. M.：Ellipsometry and Polarization, North-Holland, Amsterdam, the Netherlands（1986）
7） Tamai, T.：Growth of oxides films on the surface of Cu contact and its effect on the contact resistance property, Electronics and Communication in Japan, part 2, **72**, 7, pp.87-93（1989）〔IEICE Trans., **J71-C**, 10, pp.1347-1354（1988）〕

8） Tompkins, H. G. and Irene, E. A., eds.：Handbook of Ellipsometry, Springer-Verlag, William Andrew（2005）

9） Palik, E. D.：Handbook of Optical Constants of Solids, Academic Press（1985）

10） 玉井輝雄，林　保，澤田誠二，中村　卓，大崎博志：銅接触面に生成する酸化被膜の成長と接触信頼性に対する加熱酸化の加速率，電子情報通信学会誌，**J79-C-II**，11，pp.537-545（1996）

11） 玉井輝雄：Cu の接触面に生ずる酸化被膜の成長とその接触抵抗に及ぼす影響―エリプソメトリを中心にした研究―，電子情報通信学会誌，**J71-C**，10，pp.1349-1354（1988）

12） Tamai, T. and Kuranaga, Y.：Acceleration factor for tarnish testing of silver contact surface, IEICE Trans. Electron., **78-C**, 9, pp.1273-1278（Sept. 1995）

13） Tamai, T. and Ohsaki, H.：Remarkable improvement in contact resistance property of the Ag-Pd alloy with oxide film by doping agents, 42th IEEE Holm Conf. Electrical Contacts, Chicago, pp.479-487（Sept. 1996）

14） 松村　弘，高橋政次：酸化被膜の接触抵抗について，電子通信学会雑誌，**45**，5，pp.613-616（1962）

15） Haque, C. A.：Combined mass spectrometric and Auger electron spectroscopic techniques for metal contacts, IEEE Trans. Parts, Hybrids, and Packaging, **PHP-9**, 1, pp.58-64（March 1973）

9. 接触面に対する湿度の影響

一般に種々のデバイスに用いられている電気接触部はプラスチックのハウジング内や金属筐体内に設けられ，リードスイッチや真空遮断器のように大気から接触部が隔離されているデバイス以外は，その表面はつねに大気に露出している。ここで重要なことは，大気には汚染気体とは別につねに湿度（H_2O）が含まれるということである。このことは電気的接触部に限ったことではなく，例えば半導体デバイスや種々の電子部品において信頼性問題を引き起こしている。すなわち，以下に説明するように湿度の上昇とともに部品などのハウジングを覆う吸着水膜は狭い空間に侵入し，ハウジングと電極の付近で電極を腐食させ，問題を引き起こす。しかし，大気中において使用されるすべてのものは，この問題から逃れることはできない。すでに2章で説明したように，おおむね相対湿度が60 %RHを超えると金属表面はその種類に関係なく数分子程度以上の水膜で覆われる。そのうえ，大気は天候によってその湿度を降雨時の100 %近くから非常に低い乾燥状態まで変化する。H_2O分子の表面への吸着の状態を**図9.1**に示す[1]。また，種々の金属表面に対する吸着したH_2O分子の相対湿度の変化について**図9.2**に示す[2,3]。相対湿度60 %RHを境にして吸着水膜の量が大きく変わる。この結果，60 %RH以下ではおもに気体（O_2）との反応による乾食現象となり，この湿度を超えるとH_2Oの吸着量は急増し酸化反応にH_2Oが関与するようになる。すなわち，湿食現象である。

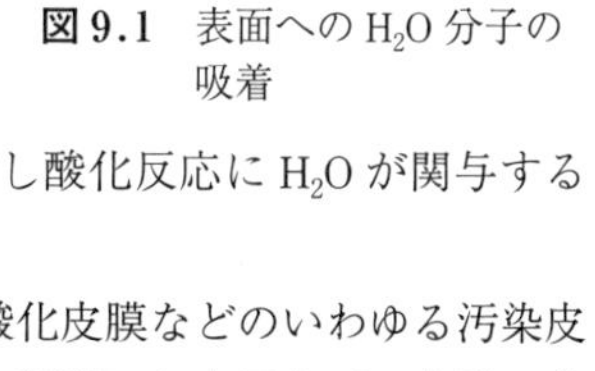

図9.1 表面へのH_2O分子の吸着

このような吸着水膜は金属表面に成長する酸化皮膜などのいわゆる汚染皮膜の成長や組成に影響する。すなわち，2章で説明した金属表面の皮膜の成長則は大気とは関係ない，大気と隔離された雰囲気内での一定成分の空気での話である。

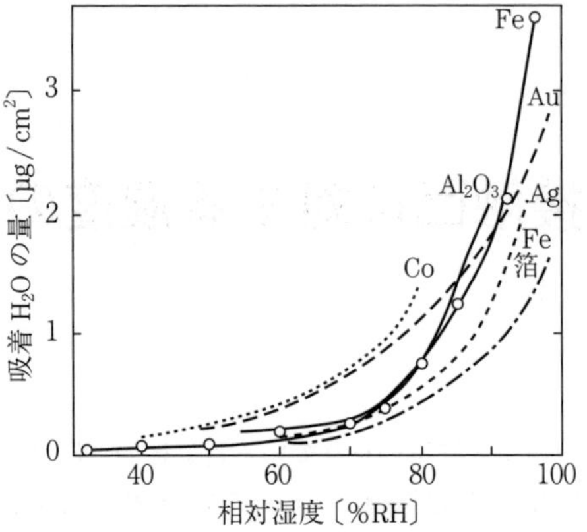

図 9.2　相対湿度に対する吸着 H_2O 分子の量

この観点から，ここでは，大気中の湿度が変化した場合，酸化皮膜の成長がどのように影響を受けるかということを銅（Cu）の表面に着目して取り上げた。

Cu はほかの貴金属系の接触部材料と比較して経済性，導電性，加工性などの諸点から広く接触部を含めた導電材料として用いられてきている。ここでは，ポリッシした鏡面の Cu を実験室内に放置し，放置時間に対して表面に生成する酸化皮膜の厚さをエリプソメトリで測定した。その結果は 2 章で取り上げ，図 2.22 に示した[4)]。このことは大変重要なことであるので，再度，**図 9.3** に示して説明する。温度はほぼ一定であるが，野外で雨が降ると 1 日遅れで室内の湿度が上がることを示している。ここで驚くべきことは，降雨で湿度が上昇すると酸化皮膜の厚さが薄くなることである。図 9.3 の時間経過に対して顕著に認められる。この図 9.3 に示した酸化被膜の厚さの変化は時間経過とともに湿度の変化とよく対応している。これらの値の関係，すなわち湿度の変化と接触抵抗の変化の相関関係を見ると**図 9.4**，すなわち図 2.23 に示したように，0.867 の高い相関係数で相関のあることがわかる[3)]。すなわち，湿度が上がると接触抵抗が下がるということである。

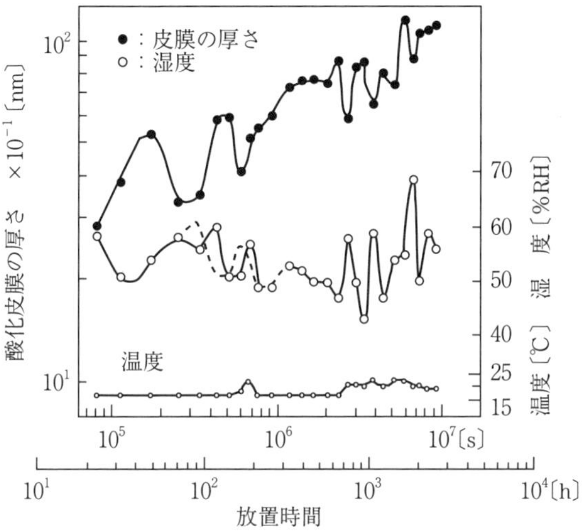

図 9.3　室内湿度雰囲気に放置した場合の酸化皮膜の厚さの変化

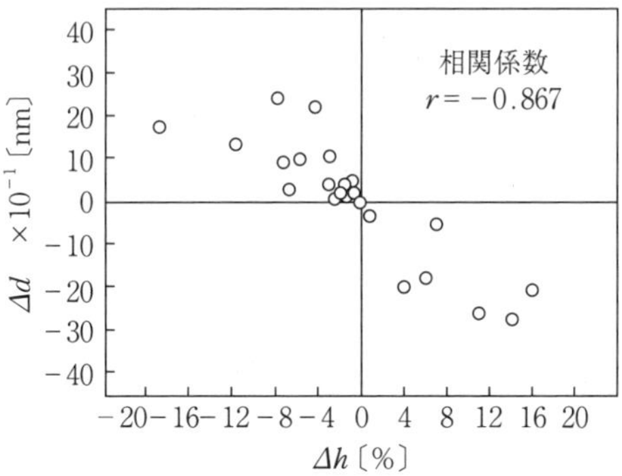

図 9.4　湿度の変化（Δh）と皮膜の変化（Δd）の間の相関係数

9.1　表面に作用する吸着水膜

はじめに，湿度が上昇すると酸化皮膜の厚さが薄くなることが見いだされたわけであるが，このメカニズムがなんであるか考えてみる。**図 9.5** に示すよ

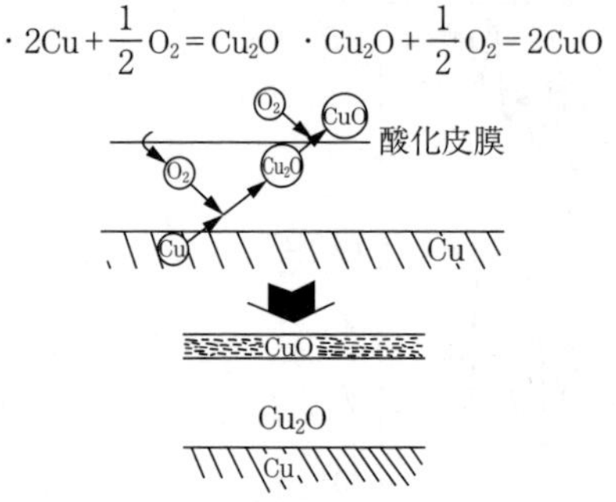

図 9.5　乾食状態における Cu の酸化皮膜の成長モデル

うに，Cu 表面に大気中の酸素が吸着すると Cu_2O が生じる。さらに，生成した Cu_2O 皮膜に大気中の酸素が吸着すると，皮膜の厚さの増加に伴い Cu イオンや O_2 の皮膜中への拡散が難しくなり，皮膜の組成は CuO となる。この場合，大気中の湿度が 100 %RH であるとすると，図 9.2 に示した湿度と H_2O の吸着量の関係から，H_2O は 20 nm の厚さの水膜を形成する。通常の室内の湿度である 60 %RH では 10 nm となる。これは表面の腐食の点からは湿食である。この状態での Cu_2O で覆われた Cu 表面近傍の断面モデルは，**図 9.6** に示すように，Cu_2O 層には亀裂が存在する[4)]。これは上述したように，下地の Cu は完全な単結晶ではなく，結晶性の不十分な多結晶でその方位はランダムであるので，生成皮膜の結晶方位もランダムで，Cu_2O が厚くなるほどひずみが多く入り，亀裂が生じることが容易に想像される。したがって，下地の Cu のごく一部は大気に露出し，同様に中間層の Cu_2O も同様に大気に露出する。この結果，表面層には多数の欠陥部が存在し，局部電池の陽極と陰極が存在することになる。さらに，酸素のイオン半径は 0.28 ～ 0.4 程度であって，これに対して H_2O のイオン半径は 0.19 ～ 0.22 である。したがって，H_2O のイオン径は O_2 のほぼ半分であるので，

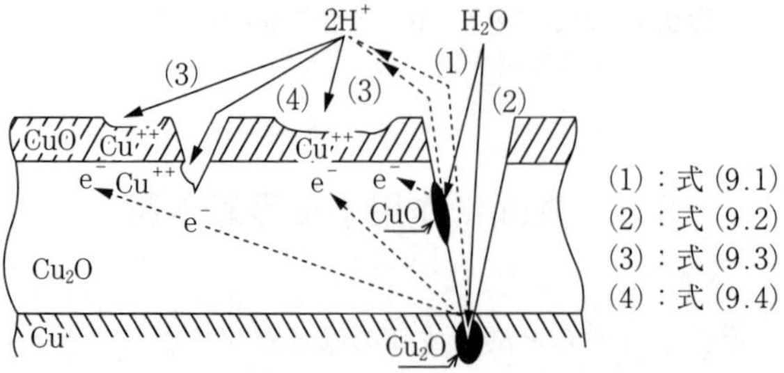

図 9.6　吸着水膜によって引き起こされる酸化皮膜の還元モデル

H_2O は O_2 よりも容易に皮膜中を拡散することができる。それゆえ H_2O は表面層に亀裂のあるなしにかかわらず Cu と反応することになる。H_2O と Cu_2O とが反応すると次式で示されるように局部的に CuO と H^+ が発生する。同時に Cu が H_2O と反応して Cu_2O と H^+ を生じる[4]。

$$Cu_2O + H_2O \longrightarrow 2CuO + 2H^+ + 2e^- \tag{9.1}$$

$$2Cu + H_2O \longrightarrow Cu_2O + 2H^+ + 2e^- \tag{9.2}$$

これらの反応過程で H^+ が生じる。この発生した H^+ が層状の酸化皮膜を次式によって還元することになり，膜厚は減少する。

$$CuO + 2H^+ \longrightarrow Cu^{++} + H_2O \tag{9.3}$$

$$Cu_2O + 2H^+ \longrightarrow 2\,Cu^{++} + H_2O + 2e^- \tag{9.4}$$

さらに，発生した H^+ は局部電池の陰極で電子を受け取り H_2 になる。また，発生した H_2 は表面で直接 CuO を還元する。これらの過程は次式で示される。

$$2H^+ + 2e^- \longrightarrow H_2 \tag{9.5}$$

$$CuO + H_2 \longrightarrow Cu + H_2O \tag{9.6}$$

すなわち，吸着 H_2O は Cu_2O と CuO を還元しその厚さを減少していく。しかし，もし長時間にわたり高湿度中に Cu 表面やそれを覆う酸化皮膜がさらされていると，Cu^{++} が O_2 と反応して酸化物層を成長させる。結果として接触抵抗を増加させ，接触不良へと進む。

9.2 清浄な Cu 面の酸化物の成長に及ぼす湿度の影響

湿度を一定の 100 %RH，49-57 %RH，50-70 %RH の 3 水準にコントロールしたチャンバに清浄な Cu 試料を放置したり，取り出したりして，その Cu 表面をエリプソメトリで測定し，酸化皮膜の成長と減少を調べた結果を**図 9.7** に示す[5]。図の領域 I の湿度 100 %RH に清浄な Cu 面を 100 分ほど放置すると，酸化皮膜は緩やかに成長する。ついで，領域Ⅱの上述 2 水準の低い湿度レベルの雰囲気に移すと，酸化皮膜の厚さは急激に増加する。その後，領域Ⅲの湿度 100 %RH に切り替えると，皮膜の厚さは大きく減少する。再び領域Ⅳで

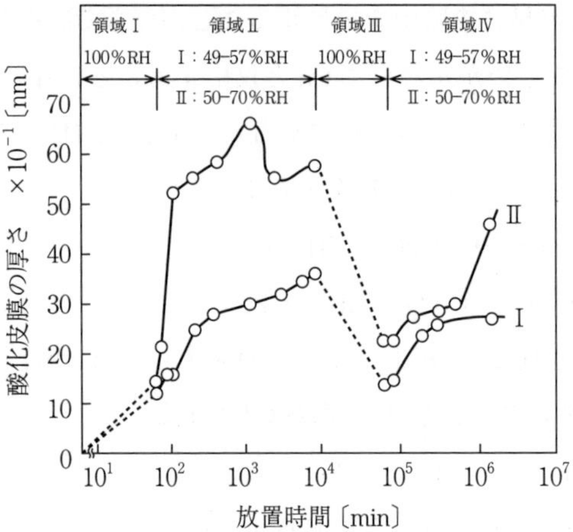

図 9.7　清浄な Cu 表面に対する湿度サイクルの影響

低湿度雰囲気に試料を移すと，皮膜は緩やかに成長し始める。すなわち，成長した皮膜は高湿度中でその厚さが減少し，低湿度中で皮膜は成長する。湿度の高低のサイクルで $CuO+Cu_2O$ 皮膜は成長と減少を繰り返すことがわかる。

9.3　酸化皮膜の表面への H_2O の影響

9.2 節では清浄面の Cu と酸化皮膜で覆われた Cu への H_2O の作用を述べた。そこで，ここでは $CuO+Cu_2O$ 皮膜に対する H_2O の作用をさらに詳しく取り上げる。Cu 清浄面を電気炉で加熱酸化した試料を 100 %RH の高湿度雰囲気にさらし，60 分後に 50 %RH の低湿度雰囲気に出すということを繰り返し，その場合の酸化皮膜の厚さの変化をエリプソメトリで測定した結果を**図 9.8** に示す[5)]。図に示す特性のように初め 70 nm の厚さの Cu の酸化皮膜は 100 %RH の高湿度雰囲気中で 67 nm の厚さに減少した。ここで，この試料を 50 %RH の低湿度雰囲気に出すと皮膜の厚さは放置時間とともに順次増加し 600 分ぐらいで初期の 70 nm を超えて 73 nm に達している。ここで，再び高湿度雰囲気にさらすと 69 nm に減少する。このサイクルを繰り返しながら徐々に皮膜の

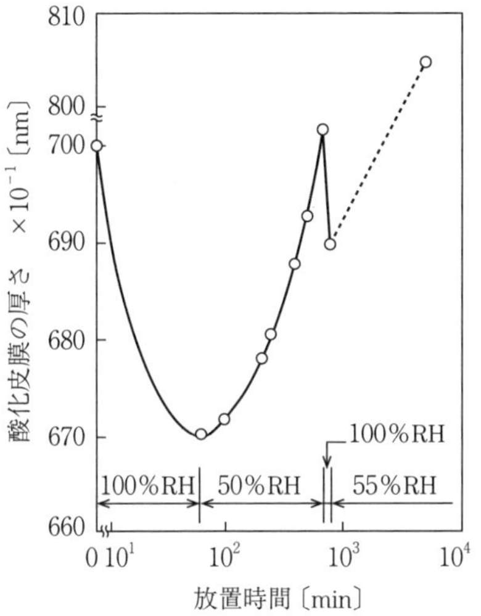

図 9.8　酸化皮膜の厚さに対する温度サイクルの影響

厚さが増加することが見て取れる。すなわち，酸化皮膜は H_2O の吸着によりその厚さが減少する。

9.4　STM 像がとらえる Cu 表面の H_2O 吸着による変化

清浄な表面を湿度のある大気中へ放置した場合の時間変化に対する STM（走査トンネル電子顕微鏡）像の変化を**図 9.9** に示す[5]。図 9.9（1）はポリッシし洗浄直後の Cu 面で平坦な状態を示している。これを室内に 24 時間ほど放置すると図 9.9（2）のように 2～3 nm の凹凸の変化が認められる。図 9.9（3）はさらにこれを 48 時間放置したあとの表面状態を示し 3 nm の変化である。その後 286 時間放置した面の像が図 9.9（4）であり，皮膜の厚さは 4.5～5.0 nm である。この表面を 100 %RH の高湿度雰囲気中に 1 時間放置した表面が図 9.9（5）である。かなりの凹凸が認められ，皮膜の厚さは 3.5～4.0 nm に減少している。さらに，この表面の 100 %RH 雰囲気にさらすことを続けると，図 9.9（6）のように表面の粗さが増大している。しかし，湿食によって皮膜の厚さは 5 nm に増加し始めている。その後，大気中の低湿度雰囲

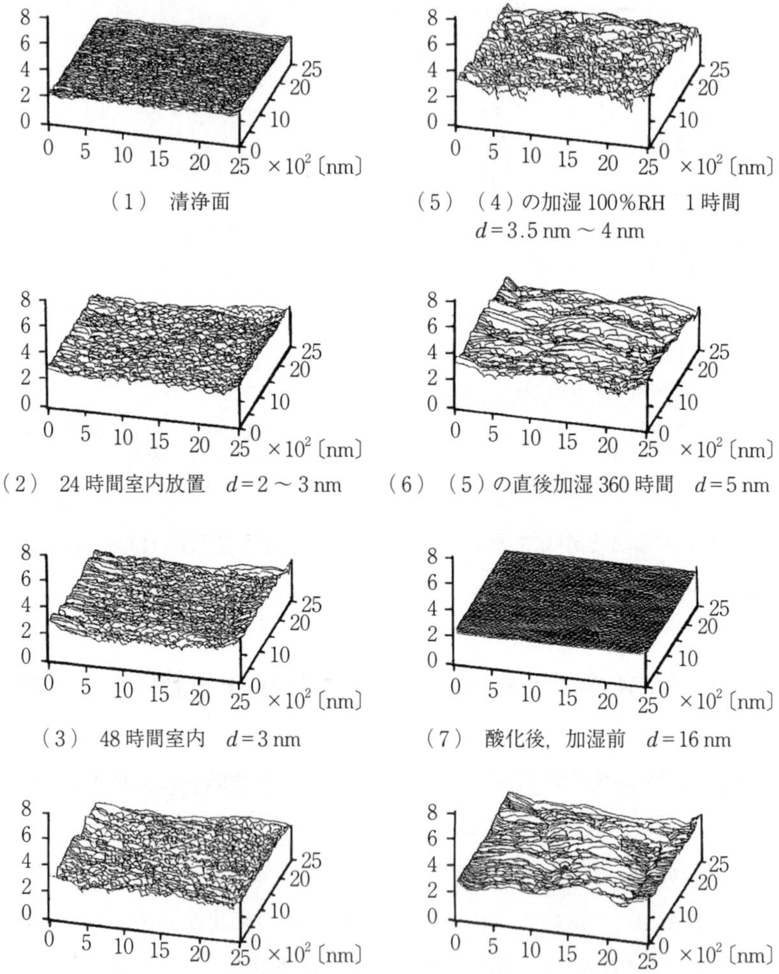

（1）　清浄面

（2）　24 時間室内放置　$d = 2 \sim 3$ nm

（3）　48 時間室内　$d = 3$ nm

（4）　286 時間室内　$d = 4.5 \sim 5.0$ nm

（5）　（4）の加湿 100%RH　1 時間　$d = 3.5$ nm ～ 4 nm

（6）　（5）の直後加湿 360 時間　$d = 5$ nm

（7）　酸化後，加湿前　$d = 16$ nm

（8）　（7）の除湿　$d = 14$ nm

図 9.9　加湿と除湿による清浄面と酸化面の STM 像

気に戻した表面は皮膜の厚さが 16 nm であった。図 9.9（7）に示すように，著しく滑らかに平坦に変化している。これは酸化皮膜の成長が促進し，厚さが増大しトンネル電流が流れなくなったためである。これを 100 %RH の高湿度雰囲気に再び戻すと皮膜の厚さは 16 nm に減少し，トンネル電流をとらえ，大きくうねった表面粗さが認められる〔図 9.9（8）〕。

以上のように，加湿後の表面の STM 像は著しく荒れて見える。これは仕事関数の表面分布が不均一で，上述した H_2O 分子の吸着によって引き起こされる還元などの化学反応によるものであると考えられる。

9.5　静止接触抵抗や摺動接触抵抗に及ぼす加湿の影響

ここでは，以上で説明した表面に対する加湿と除湿の影響が静止接触や摺動接触の接触抵抗にどのように影響するかを取り上げる。

加湿と除湿による静止接触抵抗の変化を放置時間に対して**図 9.10** に示す[5),6)]。この図では 5 水準の接触荷重に対して示されている。初期の皮膜の厚さは 175 nm で，接触形態は Cu 平面試料と半球面の Cu プローブである。1 mA 通電の 4 端子法での測定である。この図から，加湿直後には酸化皮膜の厚さの減少に起因して接触抵抗の急減が認められる。その後，100 分に除湿し大気中に放置すると，抵抗値が増大する。例えば，接触荷重が 5×10^{-1} gf の場合を例に取ると，加湿によって，皮膜の厚さが初期レベルから 5.8 nm に減少し，接触抵抗は 1/100 Ω に減少している。さらに，加湿後はそのメカニズムを上述したように皮膜の組織が粗となるため皮膜の機械的脆弱が生じ，接触抵抗の低下に荷重依存性が認められる。さらに，加湿後はただちに接触抵抗が減少するが，これは膜厚の減少とともに，加湿によって生じた Cu^{++} に起因する皮膜の抵抗率の低下や上述の皮膜の脆弱性に依存しているためであると考えられる。

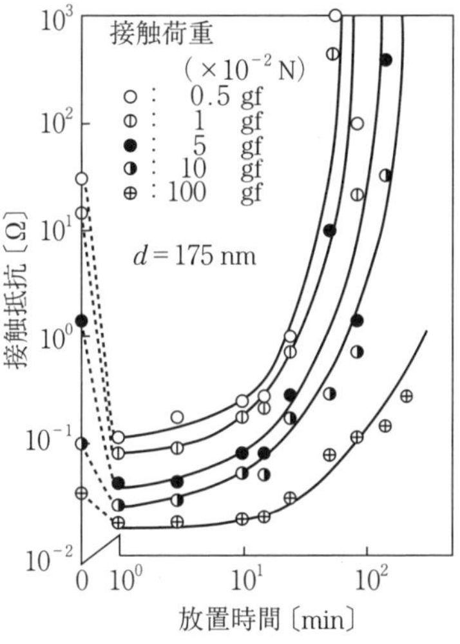

図 9.10　除湿前後の静止接触抵抗の変化

つぎに，摺動接触の場合，湿度の接触抵抗に対する影響を 3 水準の荷重（1,

2, 5 gf）の変化に対してまとめると**図 9.11** に示すようになる。これは除湿後の時間経過に対する摺動接触抵抗変化を示したものである。すなわち，図のように低荷重の 1 gf（10^{-2} N）〔図 9.11（1）〕で接触抵抗の変化に対する湿度の影響が顕著に認められる。これに対して荷重の増加とともに接触抵抗の変化は低くなり，図 9.11（3）（5 gf）に示されているように，湿度の影響は見られなくなる。つぎに，湿度の影響を，湿度の影響が顕著に出る低下中の図 9.11（1）（1 gf, 10^{-2} N）で見ると，接触抵抗は加湿前では図 9.11（1）（a）で多少の変動が認められるが，加湿後に除湿すると図（b）に示すようにほとんど

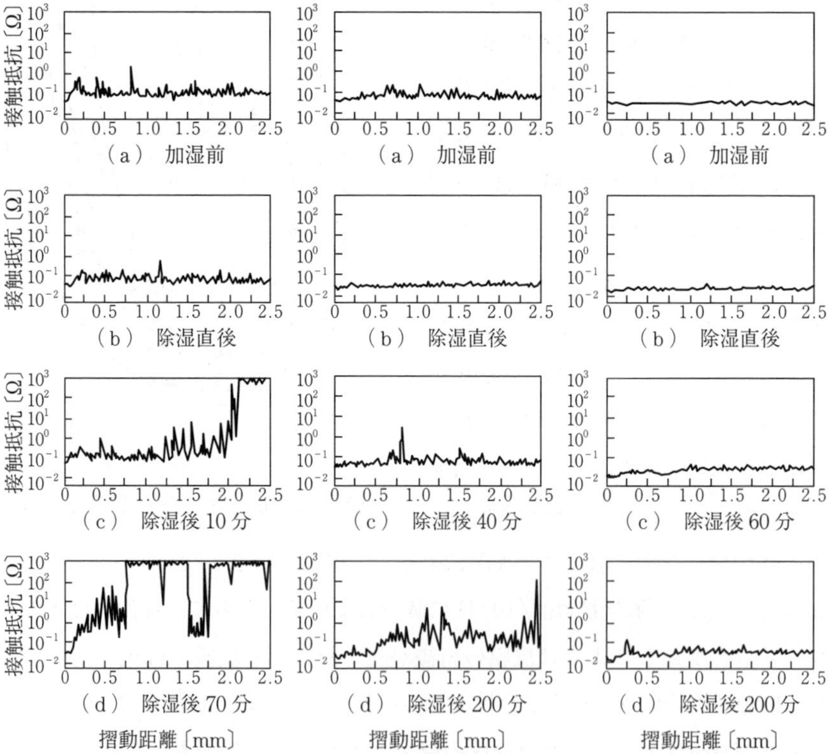

（1） 接触荷重（1 gf）　（2） 接触荷重（2 gf）　（3） 接触荷重（5 gf）

初期の酸化皮膜の厚さ $d=180$ nm　加湿：100%RH，1 時間

図 9.11　1 時間加湿後からの除湿における経過時間に対する摺動接触抵抗の変化

接触抵抗の変動はなくなりなめらかとなる。その後，40 分経つと接触抵抗の揺らぎが現れ，200 分後では接触抵抗の変動は著しく増大する。加湿して接触抵抗の変化は減少するが，除湿するとしだいに接触増加する。この傾向は 1 gf（10^{-2} N）の低荷重で顕著となり，70 分の摺動で 1 000 Ω 以上の高抵抗となる。加湿以前では 0.1 Ω オーダーの抵抗変化が存在し，除湿直後ではこの変動は 1/10 程度に減少するが，その後は時間経過とともに徐々に高抵抗の変動に移行していく。

以上のように，電気接触に関係する表面が大気中で扱われる限り，大気中の H_2O 分子の吸着は免れない。相対湿度が 60 % を超えると表面は吸着水膜で，水に浸けたように水膜が厚く吸着する。結果として，H_2O が表面や生成している酸化物皮膜を還元し，その厚さを減少させ接触抵抗を一時的に下げるが，放置時間が長くなると皮膜は成長し接触抵抗を高める。さらに，加湿によって一時的に減少し，接触抵抗が低下した表面を除湿すると皮膜はさらに成長して，接触抵抗を高める。

9.6 ま と め

金属の表面はたいへん不安定で，表面と大気の外部空間との界面で，相手に対してダングリングボンドのようにエネルギー的に作用し，ほかの分子などを引きつける。すでに前章までで説明したように，通常は，金属表面は大気に接しているが，その大気は不特定で不安定であって，例えば天候によって湿度が変化する。これに伴い表面に吸着する水膜の状態は複雑に変化し，湿度が高くなると水に浸したような状態となる。この結果，生成する酸化皮膜などの汚染皮膜は著しく影響を受ける。結果として，接触抵抗特性に強く影響を与え，接触の信頼性も劣化することになる。

引用・参考文献

1）Tomono, A., Aoki, T., and Umemura, S.：The effects of H_2 gas and H_2O gas on contact resistance characteristics of noble metals, IEICE Tech. Rep., **EMC79-11** (June 1979)

2) Ailor, W. H., ed.：Atmospheric Corrosion, Wiley International, New York (1982)

3) 石川雄一：電子材料としての銀の腐食挙動と硫黄ガスによる腐食の特性，腐食防食協会腐食センターニュース，No.044 (2007年12月1日)

4) Tamai, T.：Effect of humidity on growth of oxide film on surface of copper contacts, IEICE Trans. Electron., **E90-C**, 7, pp.1391-1397 (July 2007)

5) Tamai, T. and Kawano, T.：Significant decrease in thickness of contaminant films and contact resistance by humidification, IEICE Trans. Electron., **E77-C**, 10, pp.1614-1620 (Oct. 1994)

6) Kawano, T. and Tamai, T.：Effect of H_2O on oxidation of Cu contact surface, J. Robotics and Mechatronics, **5**, 3, pp.283-291 (1993)

10. 低温下の接触抵抗特性

通電による温度の上昇に伴う真の接触面の変化とその接触抵抗への影響については５章で取り上げた。接触部の応用や工業的に見て，接触部の置かれる環境は低温から極低温まで広範囲に及ぶ。また，学問的に見ても温度特性は興味あるところである。極低温の典型的な応用としてはジョセフソン素子への応用，超電導コイルなど多岐にわたる[1),2)]。また，高温から低温までの広範な温度にさらされる接触部品は広い範囲に移動する自動車用接触部である。このような広範囲の温度に対して，電気接触部はその影響を直接受ける。すなわち，接触抵抗特性の基本パラメータは抵抗率 ρ であって，これまでにも触れたように，接触抵抗は温度の関数 $\rho(\theta)$ なので直接的に温度の影響を受ける。

そこでここでは，５章の高温環境の内容とは逆に，温度を下げた場合の接触面の変化と接触抵抗への影響を取り上げる[3),4)]。接触部の低温特性の研究から接触抵抗の発生メカニズムに関する重大な発見がなされ，接触技術に大きな一石を投じ，今日の接触抵抗の概念が確立された。すなわち，接触抵抗は集中抵抗と皮膜抵抗の和であるという論理を確立したのがホルムである[5)]。ホルムはジーメンス時代に超電導状態の磁気効果の研究に関するマイスナー効果の発見者マイスナー（Meissner）と組んで，電気接触部を冷やすことを試みた[6)~9)]。接触部材料に種々の金属を用いたが，最終的には超電導体を用いて液体ヘリウム温度まで冷やすことを行った。最初の目的は極低温における金属の硬度の変化を調べることにあったが，これは取りもなおさず集中抵抗の解明につながる問題である。このことにより，接触抵抗特性は温度の低下に強く影響を受けることを解明したのと同時に，接触抵抗のメカニズムを見事に確立したのである。

10.1　低温下における集中抵抗の特性

集中抵抗は $\rho/2a$ で与えられるので，超電導状態が生じると，抵抗率 ρ は $\rho=0$ となり，集中抵抗は存在しなくなる。一般に，金属表面は酸化物などの皮膜で覆われているので，真の接触部の境界部にこの皮膜が存在していれば，酸化皮膜は超電導体ではないので，超電導は起こらず抵抗がそのまま発生する。その結果，金属集中部が超電導となっても接触抵抗は 0 とはならず接触抵抗が現れる。これによって，接触抵抗 R_k は式 (10.1) のように集中抵抗 R_c と皮膜抵抗 R_f の和であるということが導かれた。

$$R_k = R_c + R_f = \frac{\rho}{2a} + \frac{\sigma}{\pi a^2} \tag{10.1}$$

超電導状態で $\rho=0$ となり，$R_k=R_f$ となる。σ は 86 ページ参照のこと。

超電導材でない金属ではどうかを考えてみる。超電導体であるか否かにかかわらず温度を下げていくと熱的な収縮が起こる。つまり，これによって接触部全体の形状が小さくなる。すなわち，真の接触面も同時に収縮してその半径 a が減少することになる。さらに，集中抵抗をつかさどる金属の抵抗率 ρ は正の温度係数を持っているので，温度の低下とともに低下することになる[10)]。ここで，集中抵抗 R_c は上式で示すように $\rho/2a$ であるので，温度の低下に伴って ρ が減少し，また同時に $2a$ が減少するので，双方の減少の程度が同じであれば集中抵抗に変化は出ない。ところが，現象の変化率 $\varDelta\rho$ が $\varDelta 2a$ より大きいと集中抵抗は減少する。しかしこの逆であれば，集中抵抗は意外にも増加することになる。そこで，双方の温度依存性を見ることとする。

抵抗率の温度依存性は式 (10.2) で示される。

$$\rho(\theta) = \rho_0 + \rho_t(\theta) \tag{10.2}$$

ここで，抵抗率の温度依存性 $\rho(\theta)$ は上式に示されているように二つの項から成り立つ。すなわち，$\rho_t(\theta)$ は金属の結晶格子の熱振動と励起した熱電子との相互作用による抵抗率の温度依存性を示す。温度が下がると熱振動が低下するので，抵抗率は低下する。ρ_0 は金属材料中の不純物に由来し，極低温度において $\rho_t(\theta)$ が著しく低くなると，潜在的に存在する不純物に由来する抵抗率 ρ_0 が現れてくる。この現象はマティーセン（Matthiessen）の法則と呼ばれている[11)]。さらに，第2項の $\rho_t(\theta)$ は式 (10.3) で表される。

$$\rho_t(\theta)=\rho(\theta_0)(1+\alpha\theta) \tag{10.3}$$

ここに，θ_0 は基準温度または室温，α は金属の抵抗率の温度係数で，$\alpha>0$ である。したがって，温度が下がると抵抗率は低下することになる。

つぎに，真の接触部の熱収縮について考える。平面と半球面の接触において，真の接触面の大きさ s は塑性変形下において荷重 W と硬さ H の比として，式 (10.4) のように与えられる。

$$s=\pi a_0^2=\frac{W}{\xi H} \tag{10.4}$$

ここに，a_0 は真の接触面を円形とした場合の半径，ξ は接触面へかかる荷重の分布の不均一性を補正する係数で $1/3<\xi<1$ である。

半球面と平面の接触モデルを**図 10.1** に示す。図において接触面 s が生じると，その分，図 10.1 に示すように平面がへこむ。このへこみの深さを k_0 とすると，式 (10.3) に式 (10.4) を代入して式 (10.5) で与えられる。

$$k_0=r_0-\left(r_0^{\,2}-a_0^2\right)^{1/2}\quad\left(r_0^{\,2}\geqq a_0^2\right) \tag{10.5}$$

ここに，r_0 は半球面の曲率半径である。

さらに，硬さと半球モデルとから硬さの関数で表すと，式 (10.6) を得る。

$$k_0=1-\left(1-\frac{W}{\pi H\xi r_0^{\,2}}\right)^{1/2} \tag{10.6}$$

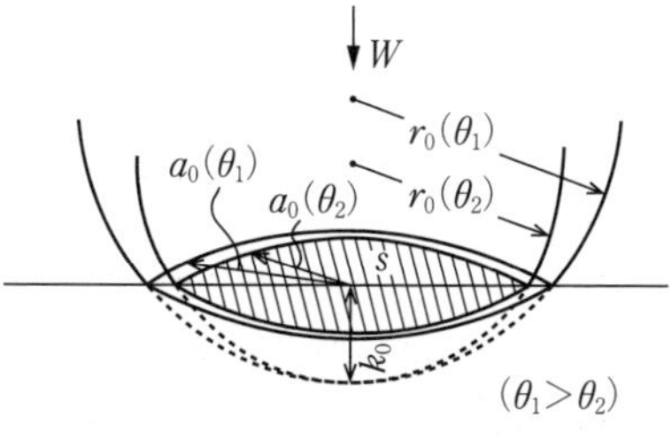

図 10.1　半球面の低温下での真の接触面の収縮モデル

ここで，式 (10.5) に式 (10.6) を代入すると

$$a_0=\left[r_0^{\,2}-\left\{r_0-\left(1-\sqrt{\frac{1-W}{\pi H\xi r_0^{\,2}}}\right)\right\}^2\right]^{1/2} \tag{10.7}$$

β を線膨張係数とすると，長さの温度低下による減少は $(1+\beta\theta)$ 倍すればよい。真の接触部の半径の温度低下による減少は式 (10.8) で与えられる。

$$a_0(\theta)=\left[\{r_0(1+\beta\theta)\}^2-\left[r_0(1+\beta\theta)-\left\{1-\sqrt{\frac{1-W}{\pi H\xi r_0^{\,2}(1+\beta\theta)^2}}\right\}\right]^2\right]^{1/2} \tag{10.8}$$

したがって，式 (10.1) で与えられる集中抵抗は，式 (10.3) と式 (10.8) から式 (10.9) で与えられる。

$$R_c(\theta)=\frac{\rho_0(1+\alpha\theta)}{2\left[\{r_0(1+\beta\theta)\}^2-\left[r_0(1+\beta\theta)-\sqrt{(1-W)/\pi H\xi r_0^{\,2}}\right]^2\right]^{1/2}} \tag{10.9}$$

具体的な電気接触部を考え，$W=1$ gf，$\beta=10^{-5}$ ℃，$H=50$ kg/mm^2 とするとへこみ k_0 は非常に小さくなるので，式 (10.9) は式 (10.10) のように表される。

$$R_c(\theta)\cong\frac{\rho_0(1+\alpha\theta)}{2\left[\{r_0(1+\beta\theta)\}^2-\left[r_0-\left\{1-\sqrt{(1-W)/\pi H\xi r_0^{\,2}}\right\}\right]^2\right]^{1/2}} \tag{10.10}$$

実際に測定される抵抗 $R_m(\theta)$ は集中抵抗 $R_c(\theta)$ に接触面の真下の母材金属の抵抗 $R_B(\theta)$ が加わるので，式 (10.11) のようになる。

$$R_m(\theta)=R_c(\theta)+R_B(\theta) \tag{10.11}$$

ここで，線膨張係数 β の低温度依存性が存在する。いま，Cu, Au, Zn, W および Nb に着目する。これらの線膨張係数 β の低温度依存性を**図 10.2** に示す[12)〜14)]。この特性から 0 ℃以下で線膨張係数 β は大きく減少することがわかる。またさらに，抵抗温度係数 α の温度依存性はその性質上ほかのパラメータより変化が少ないので一定とみなす。ここで，垂直荷重で生じるへこみ k_0 は，式 (10.5) を適用すると**図 10.3** に示すようになる。この値は妥当なものと思われる[16)]。そこで，Cu と Au を 4×10^{-4} ℃$^{-1}$，Zn に 3.7×10^{-3} ℃$^{-1}$，W に 5×10^{-3} ℃$^{-1}$，Nb に 3.34×10^{-3} ℃$^{-1}$ の各値を取る。これらの値を用いて式

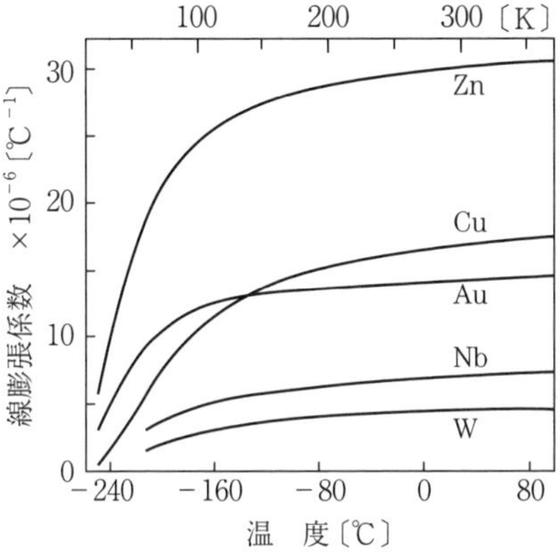

図 10.2 各材料の線膨張係数の低温度依存性

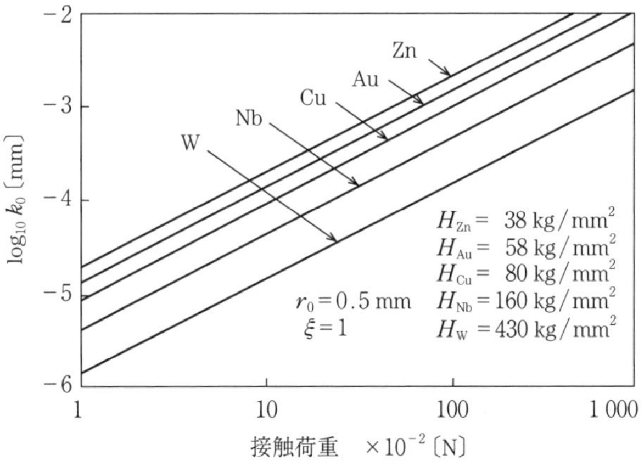

図 10.3 へこみの深さ k と荷重との関係

(10.10) から，この様子を平面と半球面の接触における実効集中抵抗の温度依存性を計算して，代表例として Cu と Nb についてそれぞれ**図 10.4** と**図 10.5** に示す。ここで実効集中抵抗とは，円形の真の接触面にその直下の厚みを考慮したものである。たいへん興味深い低温度特性が示された。この特性が示すように，温度の低下過程の特定の低温度で抵抗値が著しく上昇し，さらに温度を下げるとこの高抵抗が低下することである。この特性の意味するところは抵抗温度係数 α と線膨張係数 β との温度依存性が異なるためである。つまり，低温度下で真の接触面が抵抗値の減少よりも著しく収縮すると，集中抵抗はその

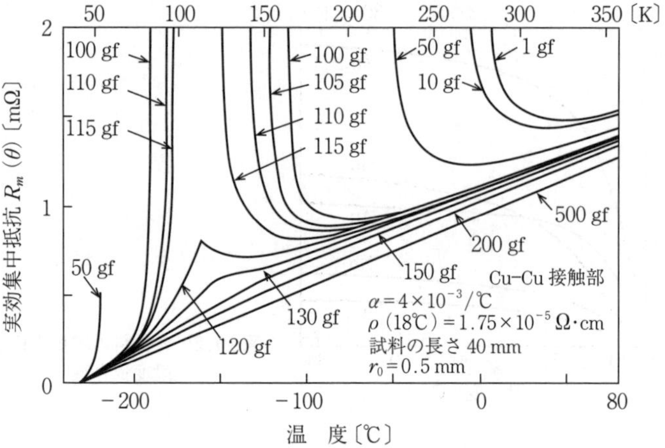

図 10.4　実効集中抵抗の低温度依存性（Cu-Cu 接触部）

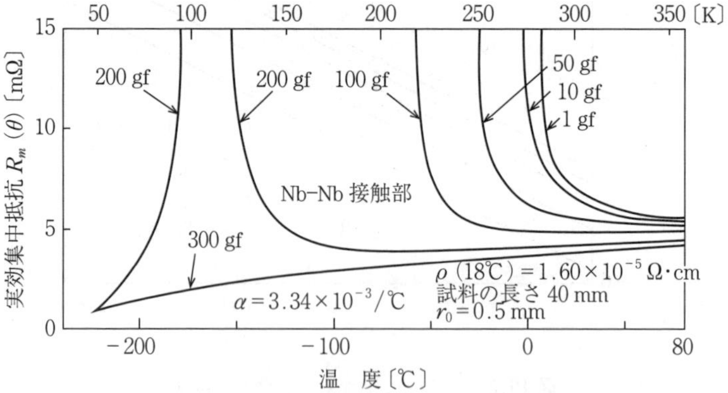

図 10.5　実効集中抵抗の低温度依存性（Nb-Nb 接触部）

分著しく増加することになる。この温度を過ぎて温度が下がると抵抗温度係数が効いてきて，集中抵抗が下がると理解される。温度の低下とともに一方の接触部である半球部が収縮し，その結果，真の接触面が減少する。この結果，集中抵抗はある特定の低温度を中心として無限大まで増加する。つまり，その温度で真の接触面が著しく減少することを意味している。すなわち，**図 10.6** に示すように，接触部は収縮する。すなわち，温度の低下に伴い低温度において，図 10.6 の（a）の場合は接触荷重なしの接触の半球部の断面，同じく低温度下で 110 gf の半球断面が（b），常温下では（c）で示すようになり，プローブ面の熱収縮で真の接触面がいかに減少するかがわかる。

さて，実際にこのような特異なことが起こるのか，接触部を液体ヘリウム温度まで冷却することを試みた。接触部を冷却するために二重構造のクライオスタットを用いた[15]。その構図を**図 10.7**（a）に示す。外側の容器には液体窒素を充てんし，内部のクライオスタットには液体ヘリウムを導入した。接触部の形状は，図 11.7（b）に示すように 1 mmϕ の線材の交差円筒とし，4 端子法で接触抵抗を測定した。測定した低温度の変化における接触抵抗の変化の測定結果は**図 10.8** に示すとおりで，接触抵抗は温度の低下とともに一定の傾斜で低下し最

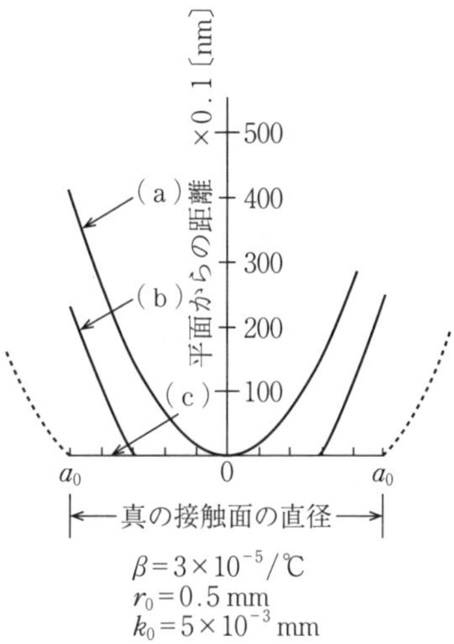

図 10.6　平面と半球面の接触において，低温下で半球の曲率半径の収縮によって真の接触面の周辺部の分離する様子

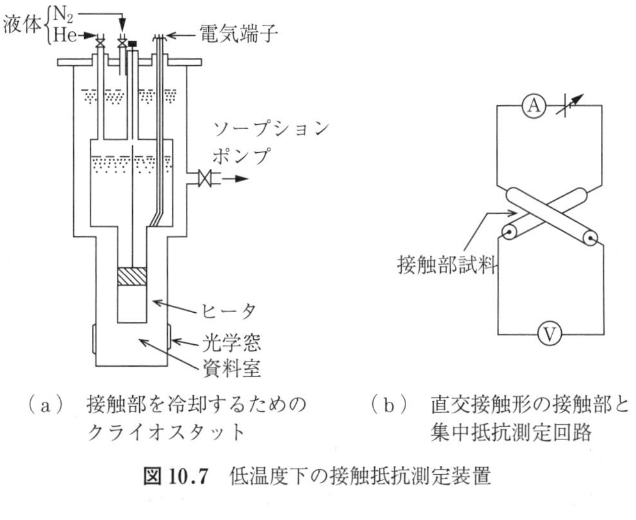

（a）　接触部を冷却するためのクライオスタット　　（b）　直交接触形の接触部と集中抵抗測定回路

図 10.7　低温度下の接触抵抗測定装置

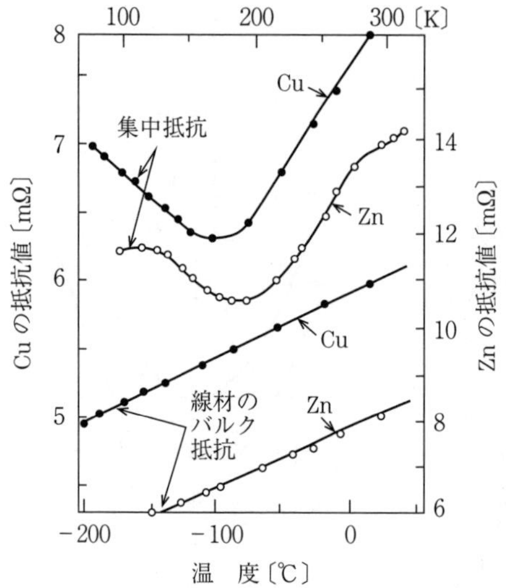

図 10.8　典型的な集中抵抗の低温度特性と線材の抵抗の低温度特性

低値（極地）を示したのち，一定の傾斜で上昇することが特徴的である。これに対して，接触部の代わりに比較のために用いた単なる線材では，図 10.8 に示すように一定の傾斜で温度の低下とともに減少することを示していること，図 10.4 や図 10.5 に示した計算結果ほど顕著でないが，特定の温度より低くなると集中抵抗値が上昇することがわかる。ここでさらに，接触部に超電導材の Nb を用いてみた。**図 10.9** に示すように，温度の低下とともに接触抵抗は一定の傾斜で低下し，−200 ℃あたりから急減少し，極値を迎え，それを過ぎると一定の傾斜で上昇し，一定値を示す。ここの値はマティーセンの法則による不純物抵抗による値である。その後，温度の低下とともに突然に抵抗値は急減少して 0 に向かう。すなわち，超電導状態となり集中抵抗は 0 となる。すなわち，集中抵抗の変化は図 10.9 に示すようになり，温度の低下する方向で集中抵抗の最小値が存在する。しかし，温度の上昇方向では超電導が破壊したあとは一定の傾向で上昇する。つまり，集中抵抗は温度変化に対してヒステリシスが存在する。また，極低温ではマティーセンの法則が示す温度依存性のない一定の抵抗値が認められることが特徴的である。ここでさらに，一般の市販の Au めっき接触部を持つコネクタを極低温にさらすと**図 10.10** に示す特性となる。この場合も，抵抗値が最小となる現象が認められる。最小集中抵抗値が生じる温度をまとめて**表 10.1** に示す。

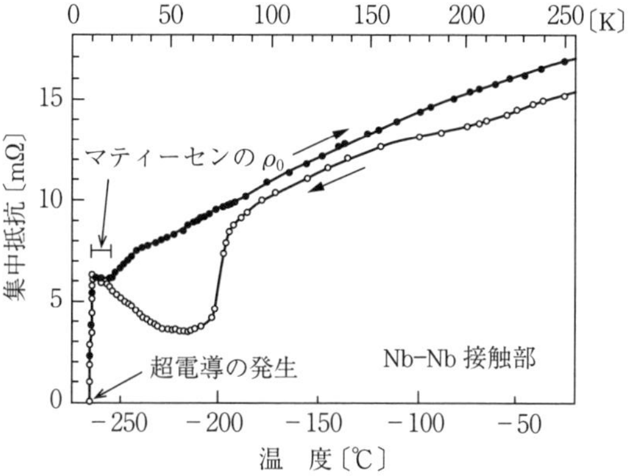

図 10.9　Nb 接触部の低温度特性

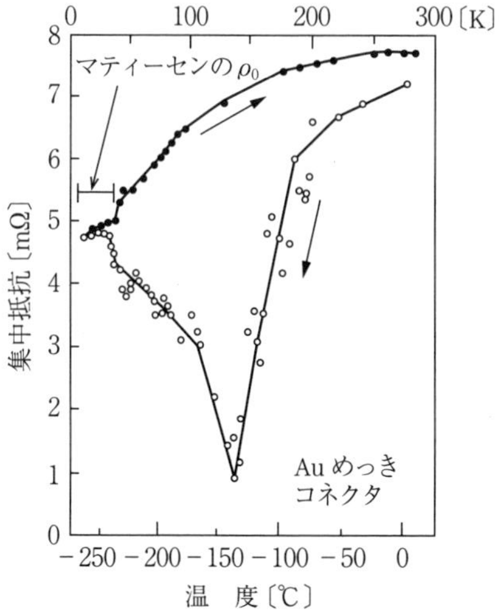

図 10.10　実際のコネクタの接触抵抗の低温度特性

表 10.1　最小集中抵抗を与える温度

接触部試料	温　度〔℃〕
Cu-Cu	−100
Zn-Zn	− 80
W-W	?
Au-Au	−100 ?
Nb-Nb	−210
Au めっきコネクタ	−140

10.2　超電導を応用した真の接触面積の評価

接触境界面は直接的に観察することが不可能である。しかし，超電導現象を応用することで真の接触面積を評価することができる[16)]。Nb などの線材を直交接触させて接触部を作り，これを上述した Nb の線材を直交させてクライオスタットを用いた方法でていねいに注意深く液体ヘリウム温度まで下げると超電導状態となり，集中抵抗が消える。その状態から接触部へ外部から電流を流していくと，導体の外側や真の接触面の外周部に磁界が生じる。この電流を順次大きくしていくと，超電導から常電導に変わる臨界磁界に到達し，超電導が破壊して常電導が生じる。その結果，抵抗率 ρ が現れて集中抵抗が生じ，外部回路に接触部の電圧降下が現れる。このときの電流値から磁界の大きさが計算でき，接触部材料の臨界磁界の大きさをあらかじめ知っておけば，この電流値と磁界の大きさとから真の接触部の面積が求まるわけである。以下に詳しく説明する。

超電導が消滅する臨界磁界と超電導が消滅する臨界温度との間には式(10.12) の関係がある。

$$H_c = H_0\left\{1-\left(\frac{T}{T_c}\right)^2\right\} \tag{10.12}$$

ここに，H_0 は 0 K での臨界磁界，T_c は超電導が現れる臨界温度，T は周囲温度である。

臨界磁界 H_0 と臨界温度 T_c を式 (10.12) に代入すると，任意の温度での臨界磁界 H_c を求めることができる。

超電導状態にある導電体に電流を流すと，発生する自己磁界があるレベルを超えると超電導状態は破壊して常電導状態に戻る。真の接触部を**図 10.11** に示すような薄い円板状と仮定する。円板の中心を垂直方向へ電流が流れると考えると，半径 r の閉ループ c に沿って磁界が生じるので，式 (10.13) が成立する。

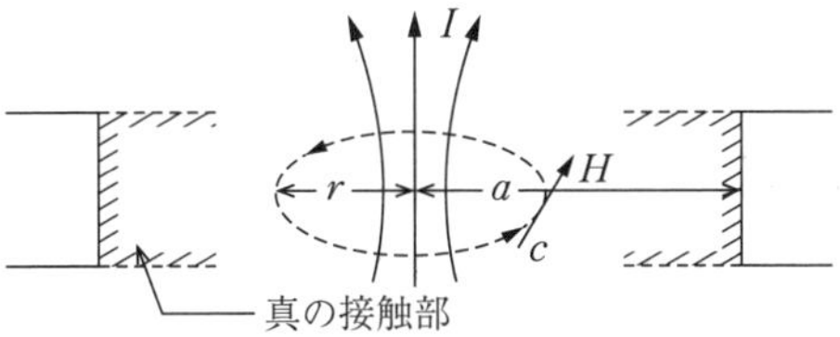

図 10.11　真の接触部での垂直方向への通電で生じる磁界

$$\oint_C H \cdot ds = 2\pi r H \tag{10.13}$$

閉ループの中の電流はループで囲まれた面積に比例するので，電流は全電流の r^2/a^2 倍となる。したがって，磁界 H は式 (10.13) から式 (10.14) で与えられる。

$$2\pi r H = I\frac{r^2}{a^2} \tag{10.14}$$

$$H = \frac{I}{2\pi}\cdot\frac{r}{a^2} \quad (r<a) \tag{10.15}$$

さらに，接触部の外側の磁界は式 (10.14) から式 (10.16) で与えられる。

$$2\pi r H = I \tag{10.16}$$

$$H = \frac{I}{2\pi r} \tag{10.17}$$

かくして，式 (10.15) と式 (10.17) から真の接触境界面における磁界はその半径に比例し，接触境界面の外側の磁界は半径 r に反比例することがわかる。さらに，式 (10.15) と式 (10.17) とから磁界の大きさは真の接触境界部で最大となることがわかる。したがって，電流が増加すると超電導の破壊は真の接触面の円周上で生じる。電流の増加とともに常電導は中心部から同心円的に広がることがわかる。最後に，常電導領域の真の全接触面は中心部を残して全面に広がる。

式 (10.15) に $r=a$ を代入すると，真の接触面の半径は式 (10.18) のように与えられる。

$$a=\frac{1}{2\pi H}\cdot l \tag{10.18}$$

式（10.18）に $H=H_c$，$I=I_s$ を代入すると，真の接触面積を得ることができる。

Nb 接触部を真空中で注意深く冷却して，超電導が生じた状態で電流を流して増加させたときの接触部の電圧降下を測定し，電圧–電流特性をまとめると**図 10.12** に示す特性となる。図 10.12 には右縦軸に集中抵抗を示してある。図から電流値 I_s で電圧降下が生じ，集中抵抗が生じているので，この電流の作る磁界で超電導が破壊して常電導となったことがわかる。また，真の接触円の周辺で超電導が発生し，電流の増加とともに順次に円の中心部に進展していく。

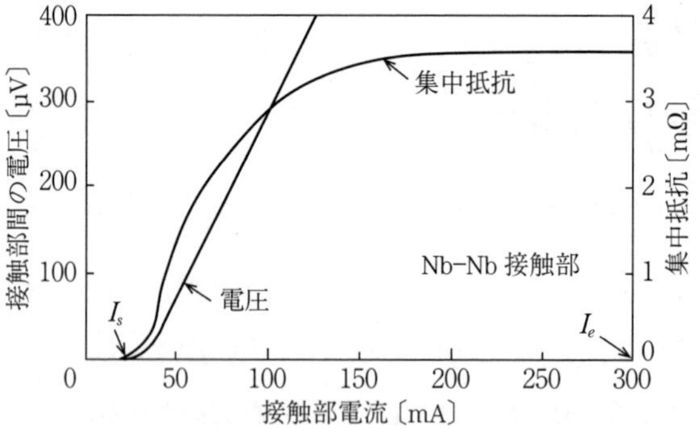

図 10.12　超電導状態の集中抵抗の電流依存性（磁界による電導の破壊）

ここで，式（10.18）で真の接触面を求めるとつぎのようになる。図 10.12 において超電導破壊電流は $I_s=0.025$ A で，Nb の臨界温度は 9.2 K，臨界磁界は $H_0=1\,950$ Oe で測定中の温度は 9.15 K であった。9.15 K における磁界の強度 H（9.15 K）は式（10.12）から H（9.15 K）$=21.14$ Oe となる。これらの値を式（10.18）に代入すると真の接触面の半径が求まり，$a=2.37\times10^{-1}$ mm となる。ここで，この値を吟味するため塑性変形理論で検討した。すなわち，塑性変形の式（10.19）において

$$a = \left(\frac{W}{\pi H \xi}\right)^{1/2} \tag{10.19}$$

ここに，W は接触荷重，H は硬さ，ξ は $1/3<\xi<1$ である。

式 (10.19) に測定条件を代入する。$W=10$ gf，$\xi=1$, $H=160$ kg/mm^2 とすると，真の接触面積の半径 a は $a=4.46\times10^{-3}$ mm となる。この値は室温での硬さの値を用いているので，室温での真の接触面積の大きさである。極低温（液体ヘリウム温度）での Nb の硬さはホルムによる[7]と室温の硬さの 2 倍程度と見積もられるので，320 kg/mm^2 で，真の接触面の半径は $a=3.15\times10^{-3}$ mm となり，超電導破壊時から計算した値とよく一致しているといえる。

ここで注意しなければいけない点は，Nb は第 2 種の超電導体であることである。すなわち，この超電導体は超電導状態部分で超電導部分と常電導部分とが混合した混合状態が発生することである。この混合状態の電流の増加による減少を**図 10.13** に示す。電流が 0.025 A ではじめに集中抵抗が現れる。このときの面積は a_s に対応する。電流が増加すると，マクロ的に見て多くの超電導部分が残留する領域の半径は半径 a_e まで減少する。すなわち，多くの常電導部分を含有する部分（図 10.13 に示す接触円の斜線部分）は中心に向かって増加する。図 10.12 に示したように集中抵抗があるレベルで飽和しても，超電導領域は中心部分に残る。このとき，中心部分の半径は全半径の 91.7 %で，面積に対して 99.3 %である。

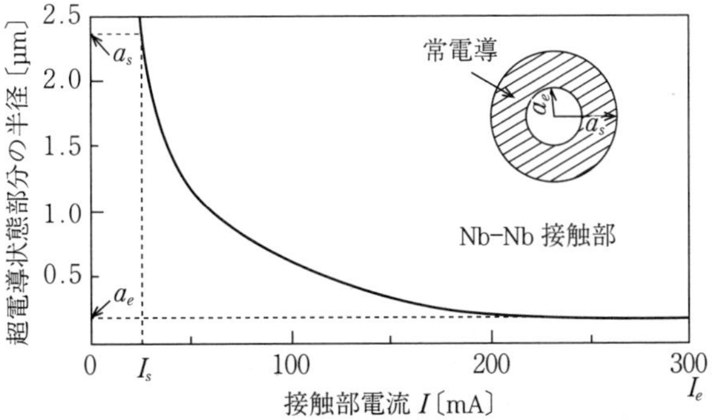

図 10.13　接触部で生じた超電導の電流による巨視的な破壊の進行

すなわち，残留超電導部分が中心部に残留したとしても，集中抵抗は現れる。接触境界部における電流集中は中心部よりも周辺部を通して流れるので，電流分布は中心部分より周辺部の常電導部分のほうが多くなる。

さらに，真の接触面は集中抵抗 R_c の抵抗率 ρ 比（$a=\rho/R_c$）で示される。しかし，9.15 K における ρ の値が明らかでない。マティーセンの法則から ρ は 10^4 ～ 10^5 倍となるであろう。

10.3　ま　と　め

電気接触部の温度を下げ，冷却する場合の接触抵抗の一部をつかさどる集中抵抗の低温度特性を解説した。集中抵抗の局部的な低下とその上昇が生じる特異な現象を説明し，その発生とその原因について詳述した。電気接触部の工業的な応用を見渡すと極低温での応用のほかに，種々の場面で低温度にさらされる場合がある。さらに加えて，超電導状態から真の接触面の大きさが求められることを示し，その方法を解説した。

引用・参考文献

1）Special issue on applications of superconductivity, Proc. IEEE, **61**, pp.1-144（1973）

2）Lahiri, S. K., et al.：Packaging technology for Josephson integrated circuits, IEEE Trans. Compon. Hybrids Manuf. Technol., **CHMT-5**, 2, pp.271-280（1982）

3）Tamai, T., et al.：Contact resistance characteristics at low temperature, IEEE Trans. Compon. Hybrids Manuf. Technol., **CHMT-1**, 1, pp.54-58（1978）

4）Kawashima, A. and Hoh, S.：Contact resistance in liquid nitrogen, Cryogenics, **14**, pp.381-383（1974）

5）Kaiserfeld, T.：Ragner Holm and electrical contacts, A career biography in the shadow of industrial interests, Proc. 20th Int. Conf. Electrical Contacts, Stockholm, Sweden（June 2000）

6）Meissner, W., et al.：Naturwissenschaften, **21**, p.787（1933）

7）Holm, R. and Meissner, W.：Einige Messungen uber den Fließdruk von Metallen in tiefen Temperaturen, Z. Phys., **74**, pp.736-739（1932）

8）Holm, R. and Meissner, W.：Einigen Kontaktwiederstandmessungen bei tiefen Temperaturen, Z. Phys., **86**, pp.787-791（1933）

9）Holm, R. and Meissner, W.：Messungen mit Hilfe von frussigen Helium, xiii, Z. Phys., **74**, pp.715-735（1932）

10）Pawlek, F. and Rogalla, D.：The electrical resistivity of silver, copper, aluminum, and zinc as a function of purity in the range 4-298K, Cryogenics, **6**, 2, pp.14-20（1966）

11）Kittel, C.：Introduction to Solid State Physics, 4th ed., Wiley, New York（1971）

12）Gray, D. E., ed.：American Institute of Physics Handbook, McGraw-Hill, New York（1972）.

13）Clark, A. F.：Low temperature thermal expansion of some metallic alloys, Cryogenics, **8**, 10, pp.282-289（1068）

14）Touloukian, Y. S., ed.：Thermal Properties of Matter, vol.12, Thermal Expansion; Metallic Elements and Alloys, IFI/Plenum, New York（1975）

15）Tamai, T.：Electrical conduction mechanism of electrical contacts covered with contaminant film, Surface Contamination, K. L. Mittal, ed., vol.2, pp. 967-981, Plenum Publishing, New York（1979）

16）Tamai, T.：Evaluation of true contact area at very low temperature, Trans. IEICE, **E69**, 4, pp.458-460（1986）

11.　めっき表面の接触現象

Au（金）表面は化学的に安定なため水分などの吸着膜を除けば周囲の腐食性気体と直接反応して汚染皮膜を生成することがない。それゆえ，接触抵抗特性の観点から見ると集中抵抗が支配的となり，低接触抵抗を示す。しかし，表面が清浄なため，純粋な金属どうしの接触，すなわち接触境界部の双方の金属表面の原子が出会い，一体化する凝着が生じやすく，摺動によって表面損傷が生じやすい。これはまた，硬さが低いことも一因となって摩耗が増加する。そこで，Co などの添加物を用いて硬さを上げて，下地金属の表面にある厚い金を張り合わせてオーバーレイ（overlay）などとして用いられる。

一般的には，この場合，めっきのおもな目的は接触面の耐食性を上げることにあり，下地のばね材などの金属が周囲の H_2S や SO_2 などの腐食性気体と直接的に反応することを防いで，清浄なめっき面どうしの接触を得るためのものである。厚さのある Au（金）張りでは価格の点で問題があるので，その用途に合わせて，薄くめっきして用いられる。高価な Au めっきの使用量を適正にするためにはできるだけ薄くめっきすることである。しかし，薄くなればなるほどめっき層にはピンホールと呼ばれる細孔などの欠陥部が生じて，めっきの初期の目的を達することができなくなる。すなわち，Au めっきを薄くすればするほど，経済性は上げられるが，薄すぎると下地の粗さと相まって，めっき層に細孔（pin hole，porous）が生じたりする。細孔の発生によって，下地金属が細孔を通して周囲雰囲気に露出することになり，下地の最後部付近の腐食が生じる。このため，Au めっき表面を汚染させて接触抵抗が増加し，接触信頼性を劣化させる。これを防ぐためのさらなる手法があり，それが Au 表面にオイル（ルブリカント）を塗布することで，広く応用されている[1)~3)]。

本章では，アメリカのオハイオ州コロンバス（Columbus, Ohio）にあるベル電話研究所（Bell Telephone Laboratory）で活躍し，その生涯を通じて Au

めっき接触部を研究し，その接触部への有効利用を明らかにしたモートン・アントラー（Morton Antler）博士の研究業績の一部を中心に解説する[4),5)]。

11.1　めっき層の性質とめっき面の汚染

耐汚染性の点から見ると，腐食汚染されない金属を用いること，すなわちAuを用いることが問題解決の一策である。経済性の点から薄いAuめっき層では細孔などの欠陥部が生じ，雰囲気の汚染気体が侵入し，卑金属の下地や中間のめっき層に到達して，そこを腐食させ，腐食生成物がAuめっき表面にあふれ出てくる。

また，機械的接触荷重の点から見ると，Au以外でも表面に生成している酸化皮膜などの汚染皮膜が接触荷重で容易に破壊して金属接触が得られれば，低接触抵抗が生じ問題はないことになる。一般に，卑金属に生じる酸化皮膜は機械的にもろい（ブリトル：brittle）ので下地金属の硬さが低ければ，垂直荷重で容易に破壊することができる。これには皮膜が破壊できるような荷重が必要で，接触部品は必然的に大きくなる。その代表例がSnである。薄いSnO_2皮膜は下地金属（Sn）の硬度が低いので容易に機械的に破壊することができる。摺動などでSn自身がすり減るので，Cuの下地とともにSnめっき層を加熱（リフロー）してSnとCuとの間にできる金属間化合物を生成させる。これは硬さが非常に高いので，軟らかいSnを裏打ちして耐摩耗性を上げることができる。AuやSnはその性質上，微小電流や低電流の用途で用いられるが，電流が大きくなるとAgめっきが用いられるようになる。

NiやCrめっきでは表面にこれらの酸化皮膜ができるが，この皮膜の下地のNiやCrの硬度が高いので容易に酸化皮膜を破壊できない。皮膜を破壊できるような垂直荷重と摺動での水平方向の力が大きく取れるような用途に用いられる。

11.2 Au めっき層の性質とめっき表面の汚染

Au 自身では積極的に吸着気体と化学反応はしないが，経済性の点から薄くめっきして用いられる。めっき層が薄くなるとめっき層中に細孔（pin hole, porous）などの欠陥部分が生じる。その結果，もし下地が Cu などの卑金属であれば，周囲雰囲気中の O_2 や H_2S 等々の気体が Au 層の細孔部を通して下地の Cu と反応して Cu の化合物を生じる。これらは再び Au 層の細孔部を通して Au の表面の細孔部の周囲に堆積する。この結果，Au の表面に斑点上の汚染皮膜ができ，時間とともに成長し表面を覆っていく。この代表例を**図 11.1** に示す。図のように一筋の摺動痕跡（幅 0.01 mm 程度）の両脇にできた細孔を通して生じた円形腐食生成物が認められる。これらは大気中の湿度によって潮解し，さらに広く表面を覆うようになる。

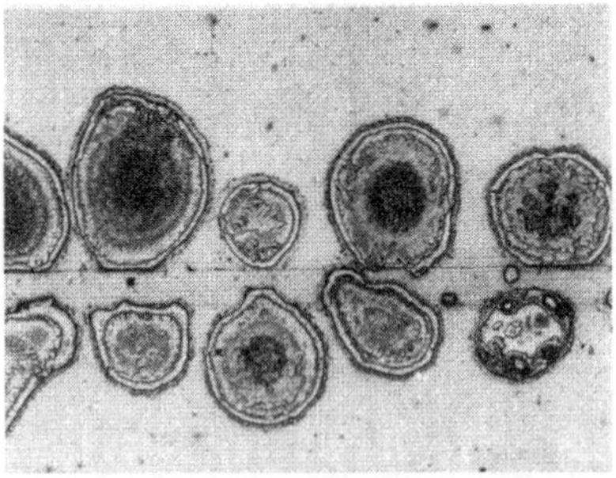

図 11.1　無酸素銅（OFHC）上に Sn-Ni をめっきした平面を接触荷重 20 gf で 0.1 mm 曲率半径の Co-Au のプローブで HNO_3 蒸気中で 0.25 cm/s で摺動し，その面を 1 週間放置後の表面（摺動痕の両側にピンホールによる腐食斑点が見られる。痕跡の下側の中央部の斑点は直径が約 0.03 mm）

細孔数はめっき層の厚さが増えると減少する。厚いほど耐食性が上がるわけである。そこで，Au めっきの厚さと細孔数の関係を調べると，**図 11.2** に示す結果が得られる。下地金属は無酸素銅（OFHC：oxide free hard copper）である。この場合，下地の OFHC 表面の粗さがめっき層へ影響し細孔数に作用すると考えられるが，図 11.2 は中心線平均粗さ（C. L. A.）をパラメータにした関係で示してある。この腐食試験条件は H_2S：1.6 ppm, 38 ℃, 85 %RH である。細孔数の測定はエレクトログラフィ法で行われた。エレクトログラフィ法とは

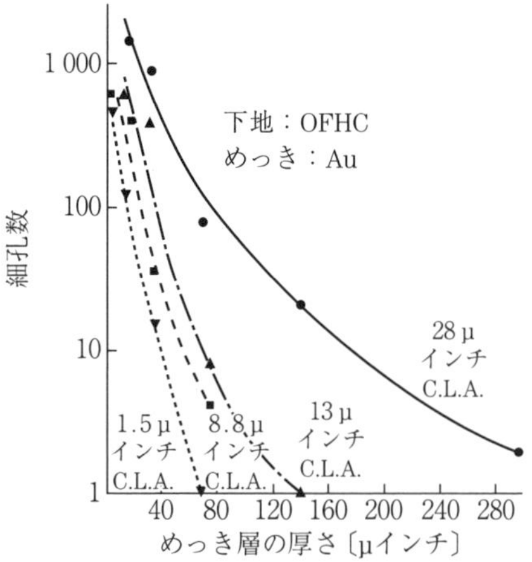

図 11.2　有孔性に対する厚さと下地表面の粗さ

電解液と発色剤を含む加熱ゼラチン中にめっき試料面を浸し，表面に薄い電界液の固定された塗布膜を作り，これを電解液中で電解することによりゼラチン塗布層中に細孔に対応した発色点が生じ，斑点を紙面に転写するものである[6),7)]。これによって得られた表面粗さと細孔数の関係が図 11.2 に示す特性である。この図から，下地の表面粗さが大きく，めっき層が薄いほどめっき層中の細孔が多いことがわかる。さらに，Au めっき表面上を汚染皮膜が広がっていく状況を異なる 3 種のめっきの下地（Ag, リン青銅，Be-Cu）について**図 11.3** に示す。周囲雰囲気の条件は図 11.2 の場合と同じである。

細孔に起因する斑点状や皮膜状の汚染皮膜が接触境界部にはさまると，接触抵抗を高めることとなる。下地金属表面の粗さをパラメータとして，接触荷重と多数測定した接触抵抗のうちの低接触抵抗の割合との関係を**図 11.4** に示す。すなわち，粗さが S（2.5 µm），M（6 µm），R（35 µm）の 3 種類の Ag 面に Au を厚さ 1.05 µm めっきした試料を 1 % H_2S, 60-90 %RH, 室温度の条件下で 70 時間放置し，この表面について全測定接触点数に対する 0.001 Ω 以下の良好な低接触抵抗を示す接触点数の割合を，接触荷重に対して表した関係である。この関係からも下地がなめらかであるほどめっき層の細孔数が少なくな

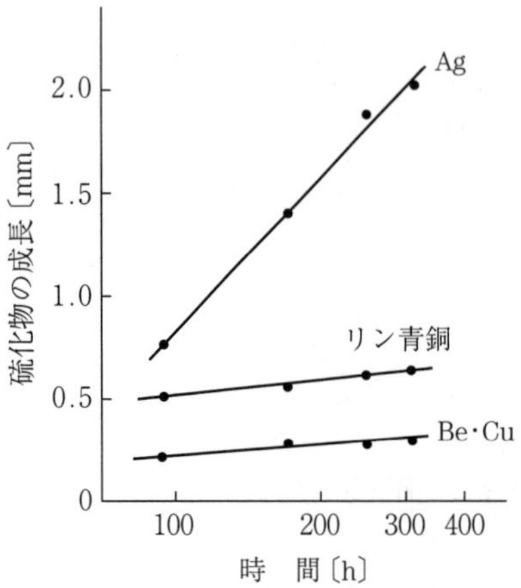

図 11.3　Au めっき面上の硫化物の成長と下地金属の関係

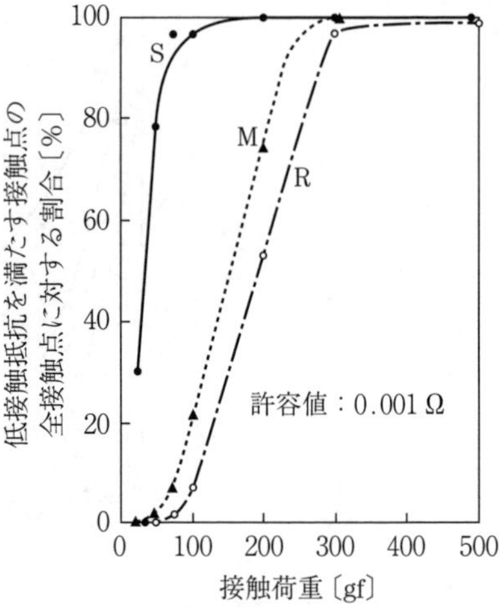

図 11.4　めっき下地面の粗さに対する接触抵抗の関係（Au めっき，下地 Ag）

り，細孔部を通しての表面汚染が少なくなり，低接触抵抗が得やすくなることがわかる。また，めっき層の厚さが 2.5 ～ 5 μm 以上になると細孔はほとんどなくなるといえる。

わが国や東南アジアのように湿度の高い気候条件では，汚染皮膜の成長は上述の乾食から湿食状態となり，汚染皮膜の成長は著しくなる。下地金属とめっき金属が接触する場合で，電解質溶液などが覆うような場合はすでに説明したガルバニー形の腐食が生じる。局部電池を形成して腐食が促進される。**図 11.5** に示すように，化学的に安定な Au が下地の卑金属に接触しているので，

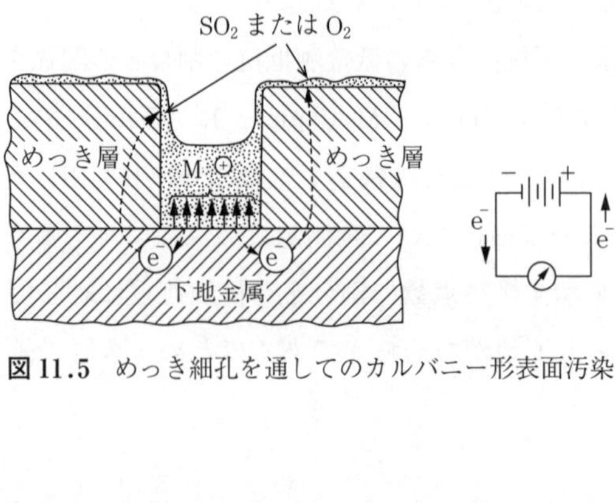

図 11.5　めっき細孔を通してのカルバニー形表面汚染

Au 表面上の SO_2 などの汚染物などの電解質部分は細孔部分を通して下地金属と接触し，Au 部分を陽極として反応が促進され，細孔部から Au 表面に生成物質があふれ出し汚染する。

このようなめっき層の欠陥部の細孔を通しての腐食を防ぐには，簡便な方法は腐食抑制材やオイル（ルブリカント）を塗布して細孔を埋めることである。本質的な方法は下地金属と Au めっき層との間に Ni のような硬さの高い金属を中間層としてめっきすることが挙げられる。

ここではじめに，腐食抑制剤について説明する。これらは一般的に極性部を持ち，細孔部により強固に吸着するようにし，細孔を埋める効果を持たせている。その例を**図 11.6** に示す。その効果について，抑制剤を塗布した場合とそうでない場合を比較し示したのが**図 11.7** である。縦軸は全測定接触点数に対する 0.001 Ω 以下の良好な低接触抵抗を示す接触点数の割合を示している。

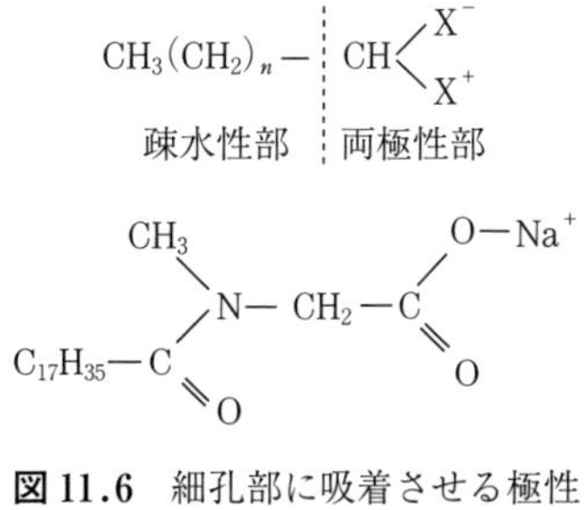

図 11.6　細孔部に吸着させる極性基を持つ疎水性部やアルカリサーコシナイトの例

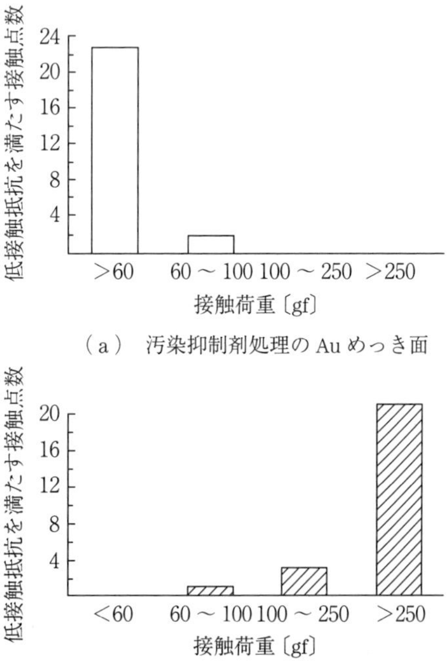

（a）　汚染抑制剤処理の Au めっき面

（b）　未処理の Au めっき面

図 11.7　腐食性汚染に対する抑制剤の効果

処理したAuめっき面では接触荷重が60 gf以下で0.001 Ωを示す部分が23個程度であるが，未処理の場合は荷重が増大するとその数が増加することを示している。これは荷重とともに真の接触面が広がり，その中に細孔腐食の点が多く含まれるためである。これにより腐食抑制剤の効果が認められる。いわゆるコンタクトオイルの効果である。

つぎに，中間めっきの効果について説明する。例えば比較的耐食性のあるNiなどを中間めっきすることにより，周囲の活性気体と下地金属との直接的な反応をNi層が防止するものである。この結果を図11.4に示した中間層のない場合と比較して**図11.8**に示す。図11.8において下地の表面粗さをパラメータにして示してある。すなわち，下地の粗さは大きい順にR（35 μm）＞M（6 μm）＞S（2.5 μm）で，粗さの大きいRでも，100 gfの接触荷重で0.001 Ωの低接触抵抗を満足する接触点は全表面の約75 %もあり，耐食性の効果があることがわかる。しかし，活性気体とNi層とが反応して生成物を生じる。成分はNiの水酸化物とNiの硫化物の混合物であることが判明している。

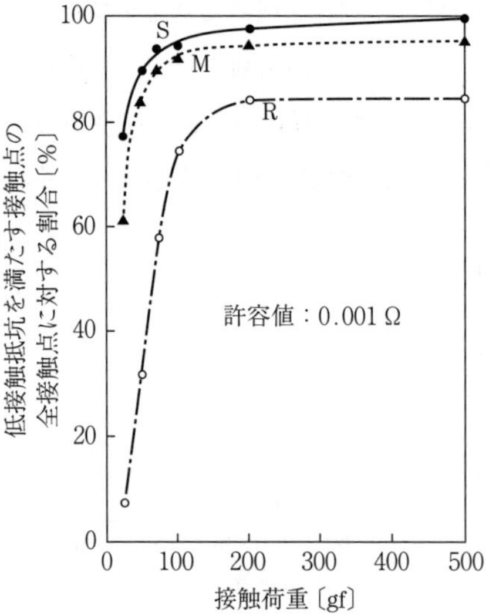

図11.8　めっき細孔による汚染に対する中間Niめっき層の効果（Auめっき-Niめっき-Cu下地）

さらに，汚染雰囲気によるAuめっき面の劣化を接触抵抗の変化で**図11.9**に示す。下地がCuで，中間めっき層がNi，その上にAuめっきした試料を4条件の室内雰囲気の放置した場合の接触抵抗の変化を示したものである。図11.9において，Iは腐食があまりない場合，IIは細孔（pore）を通して腐食の発生がある場合，IIIは細孔を通しての腐食があり，そこからの腐食物のクリープが生じた場合，IVは腐食皮膜自体のクリープによる進展がある場合である。

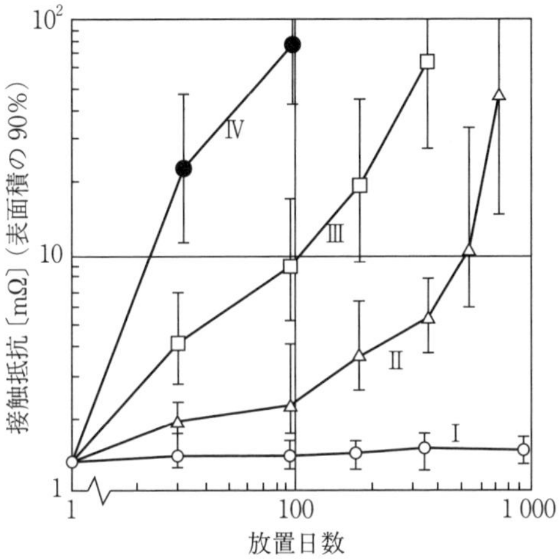

図 11.9 汚染雰囲気による Au めっき面の劣化を接触抵抗の変化で表示

また，中間層めっきの効果を大気中の加熱酸化の加速試験で見ると，**図 11.10** に示すように，Ni 中間層を 0.5 μm, 2.0 μm, 4.0 μm の順に厚くすると 0.001 Ω の低接触抵抗を満たす接触点が多くなり，Ni 中間層の効果を示している。この場合，表面の Au めっき層の厚さは 0.5 μm で，下地は OFHC である。さらに，中間層に硬さの高い Sn-Ni 合金層が考えられているが，この合金は耐食性に優れ，Au めっきの下地としてその硬さの高いことから耐摩耗性を上

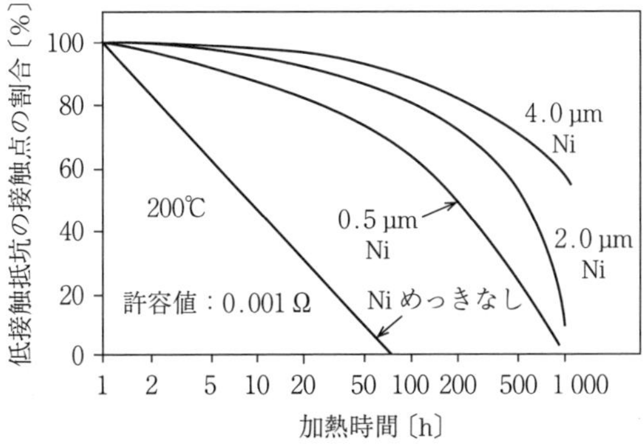

図 11.10 細孔による表面汚染に対する中間 Ni めっき層の酸化に対する効果

げる効果が認められている。この例をCu下地の上に中間に5～8μmのSn-Niをめっきし，その上に0.5μmと薄くめっきした試料の種々の活性汚染雰囲気に対する耐食性を**図11.11**に示す。さらに，Sn-Niめっき層の優れた耐食性を大気中に放置した試料表面の接触抵抗で見ると，**図11.12**に示すように，10年間で1Ω程度の低い上昇を示している。試料はCu表面にSn-Cuを

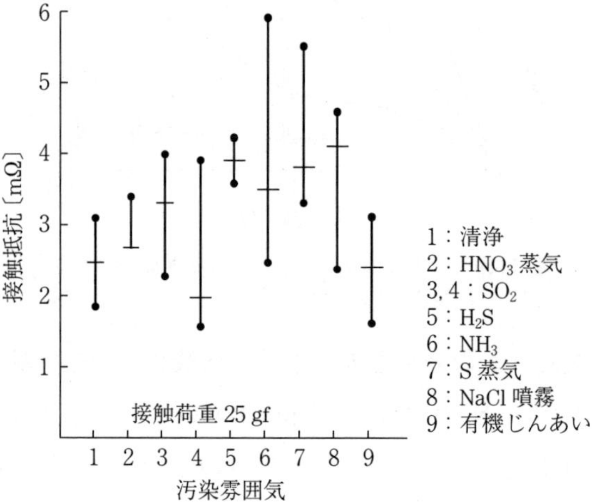

図11.11　中間めっき層にSn-Niを用いた場合の効果（Auめっき-Sn-Niめっき-Cu下地）

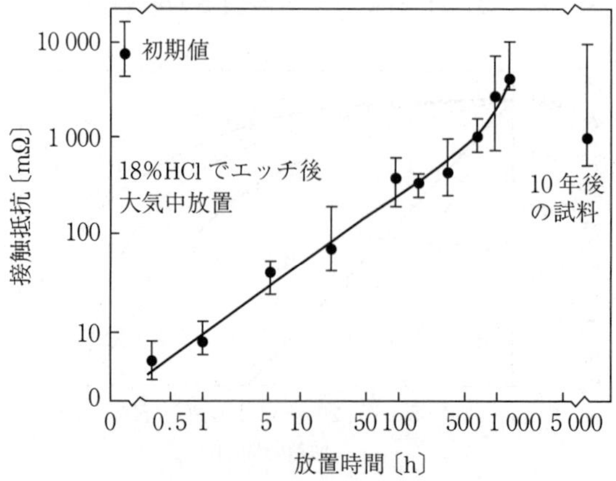

図11.12　Sn-Niめっき面の耐汚染性

12 μm 厚さにめっきしたものである。

一般に中間めっきに硬いNiなどを施すとAuなどではその耐摩耗性を上げることができる。アメリカのベル（Bell）電話研究所のアントラー（M. Antler）の研究によると，Coを含む硬化Auめっき層でそのことを示している。その例を**図11.13**にモデル的に示し解説する。下地に軟質か硬質の材質を用いるかで接触面の大きさA_sが異なり，さらに硬質の下地の上に軟質のAuを用いるとプローブの沈み込みが軽減され耐摩耗性が上がることがわかる。

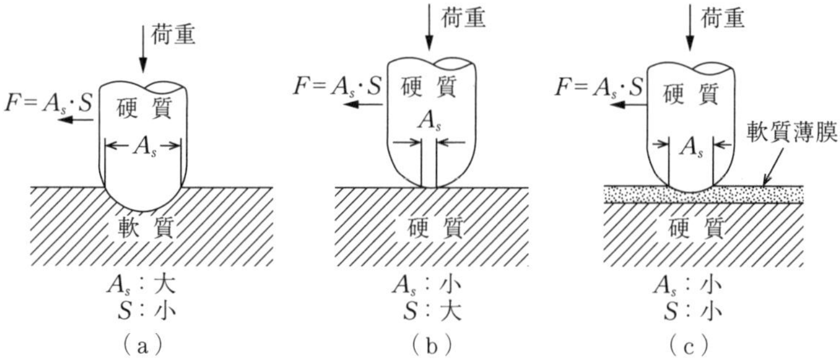

図11.13 接触片の硬度および軟質薄膜の摩擦力への影響

つぎに，図11.13に示した接触モデルに対比して摺動摩耗に対する中間めっきの効果について述べる。**図11.14**（1），（2），（3）に示すように，母材にCuを用い，中間めっきにNiを，その上にCo含有Auをめっきした場合，相手の接触部を固体Auの半球面（ライダー）との摺動接触においてNi層の効果を示している。すなわち，図11.14（1），（2）は，図11.14（1）のAuめっき層の厚さを0.75, 2 μm, および図11.14（2）は3.3 μmと変え，Niめっき層は0, 1.5, 2.5, 4 μmに対して，摩耗に対するこれらのNi中間めっき層の効果を示したものである[8)~10)]。接触荷重は50, 100, 200 gfの3水準である。左列のNiめっきなしと右列のNiめっきありとの特性図で摺動回数に対して摩耗を比べると摺動回数が減少していることがわかり，Ni中間めっきの効果があることがわかる。なお，縦軸の摩耗指数とは摩耗痕跡でエレクトログラフによる変色した部分の長さと，摩耗痕跡全体の長さとの比を100倍して数値化し，

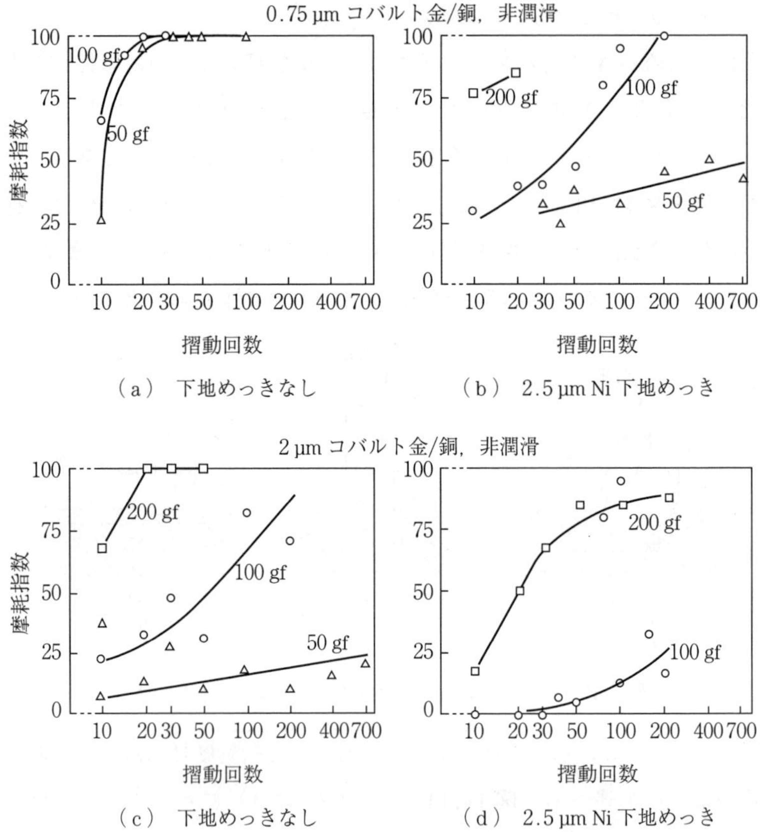

（1） Cu に 0.75 µm と 2 µm Co-Au めっきした試料の，2.5 µm Ni 下地めっきのある場合とない場合での，非潤滑凝着摩耗から得たエレクトログラフ摩耗指数

図 11.14　摺動摩耗に対する中間めっきの効果

摩耗の定量化を図ったものである。

さらに，硬さの比較的高い Be 銅の下地で，Co-Au めっきに対する Ni 中間めっきの効果を図 11.14（3）に示す[11)〜13)]。この場合，Co-Au めっき層の厚さは 2, 3.3 µm の 2 水準で，摺動回数に対する摩耗指数で示してある。Ni 中間めっきの高い効果が認められる。さらに，めっき層の厚さが 2.0 µm の場合について，接触荷重をパラメータにして**図 11.15** に示す。摩耗の深さがめっき層の厚さを超えると摩耗が著しく増加するが，めっき層が存在する限り低摩耗

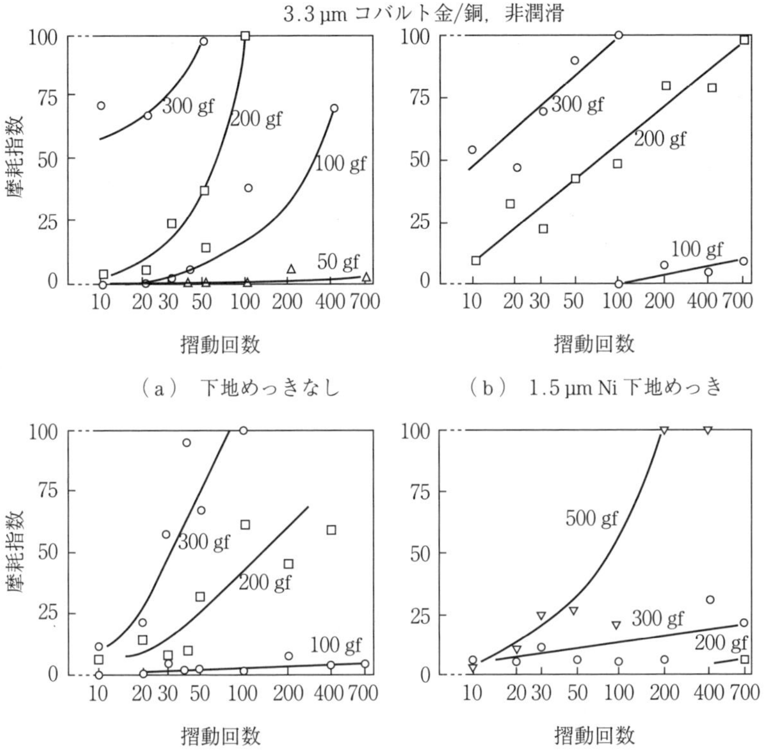

（a）　下地めっきなし
（b）　1.5 μm Ni 下地めっき
（c）　2.5 μm Ni 下地めっき
（d）　4 μm Ni 下地めっき

（2）　Cu に 3.3 μm の Co-Au めっきした試料の種々の厚さの Ni 下地めっきで得たエレクトログラフ摩耗指数

図 11.14（続き）

を示している。

このように Ni 中間めっきを施すと，硬度の低い Au めっきなどでは Ni めっき層が裏打ちをして，ライダーが Au めっき層に食い込むのを防いで摩耗を減少している。この様子のメカニズムはモデルで図 11.13 に示したとおりである。さらに，薄膜の潤滑剤を施すことにより耐摩耗性は著しく向上する。

Au 対 Au の接触（例えば半球面と平面の接触）で相対的に摺動すると，半球面が均一に平たんに摩耗するのではなく，摩耗した Au が半球面と平面の真の接触部に集積介在するようになる。これをプロウ（prow）と呼び，これを

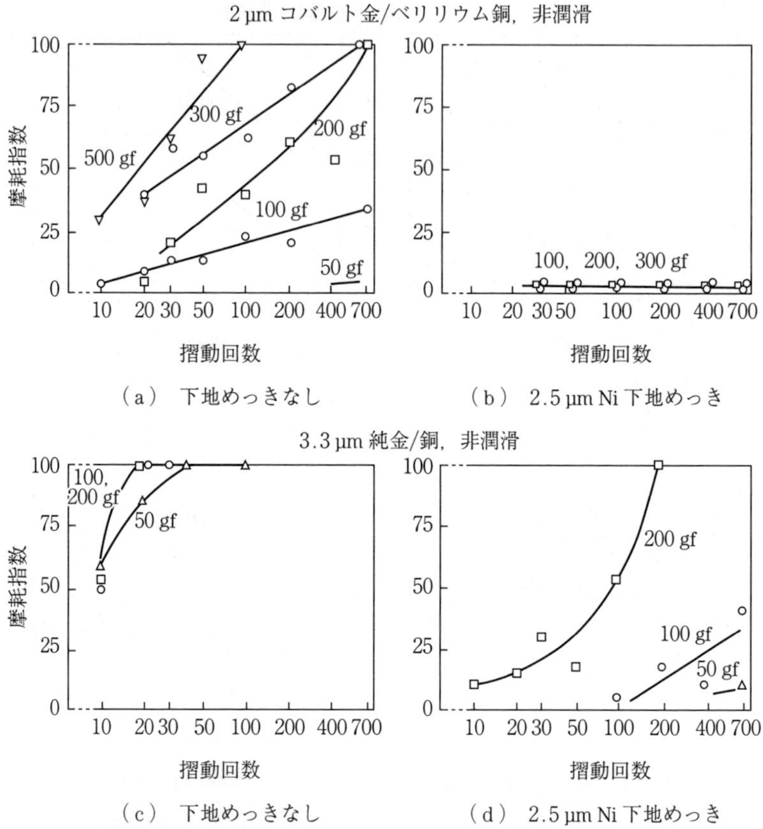

（3） 非潤滑凝着摩耗で得たエレクトログラフ摩耗指数〔（a），（b）：Be 銅に，2 µm の Co-Au めっきした試料の，2.5 µm Ni 下地めっきのある場合とない場合，（c）（d）：Cu に 3.3 µm Au をめっきした試料で，2.5 µm の Ni 下地のある場合とない場合〕

図 11.14（続き）

介した接触部が形成される。プロウが大きく成長すると，先端部から剥がれ落ちる。このようにして摩耗が進んでいく Au 独特の摩耗形態で，アントラーの研究に負うところが大である[14),15)]。

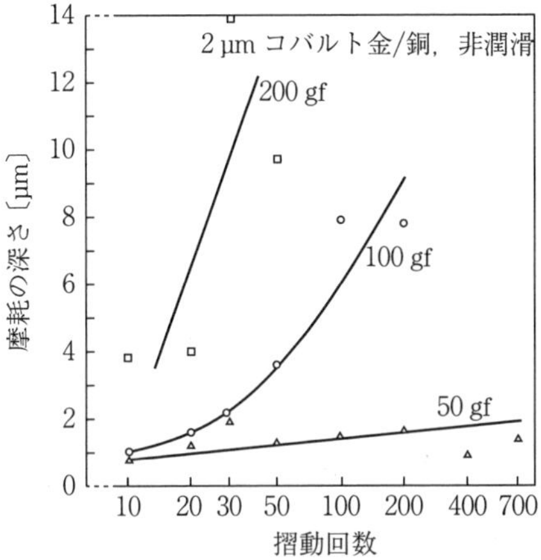

図 11.15　Cu に 2 µm Co-Au めっきした試料の，非潤滑摩耗から得た粗さ測定で算定した摩耗

11.3　Sn めっき表面の接触特性 [16), 17)]

Sn めっき平板に Pt の半球状の表面を接触させ，荷重を掛けると硬さの高い半球面は硬さの低い Sn 面に押し込まれる。この結果，Sn 表面の真の接触部の周辺部が盛り上がる。このあたりの状況を SEM で観察した結果が**図 11.16** に示す SEM 像である。Sn の結晶粒が分離しているのが認められる。これは Sn のめっき面ではその成長が面に対して垂直方向へ節理状に成長するためである。めっき表面の結晶を観察すると，**図 11.17** に示すように，柱状節理状結晶の端面が均一に配列していることがわかる。この接触痕の断面を FIB（focused ion beam-method）で切り出し，EBSD（electron back scattered diffraction）で分析した結果を**図 11.18** に示す。接触中心部の結晶は垂直荷重によって細かく分散されて，その周辺部は外周部へ傾き強いひずみが加わったことがわかる。接触の影響のない部分は柱状の結晶は分離することはなく接触によるひずみを受けていないことを示している。

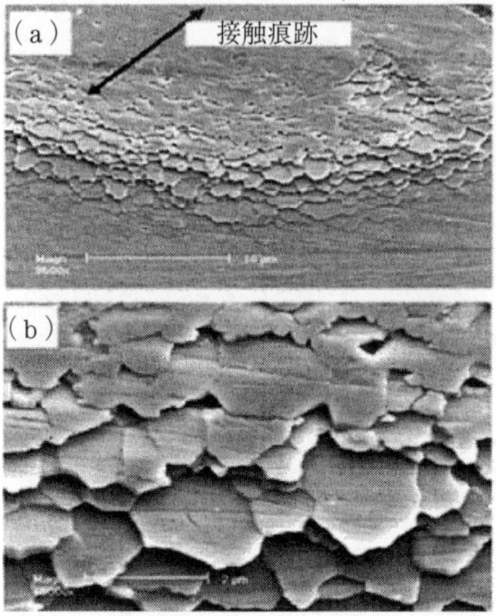

図 11.16　Sn めっき面へ半球面を接触させた痕跡に認められる結晶粒の盛り上がりと剥離

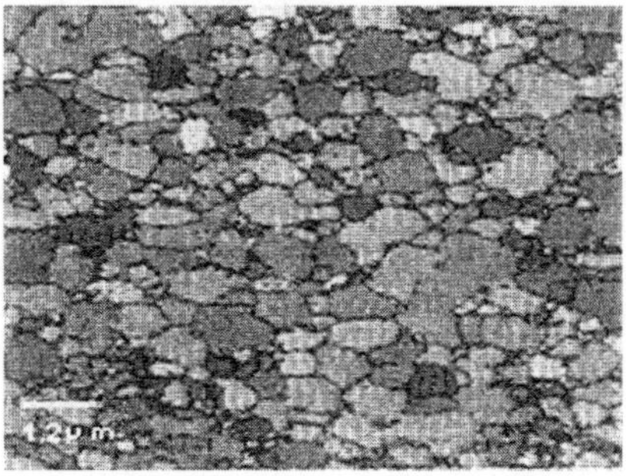

図 11.17　Sn めっき表面の結晶端面

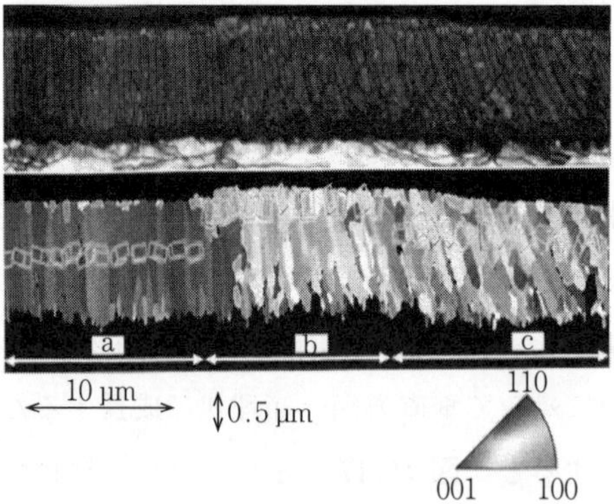

a：接触痕跡の外側
b：接触痕跡の縁の部分
c：接触痕跡内

図 11.18　半球面の接触で生じた Sn めっき面の痕跡の EBSD で得られた結晶方位の変化

さらにこの状態を図 11.18 の各部の a，b，c について SEM で拡大観察した結果を**図 11.19** に示す。図 11.19 の a は接触以前の断面で，縦方向へ Sn の結晶が成長していることがわかる。これに対して，痕跡の周辺部を示す b では結晶が傾斜していることを示している。さらに，痕跡中では c に示すように結

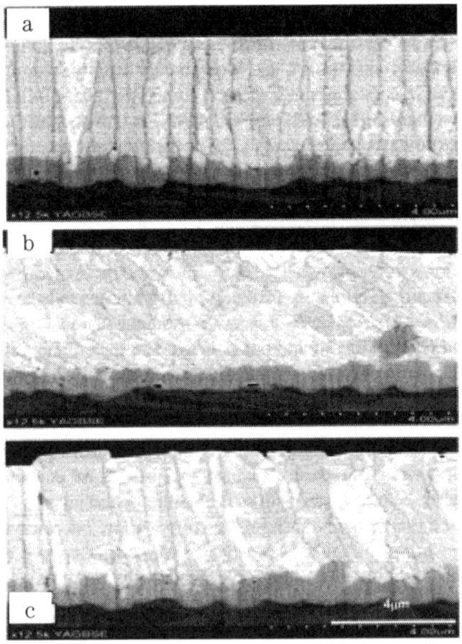

図 11.19　Sn めっき内で生じた結晶方位の変化（図 11.18）の拡大図（a, b, c は図 11.18 に対応）

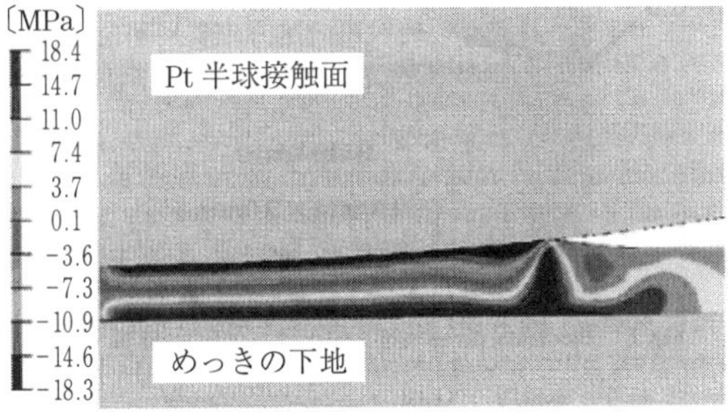

図 11.20　有限要素法による接触境界部の Sn めっき層の圧縮変形の状況

晶の表面は大きく変化している。この境界面で生じている状況を FEM（有限要素法）で解析した結果を**図 11.20** に示す。解析結果からわかることは，半球面と Sn めっき面は水平方向へ動けるが，Sn めっき面下部は下地金属と結合しているので，水平方向へ移動することができず，接触面外周部で大きなひずみが発生することを示している。この結果から，半球面が押し込まれると，接触部の周囲が盛り上がり，この部分（a）で半球面との間で微小な摺動が生じて，Sn 面の酸化皮膜 SnO_2 が破壊して，金属接触となって接触抵抗を下げることになると考えられる。この様子をモデルで**図 11.21** に示す。この接触メカニズムによって，接触抵抗は**図 11.22** に示す荷重-接触抵抗特性のように変化する。すなわち，図 11.22 において，③は皮膜の破壊を伴わない弾性変形領域で，緩やかに抵抗が減少し，④で皮膜が破壊して抵抗値が大きく低下する。そして，弾性変形領域の⑤に入る。上述の皮膜破壊の詳細は図 11.20，11.21 に示したとおりである。

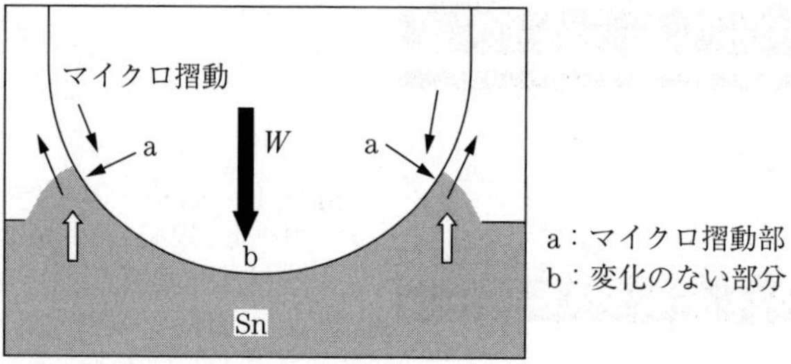

図 11.21　マイクロ摺動で接触部の端部で皮膜が発生し，接触抵抗の低下が生じる

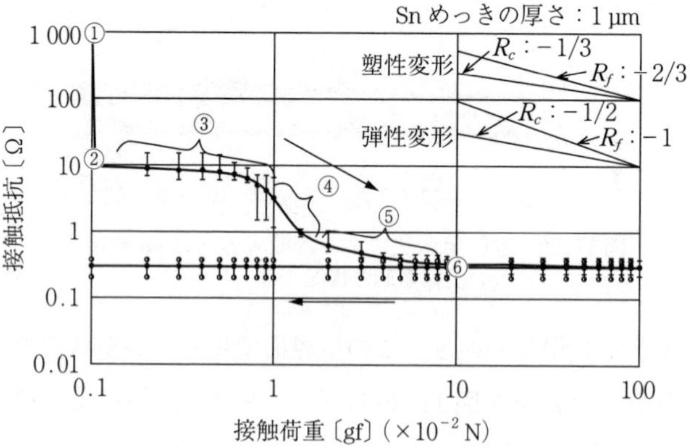

図 11.22　Sn めっき面（下地 Cu-Zn）接触荷重と接触抵抗の関係

11.4 機能性を持たせためっき面

さて，コネクタなどの応用の場面で，必ずしも接触面が同一のめっきが用いられるとは限らない。そこで，硬化 Au めっきと Sn やはんだめっきのような異種のめっき面の組み合わせを考えてみる。例えば，デバイス側の接触端子が Sn めっきを施された面を持ち，相手側のコネクタの接触部が硬化 Au めっき面の場合である。Sn めっきはその硬い酸化皮膜 SnO_2 の薄さと母材のやわらかさと相まって接触時に容易に壊れて金属接触を生じる。したがって，相手が硬い Co-Au めっきの場合，容易に SnO_2 皮膜は破壊して金属接触が生じる。その結果，凝着が生じる。もし，挿抜や微摺動摩耗（フレッティング：fretting）が生じると硬度の低い Sn は Au 側へ転移していき，ついには，Au 表面は Sn で覆われる結果となる。したがって，接触境界部は転移した Sn と Sn めっきとの接触になり，その過程で生じる酸化物で覆われた Sn の摩耗粉末が発生し，接触不良に至る。せっかく一方の接触面に高価な Au を用いてもその意味がなくなることになる。この状況を**図 11.23** に示す。すなわち，図 11.23 の a ははんだめっき対はんだめっき，b は固体 Au 対はんだめっき，c ははんだめっき対 Ni 中間めっきを施した厚い Au めっき（0.6 μm 厚さ），および d の薄い Au-Co めっき（0.05 μm）対固体 Au との微摺動接触でのそれぞれのフレッティング特性である。ここで，フレッティング条件は荷重 50 gf，振幅 20 μm である。この図 11.23 が示すように，図の d の薄い Au-Co めっき（0.05 μm）対固体 Au との接触以外の a, b, c はすべて 10^2 回程度の微動で接触抵抗が上昇して不良に至ることを示している。相手接触部に Au 系めっきを用いても転移が生じ，はんだどうしの接触となり，接触不良が早い時期に生じ，Au を用いた効果がないことが示されている。

Sn めっきの場合，高温度下に Sn めっきをさらして，熱拡散させると中間層の Ni めっきとの間で金属間化合物 Sn-Ni を作る。この熱処理過程はリフローと呼ばれる。これは硬さが非常に高いので表面層の薄い Sn の耐摩耗性を裏打

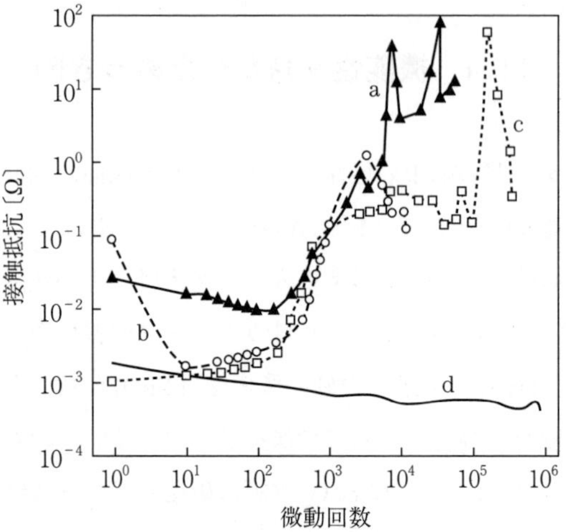

a：Sn-Pb めっき（25 µm 厚）対 Sn-Pb めっき（25 µm）
b：Au（固体）対 Sn-Pb めっき（25 µm）
c：Sn-Pb めっき対 Au めっき（0.6 µm)-Ni 中間めっき（2.5 µm）
d：Au-Co めっき（0.05 µm）対 Au（固体）
微動条件：50 gf，20 µm，4 Hz

図 11.23　はんだめっき接触部と Au めっき接触部の組み合わせでの接触信頼性の劣化（fretting corrosion）

ちする。この処理は Sn 以外にも Au, Pd などいろいろな金属で行われる。例えば，Sn の場合，金属間化合物の表面に凹凸ができ，最表面では Sn 部分が導電をつかさどり，島状に表面に現れた硬度の高い金属間化合物 Sn-Ni が耐摩耗性をつかさどることになる。この金属間化合物は Ni_3Sn_4 といわれている。ハンセン（M. Hansen）の 2 次元の Ni-Sn の平衡状態図から見ると Ni_3Sn_4 は**図 11.24** に示すとおりである。

今後は Sn めっき層の特徴と Ni などの中間めっき層，下地金属などの組み合わせと金属化合物の制御などから導電性を持ち，耐摩耗性のあるいわゆる機能めっきが重視される。

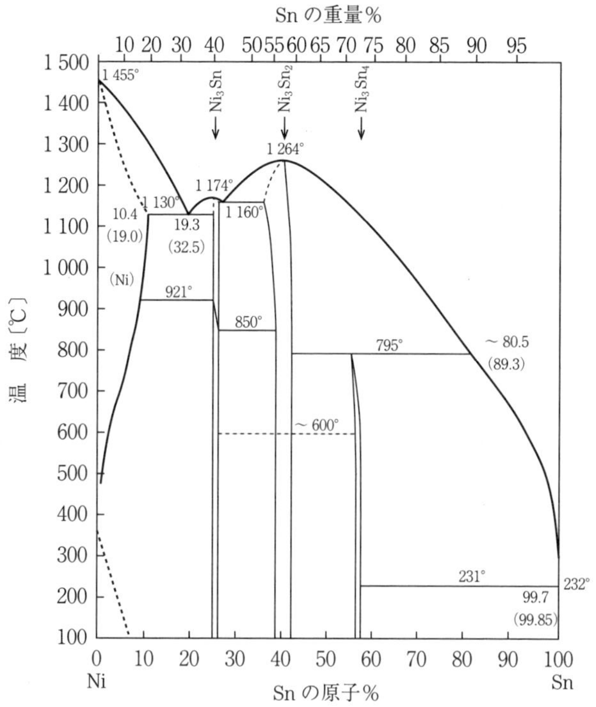

図 11.24　ハンセンの 2 次元 Ni-Sn 系の熱平衡状態の状態図（Ni_3Sn_4 に着目のこと）

11.5　ま　　と　　め

めっきは下地表面を単に腐食から守るというだけでなく，めっき層そのものやその下の中間めっき層などでめっき層の摩耗を防止することが行われる。さらに，表面のめっき層と中間めっき層との間で金属間化合物を作り，その一部が導電性をつかさどり，ほかの一部が耐摩耗性をつかさどるというような複合的形状効果をもたらすことが行われる。あるいは，経済性の点から高価な貴金属めっきを局部的に行うことが試みられている。このように，めっきの多機能化が重要となっている。

なお，アントラー博士関係のデータは図面を中心として使用許諾得ている（Copyright 1979. American Telephone and Telegraph Company.）。

引用・参考文献

1) Tamai, T., Yamakawa, M., and Nakamura, Y.：Effect of contact lubricant on contact resistance characteristics – Contact resistance of lubricated surface and observation of lubricant molecules –, IEICE Trans. Electron., **E99–C**, 9, pp.985–991 (Sept. 2016)

2) Tamai, T., Yamakawa, M., and Takano, I.：Properties of contact lubricant under elevated temperature for thin gold plated surface, IEICE Trans. Electron., **E100–C**, 2, pp.211–220 (Feb. 2017)

3) Tamai, T. and Yamakawa, M.：Contact resistance property of gold plated contact covered with contact lubricant under high temperature, IEICE Trans. Electron., **E100–C**, 9, pp.702–708 (Sept. 2017)

4) Antler, M.：Wear of gold electrodeposits: Effect of substrate and nickel underplate, Bell Syst. Tech. J., **58**, 2, pp.323–349 (Feb. 1979)

5) Antler, M.：Wear of contact finishes: Mechanisms, modelling, and recent studies of the importance of topography, underplate, lubricants, Proc. 11th Annual Connector Symp., Electronic Connector Study Group, pp.429–443 (1978)

6) Hermance, H. W. and Wadlw, H. V.：Electrography and electrospot testing, Chapter 25 in Standard Methods of Chemical Analysis, 6th ed., W. W. Scott, N. H. Furman, and F. J. Welcher, eds., Vol.3, Part A, pp.500–520, Van Nostrand, New York (1962)

7) Noonan, H. J.：Electrographic determination of porosity in gold electrodeposits, Plating, **53**, pp.461–470 (1966)

8) Antler, M.：Tribological properties of gold for electric contacts, IEEE Trans. Parts, Hybrids and Packaging, **PHP–9**, 1, pp.4–14 (March 1973)

9) Holden, C. A.：Wear study of electroplated coatings for contacts, Proc. Holm Seminar on Electrical Contacts, Illinois Inst. Tech., Chicago, pp.1–19 (1967)

10) Solomon, A. J. and Antler, M.：Mechanisms of wear of gold plate, Plating, **57**, pp.812–816 (1970)

11) Horn, G. and Merl, W.：Friction and wear of electroplated hard gold deposits for connectors, Proc. 6th Int. Conf. Electrical Contact Phenomena, Chicago, pp.65–72 (1972)

12) Antler, M.：Wear of gold plate: Effect of surface film and polymer codeposits, IEEE Trans. Parts, Hybrids and Packaging, **PHP–10**, pp.11–17 (1974)

13) Antler, M.：The lubrication of gold, Wear, **6**, pp.44–65 (1962)

14） Antler, M.：Wear of electrodeposited gold, ASLE Trans., **11**, pp.348-360（1968）

15） Antler, M.：Stage in the wear of a prow-forming metal, ASLE Trans., **13**, pp.79-86（1970）

16） Tamai, T., Sawada, S., and Hattori, Y.：Deformation of crystal morphology on tin plated contact layer caused by loading, IEICE Trans. Electron., **E95-C**, 9, pp.1473-1480（Sept. 2012）

17） Tamai, T., Sawada, S., and Hattori, Y.：Contact mechanisms and contact resistance characteristics of solid tin and plated tin contact used for connectors, IEICE Trans. Electron., **E93-C**, 5, pp.670-677（Sept. 2010）

12. 真の接触境界部を介しての摩擦と接触抵抗の関係

電流が接触境界部を流れるとき，接触境界面に存在する真の接触面が接触抵抗特性に影響を及ぼす。すなわち，電流はこの非常に小さな真の接触面で絞り込まれる。もし汚染皮膜がこの表面に存在し，接触境界部に介在すれば，この皮膜が接触抵抗を増大させる[1)~3)]。他方，一対の接触面が相対的に摺動すると摩擦力が発生する。この摩擦力は真の接触面内の金属結合部（ジャンクション：凝着）に原因する[3)~5)]。それゆえ，摩擦力は真の接触面に影響される。このことから，摩擦力と接触抵抗は真の接触面の大きさに関係することが期待される。現時点で，接触抵抗と摩擦との間の関係に関する研究は多くはない。

スリップリング，摺動スイッチ，コネクタなどの機構デバイスなどにおいて，接触抵抗と摩擦力は相互に関係している。低接触抵抗を得るために，接触荷重を大きくすると真の接触面は増加する。結果として真の接触部での電流集中は弱まり，接触抵抗は減少する。

しかし，接触面の増加とともに接触境界面内で金属結合部（凝着部分）は成長する。同時に，表面の損傷が生じる。したがって，接触抵抗と摩擦特性は相対するパラメータの問題として相互に関係している。

本章では，接触抵抗と接触力の関係を共有する同じ真の接触面からこれらの関係を結ぶ関係式を導くことができることを解説し，そのうえでこの摩擦係数と接触抵抗の関係の成立を汚染皮膜で覆われた接触部，潤滑剤を塗布した接触面などの異なる状態の接触面で実験的に検証したことを説明する。つまり，接触境界面で生じている現象の一つをまとめて解説する。

12.1　真の接触面を介しての摩擦係数と接触抵抗の関係

12.1.1　接触抵抗の真の接触面依存性

鏡面仕上げした平たんな接触面を同様に滑らかな半球面に接触させると，真の接触面は円形の単一面となる。また，交差した円柱では双方の円柱面に同一大きさの円形接触部が生じる。この真の接触面は，接触荷重はもちろんであるが，その材料の硬さや弾性係数などの接触面内のその他の材料に関係する特性で決まる。低接触荷重では真の接触面は弾性変形で与えられる。他方，高接触荷重では塑性変形で与えられる。これらの条件下で接触抵抗はつぎのように示される。すなわち，前章までに詳述したように，表面が清浄であれば，電気接触抵抗は集中抵抗のみで接触境界部で生じる。この抵抗は小さな真の接触面内で電流が絞り込まれて生じる。集中抵抗は式 (12.1) で与えられる。

$$R_c = \frac{\rho}{2a_k} = \frac{\rho\pi^{1/2}}{2s_k^{1/2}} \tag{12.1}$$

ここに，R_c は集中抵抗，a_k は単一円形接触面の半径，s_k はその接触面の面積，ρ は同種金属の接触で接触部の抵抗率である。

式 (12.1) から，集中抵抗は真の接触面に直線的に比例し，接触面積の 1/2 乗に反比例する。

つぎに，汚染された表面の場合について，汚染皮膜に起因する接触抵抗に現れる抵抗は式 (12.2) で表される。

$$R_f = \frac{\sigma}{\pi a_k^2} = \frac{\sigma}{s_k} \tag{12.2}$$

ここに，R_f は皮膜に原因する接触抵抗，σ は皮膜で覆われた真の接触面積当りの抵抗率である。そこで，抵抗は $\sigma = \rho_f d$ で表され，ρ_f は皮膜の抵抗率で，d は皮膜の厚さである。皮膜抵抗は真の接触面の半径に比例し，接触面積に反比例する（詳しくは図 4.10 または 86 ページを参照）。

したがって，外部回路に現れる接触抵抗は，上述した二つの抵抗の和として

式 (12.3) で与えられる。

$$R_k = R_c + R_f = \rho\pi^{1/2}\left(2s_k^{1/2}\right) + \frac{\sigma}{s_k} \tag{12.3}$$

12.1.2 摩擦係数の真の接触面依存性

清浄な面では真の接触面内で金属結合，すなわち凝着（adhesion）による結合部（junction）が生じる。これらの凝着結合は，**図 12.1** に示すように，真の接触面内に分布している。いい換えれば，双方の接触境界面の最表面を構成する原子は接触によって互いに接近し，ついには結合し，真の接触部は一体化する。この状態で，一方の接触面に水平方向の力が働くと，真の接触部のせん断，すなわち凝着結合部のせん断が生じる。一方の接触面を水平方向へ動かす力，つまり摩擦力は式 (12.4) で与えられる。

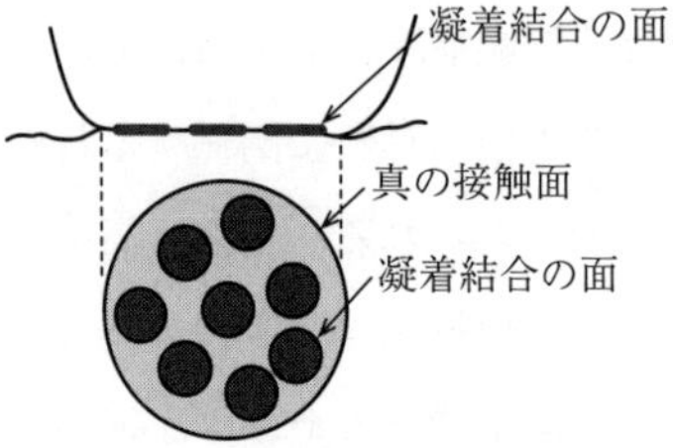

図 12.1　真の接触面内に形成した結合部（ジャンクション）

$$F = s_f\tau = \left(\pi a_f^2\right)\tau \tag{12.4}$$

ここに，τ は凝着結合領域のせん断ひずみ，s_f は真の接触面内の凝着結合面の大きさで，全面積が凝着に関与しているという仮定のもとで考えている。a_f は凝着結合面の半径である。

つぎに，摩擦係数は水平方向の摩擦力に対する垂直荷重の比として式 (12.5) で与えられる。

$$\mu = \frac{F}{W} = \frac{s_f\tau}{W} = \frac{\left(\pi a_f^2\right)\tau}{W} \tag{12.5}$$

ここに，μ は摩擦係数，F は一方の接触面を滑らせるのに要する力，すなわち摩擦力である。W は垂直荷重である。

式 (12.5) から摩擦係数は真の接触面積に直接的に比例する。他方，汚染皮膜で覆われている接触面では皮膜によって強く影響を受ける。すなわち，金属間の結合の形成は皮膜によって妨げられるので，皮膜が潤滑剤として働くので，摩擦係数は清浄な表面に比べて低くなる。せん断や分解破壊が皮膜自身の内部で起こると，式 (12.4) のせん断ひずみは皮膜自体で生じる。

12.1.3　単一の真の接触面での接触抵抗と摩擦係数との関係

真の接触面の大きさと接触抵抗の関係は式 (12.1) で与えられる。真の接触面は集中抵抗に関係し，真の接触面は摩擦回数に作用する。したがって，集中抵抗と摩擦係数は同一の真の接触面から誘導される。それゆえ，集中抵抗に関係する真の接触面の大きさ s_k は式 (12.1) から式 (12.6) で表される。

$$s_k = \frac{\rho^2 \pi}{4 R_c^{\,2}} \tag{12.6}$$

真の接触面の大きさを式 (12.5) で表される摩擦係数と結びつけると，式 (12.7) を得る。

$$s_f = \frac{W\mu}{\tau} \tag{12.7}$$

ここで，s_k は s_f と等しいと仮定している。すなわち，式 (12.6) = 式 (12.7) で，これによって，集中抵抗と摩擦係数は式 (12.8) で表される一つの関係で結ばれる。式 (12.8) から集中抵抗は摩擦係数の 1/2 乗に比例することがわかる。この関係は真の接触面積の大きさが集中抵抗と摩擦係数の双方に対して同じであるという仮定の上に成り立っている。この関係を**図 12.2** に示す。式 (12.8) からもし摺動が滑らかであれば，接触抵抗は増加し，摺動が滑らかでなければ接触抵抗は減少する。

$$R_c = \rho \left(\frac{\pi\tau}{4W} \right)^{1/2} \mu^{-1/2} \tag{12.8}$$

つぎに，接触面が汚染皮膜で覆われていれば，接触抵抗は皮膜抵抗で支配される。皮膜抵抗は式 (12.2) で与えられ，皮膜抵抗との関係で真の接触面積の大きさは式 (12.9) で与えられる。

$$s_k = \frac{\sigma}{R_f} = \frac{\rho_f d}{R_f} \tag{12.9}$$

ここで，もし真の接触面が皮膜抵抗と摩擦係数に作用する汚染皮膜で覆われ

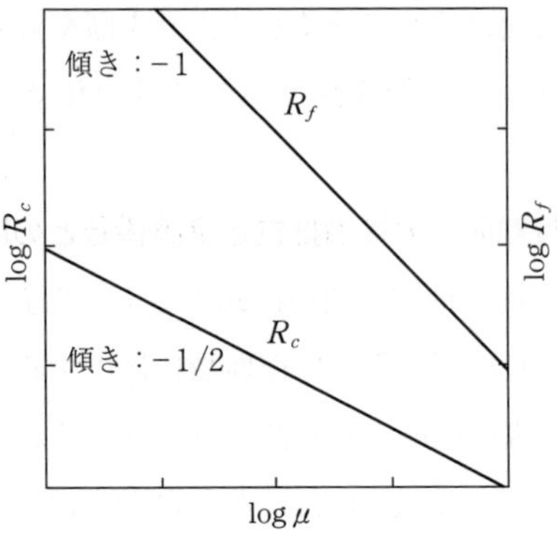

図 12.2　摩擦係数 μ を関数とした集中抵抗 R_c と皮膜抵抗 R_f の関係

ていれば，式 (12.9) に式 (12.7) を代入すると，皮膜抵抗と摩擦係数との関係は式 (12.10) で与えられる。式 (12.10) は皮膜抵抗が摩擦係数に反比例していることを示している。式 (12.10) の関係を上述の集中抵抗と摩擦係数の関係と比較して図 12.2 に示した。

$$R_f = \left(\frac{\rho_f d\tau}{W}\right)\mu^{-1} \tag{12.10}$$

12.1.4　複数の接触面を通しての接触抵抗と摩擦係数の関係

一般に，接触面には粗さやうねりがあるので，それらの複数の接触面が**図 12.3** に示すように見掛けの面の中に含まれる。この場合，集中抵抗は式 (12.11) に示すようにホルムによって示されている [5)]。

$$R_{cm} = \frac{\rho}{2na} + \frac{\rho}{2r} \tag{12.11}$$

ここに，n は接触面の数，a は真の接触面の半径，r は見掛けの接触面の半径である。見掛けの接触面の半径 r と真の接触面の半径 a はそれぞれ式 (12.12) と式 (12.13) で与えられる。ここで，見掛けの接触面の大きさは $A_a = \pi r^2$ と真の接触面の大きさの全合計 $A_s = n\pi a^2$ の関係に基づいている。

$$r = \left(\frac{A_a}{\pi}\right)^{1/2} \tag{12.12}$$

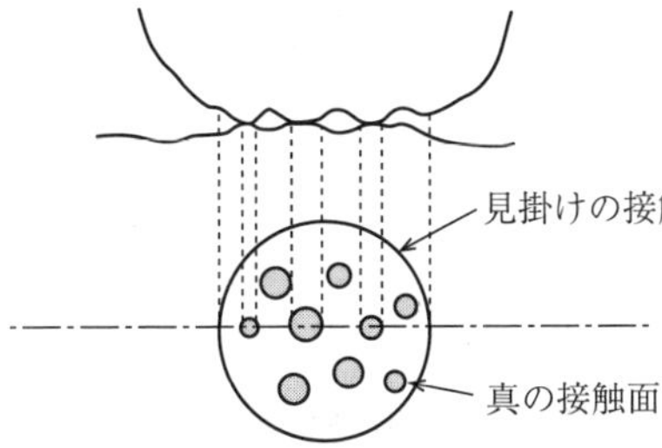

図 12.3　見掛けの接触面内に分布する接触面

$$a=\left(\frac{A_s}{n\pi}\right)^{1/2} \tag{12.13}$$

さらに，式 (12.12) と式 (12.13) とを式 (12.11) に代入すると，集中抵抗は式 (12.14) で示される。

$$R_{cm}=\frac{\rho}{2n}\left(\frac{A_s}{n\pi}\right)^{-1/2}+\frac{\rho}{2}\left(\frac{A_a}{\pi}\right)^{-1/2} \tag{12.14}$$

式 (12.14) で，集中抵抗は真の接触面の全合計の 1/2 乗に反比例することがわかる。

また，摩擦は真の接触面積で生じるので，式 (12.7) で示される真の接触面の大きさと摩擦係数の関係を式 (12.14) のすべての真の接触面，すなわち $A_s=s_f$ に代入すると，集中抵抗と摩擦係数の関係が式 (12.15) で与えられる。

$$R_{cm}=\frac{\rho}{2n}\left(\frac{W}{n\tau\pi}\right)^{-1/2}\mu^{-1/2}+\frac{\rho}{2}\left(\frac{A_a}{\pi}\right)^{-1/2} \tag{12.15}$$

式 (12.15) は複数の接触面の集中抵抗が摩擦係数の 1/2 乗に反比例することを示している。皮膜で汚染した表面では複数の真の接触面が生じ，皮膜抵抗は上述の集中抵抗に類似して式 (12.16) で与えられる。

$$\begin{aligned}R_{fm}&=\frac{\rho_f d}{n\pi a^2}+\rho_f d(\pi r^2)^{-1/2}\\&=\frac{\rho_f d}{A_s}+\frac{\rho_f d}{A_a}\end{aligned} \tag{12.16}$$

表面が汚染皮膜で覆われていても真の接触面は摩擦に作用する。よって，真の接触面と摩擦係数を A_a に代入すると，すなわち $A_a=s_f$，皮膜抵抗と摩擦係数の関係は式 (12.17) で与えられる。接触面が複数の場合，式 (12.17) で示されるように，皮膜抵抗は単一接触面の場合のように摩擦係数に対して反比例する。

$$R_{fm}=\frac{\rho_f d}{A_s}+\left(\frac{\rho_f d\tau}{W}\right)\mu^{-1} \tag{12.17}$$

12.2　接触抵抗と摩擦係数の関係の検証

上述のように導かれた摩擦と接触抵抗の関係を確かなものとするため，接触抵抗と摩擦の実際的測定が行われた。金属の特性や表面の汚染などの表面状態は接触抵抗や摩擦係数に影響する。したがって，式(12.8)における集中抵抗と摩擦係数の関係を種々の接触部材料や接触部の形状で調べた。接触の形態として平面と半球面（ライダー）の接触状態を用いた。平面が半球面に対してスライダーとして摺動する。ライダー接触部は片持ち梁の一端に取りつけられ，接触荷重は 100 gf（1 N），摺動速度は数 mm/s とした。摺動距離は最大で 50 mm で単一摺動とした。測定は清浄な実験室雰囲気で行った。接触抵抗と摩擦係数は摺動中に同時に行った。接触力や摩擦力はひずみゲージで検出した。接触部試料やその準備は以下のとおりである。用いたおもな試料は Cu（銅），Zu（亜鉛），Ag（銀）である。これらの試料に加えて鉄球と Au めっき面が用いられた。これら試料の純度は商用純度で，平面スライダーの大きさは 10×50×1 mm，半球面の曲率半径は 2 mm であった。双方の面は注意深く鏡面仕上げを行い，超音波脱脂洗浄を行った。さらに，表面は大気中で電気炉を用いて酸化した。酸化物は $CuO+Cu_2O$，ZnO，その他の酸化物である。Ag の試料表面はフルオロカーボン中で溶解したステアリン酸を塗布した。また，鏡面処理した清浄面を上述の溶液に浸し，一定速度で引き上げて均一なステアリン酸皮膜を作った。さらに，Cu の平面と接触させた鋼鉄半球面には JIS SUJ2 を用いた。また，Cu 表面でもステアリン酸皮膜で被覆した。最後に，Au めっき面を調べた。Au めっき面は Au めっき半球面と接触させた。Au は中間めっきの Ni 面に 0.3 μm の厚さにめっきした。中間めっきの Ni はリン青銅の下地面に

2.0 μm の厚さにめっきしたものである。

ステアリン酸皮膜などは直接的に接触抵抗の一部を構成する皮膜抵抗に影響する。Cu や Zn 面の酸化皮膜やステアリン酸皮膜など皮膜の厚さはエリプソメトリ [6),7)] で測定した。相手方の接触部であるライダーの半球面は平面接触部上を摺動する。この摺動中の接触抵抗の変化と摩擦係数の変化は同時に記録した。接触抵抗は 1 mA の一定電流通電中に電圧降下法で測定した。摩擦係数は摺動中のライダーに取りつけたひずみゲージで測定した。摺動運動中の接触抵抗と摩擦係数は同時に時間の関数として記録した。この測定によって，接触抵抗と摩擦係数の相互の関係を調べた。

12.3 実際の接触抵抗と摩擦係数の関係

接触抵抗と摩擦係数が摺動中に同時測定された。その結果はそれぞれの図とともに示す。

（1） **Cu 接 触 部**　酸化物皮膜で覆われた Cu 試料面の接触抵抗 R_k と摩擦係数 μ との間の関係を**図 12.4** に示す。この場合，酸化物皮膜の厚さは 100 nm で，接触荷重は 5 gf（5×10^{-2} N）であった。測定したデータは図 12.4 で高接触抵抗部分と低接触抵抗部分の二つの部分を示している。これらのデータの傾きは式 (12.8) と式 (12.9) に対応する直線の傾きと一致している。すなわち，図 12.4 に示されているように，高接触抵抗のグループのデータは μ^{-1} に一致し，低接触抵抗に対するデータのグループは $\mu^{-1/2}$ と一致している。また，この特性は二つの部分から構成されている，すな

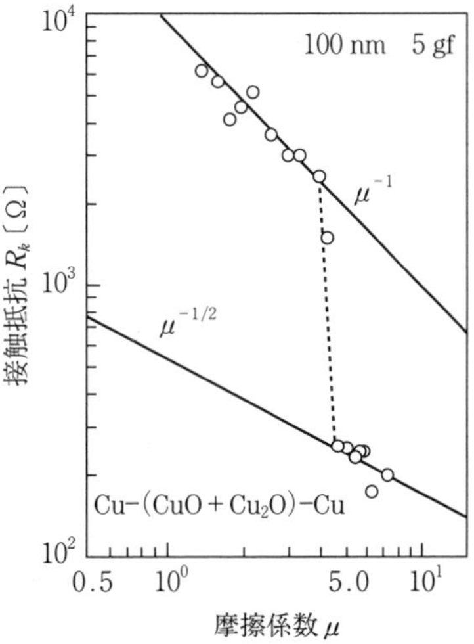

図 12.4　皮膜で覆われた Cu 接触面どうしの摩擦係数 μ と接触抵抗 R_k の関係

わち一つは摺動直後に現れる接触抵抗で，これは摩擦係数 μ^{-1} の −1 乗に比例している。ほかの部分は摺動後しばらくして現れる接触抵抗で，摩擦係数 $\mu^{-1/2}$ の −1/2 乗に比例している。

接触境界部に皮膜が介在すると皮膜の抵抗値が高いので，接触抵抗は高い値を示す。さらに，同時に，皮膜が介在するために摩擦係数は低くなる。いい換えれば，金属結合の形成が皮膜によって妨げられるので，摩擦係数は低い値へと減少し，これは図 12.4 に示す μ^{-1} 特性に対応している。図においては，皮膜に原因して摩擦係数は低く，接触抵抗は高い。この特性は上述した特性と一致する。すなわち，接触抵抗は単一の真の接触面に対して式 (12.10) で与えられるように，また，複数の接触面に対して式 (12.17) で与えられるように μ^{-1} に比例する。

つぎに，皮膜が摺動中に摩耗し，破壊すると，金属接触が生じる。結果として，摩擦係数は増加するが接触抵抗は減少し，集中抵抗が支配するようになる。図 12.4 において，$\mu^{-1/2}$ に対するデータは，すなわち接触抵抗が低く摩擦係数が高いということは図 12.4 の式 (12.8)，(12.15) の $\mu^{-1/2}$ 特性と一致している。ここで，$\mu=4$ で皮膜が破壊し，この摩擦係数でのこの高接触抵抗は低摩擦で急速に減少し，摩擦係数は $\mu=7.4$ の高い最大値を記録する。

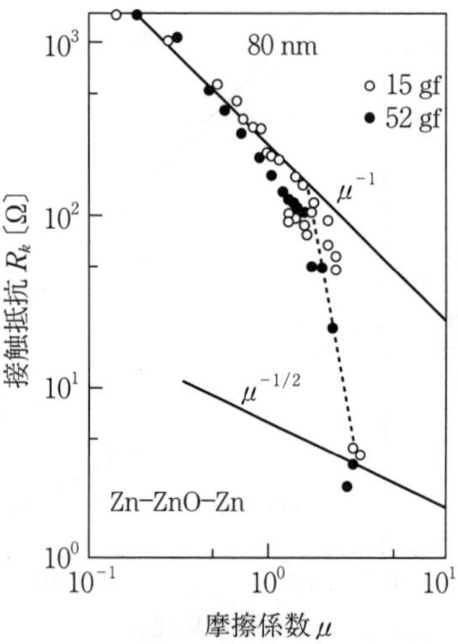

図 12.5　皮膜で覆われた Zn 接触面どうしの摩擦係数 μ と接触抵抗 R_k の関係

（2） **Zn 接 触 部**　Zn の摩擦係数と接触抵抗の関係を**図 12.5** に示す。この場合，Zn の酸化皮膜（ZnO）は 80 nm であった。接触荷重を二つのレベル，15 gf と 52 gf を用いた。Zn 試料の特性は Cu 試料（図 12.4）の場合と同じで，μ^{-1} の直線に乗っている。しかし，皮膜の機械的破壊が生じると $\mu^{-1/2}$ 特性上の摩擦係数は $\mu=2$ の一定の値に収束した。

これは金属接触の発生を意味している。Zn はせん断力で低い値であり，低い硬度である。また，たとえ接触境界部で金属結合が生じ容易に破壊しても，一定レベルの滑らかな摺動を続ける。

（3） **鋼鉄の半球面と Cu の平面との接触** 鋼鉄の半球面と Cu の平面との接触について，接触抵抗と摩擦係数の関係を**図 12.6** に示す。接触表面は見掛け上清浄なので，接触抵抗は低い値を示している。500 gf の接触荷重に対して得られたデータは Cu-Cu 接触の場合と同じ傾向を示した。図 12.6 に示すように，測定されたデータは二つのグループ，すなわち $\mu^{-1/2}$，μ^{-1} の特性に分けられる。表面が見掛け上正常であっても，吸着皮膜のような薄い皮膜が存在する。加えて，一方の接触表面が鋼鉄の半球であるので，たいへん硬く，表面の皮膜の破壊は簡単に容易には起こらない。μ^{-1} の特性データは薄い皮膜が接触面間に存在していることを示している。これらのデータは摺動開始直後に現れている。

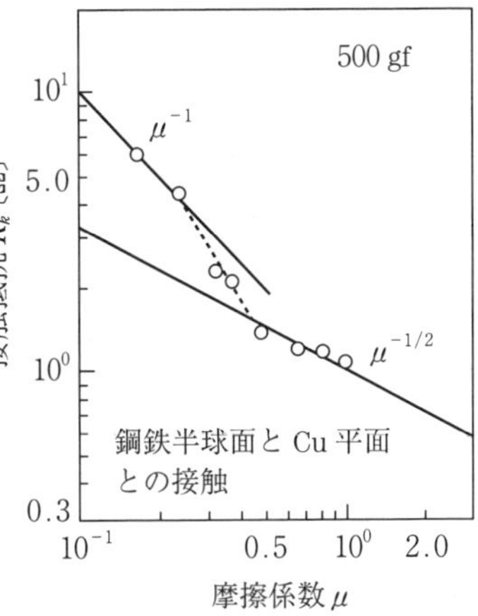

図 12.6 鋼鉄半球面と Cu 平面との接触

摺動が長時間続くと，半球面上の皮膜は取り除かれ，金属接触が生じる。このため μ^{-1} のデータは $\mu=0.48$ でより高い値を示している。

（4） **Au めっき接触** Au めっき半球と Au めっき平面との接触の場合を**図 12.7** に示す。接触荷重は 400 gf である。図 12.7 に示す特性は $\mu^{-1/2}$ 特性からずれている。Au 表面は清浄面なので，容易に金属結合が生じる。

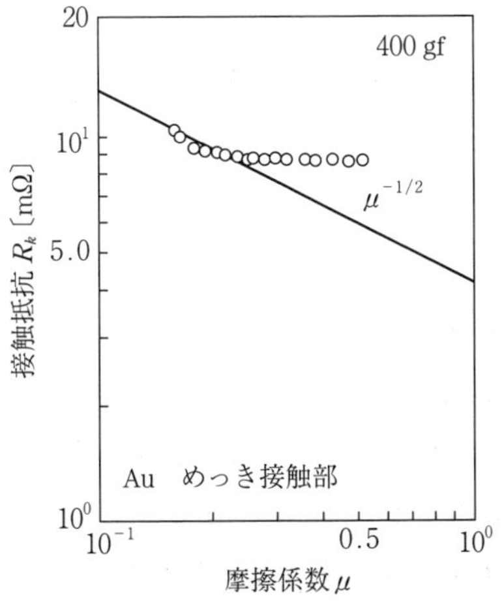

図 12.7 Au めっき面どうしの接触

ひとたびこの結合が生じると，これを破壊するには強い摩擦力が必要となる。そのためここでは，最大摩擦力が約 200 gf であった。

（5） **ステアリン酸皮膜を塗布した Ag の接触**　ステアリン酸を塗布した Ag 接触部の接触抵抗と摩擦係数の関係を**図 12.8** に示す。この場合，接触荷重は 1, 10, 100 gf の 3 水準とした。図 12.8 に示すように，この試料から得られた特性は図 12.4 ～ 12.7 に示したほかの特性とはずいぶんと異なっている。この違いはおもにステアリン酸の特殊性に依存している[7),8)]。表面上の吸着ステアリン酸分子の配向はこれらの特性に影響している。摩擦係数は低荷重と薄い皮膜で高い値を示し，これとは逆に高い荷重と厚い皮膜で低い摩擦係数を示した。接触荷重が 1 gf であると，摩擦係数は一定値の $\mu=1.4$ を示した。しかし，接触抵抗は広い範囲で変動した。接触抵抗におけるこの変化は摺動動作でステアリン酸の膜厚さが影響していると思われる。

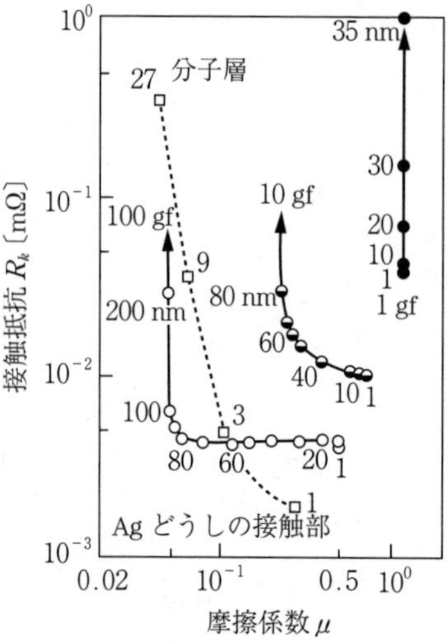

図 12.8　Ag めっき面どうしの接触

一方，100 gf の高荷重に対して摩擦係数は厚い 100 nm の膜厚に対して $\mu=0.05$ の一定値を示した。一方，接触抵抗は大幅に変化した。同様の結果は 10 gf の接触荷重でも得られた。摩擦係数は $\mu=0.25$ の値で一定であった。しかし，接触抵抗は大幅に変化した。

ここで，ステアリン酸の場合，この皮膜の存在でも μ^{-1} 特性がもたらされ，$\mu^{-1/2}$ は示されなかった。これらの特性は真の接触面積の変化によるという仮定のもとで成立した。しかし，ステアリン酸皮膜の場合，皮膜の厚さの減少がおもに生じ，これによって接触抵抗の変化のみが生じた。したがって，この特性は上述の過程による特性から大きくかけ離れたものとなる。参考までに Au めっき半球面とステアリン酸膜を塗布した Cu 平面との接触部の接触抵抗特性を図 12.8 に点線で示した。この特性はステアリン酸皮膜を塗布した Ag 接触部と同じであった。

12.4 ま　と　め

接触抵抗をつかさどる静止接触部の真の接触面で摺動させ，このときの摺動による摩擦係数をつかさどる真の接触面は同一場所とみると，接触抵抗と摩擦係数は一義的に真の接触面を介して結ばれる。これは重要なことであって，一見性質の異なると思われる接触抵抗と摩擦係数が深く関係しあっていることを意味している。固着性の皮膜が接触境界部に介在しても上述の関係が成り立つが，軟質皮膜の場合は境界潤滑となって，この関係は成立しない。

引用・参考文献

1) Tamai, T.：Recovery of low level contact resistance based on mechanical removal of contact films, Proc. 8th Int. Conf. Electric Contact Phenomena, pp.95-100 (1976)；IEEJ Trans., **97,** 9, pp.433-440 (1977)

2) Tamai, T.：Study on adhesive junction of the contact surface, IEICE Technical Report, **EMC89-33** (Oct. 1989)

3) Bowden, F. P. and Taber, D.：The Friction and Lubrication of Solids, I, Clarendon Press, Oxford (1950)

4) Tamai, T.：Effect of adhesive junction and metal transfer on the mechanism of fluctuations in contact resistance, Wear, **38**, pp.87-100 (1976)

5) Holm, R. and Holm, E.：Charakteristiken von Kontaktwiderstenden, Wiss. Vereff. Siemens-Verk, **7**, 2, p.217 (1929)

6) Tamai, T.：Growth of oxide films on the surface of Cu contact and its effect on the contact resistance—Ellipsometric analysis, Electronics & Communication in Japan, **72**, 7, pp.87-93 (1989)；IEICE Trans. Electron. (Japanese Edition), **J71-C**, 10, pp.1349-1354 (Oct. 1988)

7) Tamai, T.：Elipsometric analysis for growth of Ag_2S film and effect of oil film on corrosion resistance of Ag contact surface, IEEE Trans. Compon. Hybrids Manuf. Technol., **CHMT-12**, 1, pp.43-47 (March 1989)

8) Tamai, T.：Contact properties of stearic acid film, IEICE Technical Report, **EMC89-59** (Jan. 1990)

13. シリコーン汚染と接触障害

シリコーンオイルやシリコーンゴムなどのシリコーン製品はほかのこの種のものに比較して化学的に安定で，人体に悪影響を及ぼさないといわれている。このため，その用途は多岐にわたり，電気・電子機器や機械装置などの工業製品はもとより，整髪料，医薬品や化粧品などの日用品に至るまで広い範囲に用いられている。しかし，驚くべきことは，シリコーン製品自体やこれらから発生するシリコーン蒸気によって，機構デバイスなどの電気的接触部や接続部での接触抵抗特性の劣化が引き起こされることである。接触部以外でも高温度にさらされるセンサやハードディスクの表面などで種々の問題を引き起こしている[1)~11)]。

シリコーン製品から生じるシリコーン蒸気が金属などの表面に吸着し，高温にさらされると，分解して酸素と反応してSiO_2を生じる。すなわち，このSiO_2は水晶や石英，あるいはガラスの主成分であって，典型的な絶縁体である。それゆえ，電気接触部で生成したSiO_2が接触境界部に介在すると接触不良となり，その機能を果たせなくなる。これがシリコーン汚染といわれている。このシリコーン汚染の特徴は，SiO_2が生じると急激に接触不良となり，ほかの吸着有機ガスなどの熱分解によってCが表面に蓄積し，動作の繰り返しとともに徐々に接触抵抗が増大する場合とは非常に異なる。ここで，Siはシリコン（silicon）であり，Siの化合物であるオイルやゴムはシリコーン（silicone）と表記される。

そもそもシリコーン化合物は水力発電などによる電力の豊かなフィンランドやノルウェーの石英鉱床から石英を採掘し，それを電気分解して純度99.99％の金属シリコンを生成する。これを輸入して，出発点として半導体用のシリコンウェハや，化学反応でシリコーンゴムやシリコーンオイルなどのシリコーン化合物が作られる。金属が周囲の硫化性の気体などの種々な汚染気体と反応して故郷の金属鉱石に戻るのと同様に，これらのシリコーン化合物が熱的に分解すると，最終的にもとの石英（SiO_2）に戻るのである。これがシリコーン製品の電気接触部への応用において接触不良の問題を引き起こす主要な原因となる[1),3),12),13)]。

一般に，シリコーンオイルなどの液体シリコーンは表面張力が低いので，クリープして直接的に表面を汚染する場合と，低分子のシリコーンオイルやシリコーンゴム中の未反応の低分子シリコーンが緩やかに蒸発し，表面に吸着する間接的な表面汚染との場合に大別できる。

本章では，筆者の研究を中心として，シリコーン蒸気の吸着による汚染を電気接触部の問題としてまとめた。表面に吸着したシリコーン分子がジュール熱などの加熱によって分解する静的な場合と，実際の開閉接点のような開閉接触部で分解する動的な場合とに分けて，シリコーン蒸気の接触障害に対する影響を，シリコーン濃度，分解温度，吸着膜厚，開閉頻度，電気負荷条件などの観点から，その対策を考えながら系統的に解説した。

13.1 シリコーン汚染による接触障害とシリコーンの種類（重合度）

シリコーンは分子構成によってその分子量が広い範囲に分布している。シリコーン汚染によって障害を生じた機器に使用されていたシリコーン製品を，その構成シリコーンの成分についてみると**図 13.1** に示すようになる。図の横軸はジメチルポリシロキサン：$[(CH_3)_2SiO]_n$：D_n の重合度を n で表している。この値が大きくなることは分子式が示しているように，分子量が大きくなることである。すなわち，障害を起こしたシリコーンの成分は n が 4 ～ 7 の間の

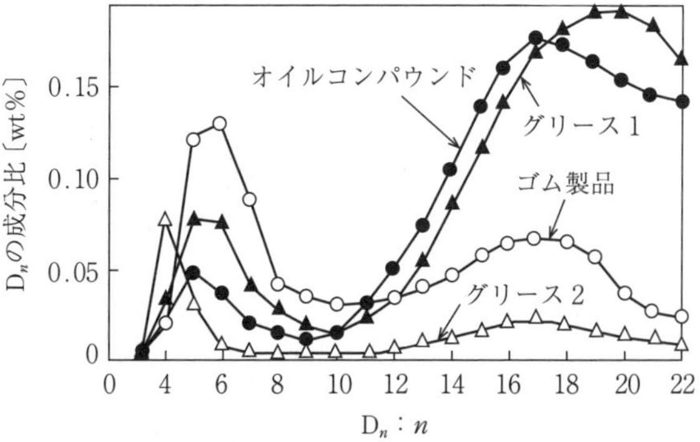

図 13.1 接触障害が生じたシリコーン製品の成分分布

低分子量成分と，14 ～ 20 の間の高分子量の成分とに分けられる。*n* がほぼ 8 以下の場合は，低分子量であるため揮発性が非常に大きく，金属表面にとどまらないので障害を引き起こさない。しかし，比較的小さい分子量 296 を持つ D_4（重合度 $n=4$）：オクタメチルサイクロテトラシロキサン（Octamethylcyclotetrasilloxane）$[(CH_3)_2SiO]_4$ は蒸発温度が 175 ℃であるにもかかわらず，室温において徐々に蒸発する。シリコーンの蒸気圧はその分子量の増加とともに指数関数的に低下する。低分子量の領域の成分を持つシリコーン製品は，その領域の成分が蒸発し，表面に吸着して障害を引き起こす。また，分子量が高い *n* が 14 ～ 20 のシリコーンは，オイルの場合であれば直接表面にこれらが付着して，熱分解して障害を引き起こす。したがって，ここで

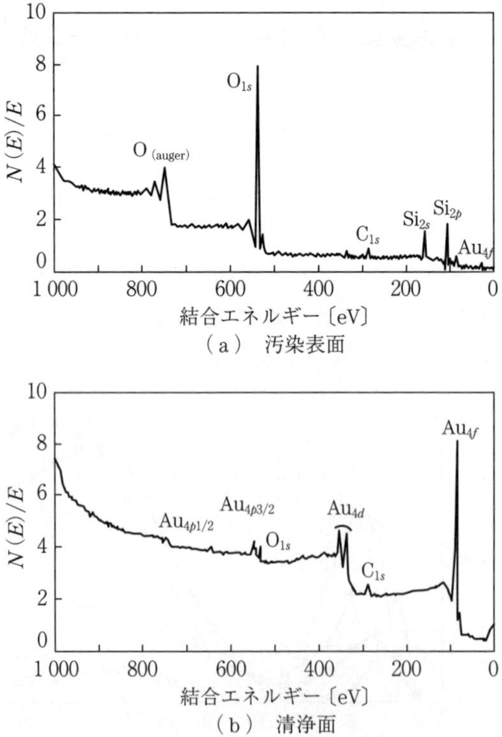

（a） 汚染表面

（b） 清浄面

図 13.2　シリコーン汚染面と清浄面の XPS 分析結果（汚染面で SiO_2 が認められる。）

取り上げている蒸発したシリコーン分子が問題となるシリコーン汚染とは異なることになる。生成物の XPS（X-ray photoelectron spectroscopy）による分析結果をシリコーン汚染面と清浄面とについて比較すると**図 13.2** に示すようになる。これから明らかに，シリコーン汚染表面の分解生成物が SiO_2 であることを示している。すなわち，XPS による分析の結果は図のように Au 汚染面〔図 13.2（a）〕では Au のピークと $Si_{2s,\,2p}$ のピークが認められる。これに対して清浄面〔図 13.2（b）〕では $Au_{4p,\,4d,\,4f}$ と $O_{1s\ \mathrm{auger}}$，C_{1s} のピークである。この結果から試料表面の生成物は SiO_2 + C からなることがわかる[10)]。

他方，障害の発生しないシリコーン製品の成分の分布は，**図 13.3** に示すように，低分子量の領域が存在しないことが特徴である。つまり，シリコーン蒸気による汚染の観点からは，シリコーン製品に比較的蒸発しやすい低分子の成分が存在しないことが重要である。

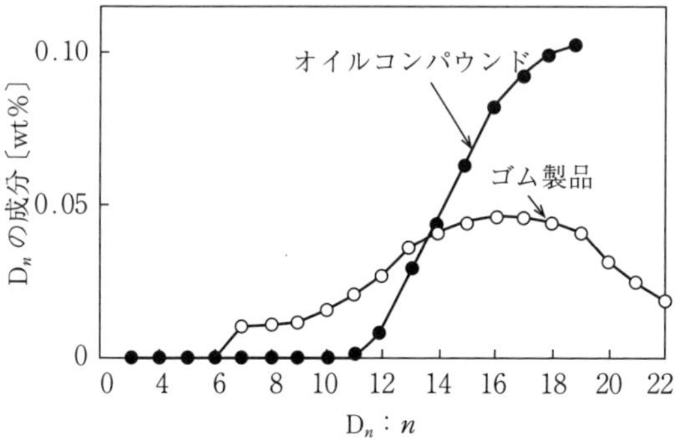

図 13.3 接触障害が発生しないシリコーン製品の成分分布

13.2 シリコーンの分解過程

シリコーン蒸気の熱分解には，つぎに示す高温度の場合と低温度の場合とがある。まず，高温度での分解の場合であるが，シリコーン蒸気は酸素の存在のもとで熱エネルギーが加わると，SiO_2 と H_2CO に分解し，H_2CO は H_2O と CO_2

に分解する。しかし，熱エネルギー以外でも紫外線やオゾンの作用で分解することが考えられる。熱エネルギーだけの場合では接触抵抗によるジュール熱による分解のみであるが，開閉接触部での放電の場合には，発熱のほかに，紫外線の発生や大気の分解で生じる O_3（オゾン）などが作用し複雑な様相を呈する。また，分解温度が比較的低い場合は反応が不十分で，C が分子構造の別の部位に結合した生成物の発生も考えられている。上述の高温度の分解で一番基本的な完全分解過程は式 (13.1) で示される。

$$[(CH_3)_2SiO]_4 + (2n+4)O_2 + (\text{熱エネルギー，紫外線，オゾン})$$
$$\longrightarrow (n+1)SiO_2 + (n+2)H_2O + (2n+4)H_2CO[\text{ホルムアルデヒド}]$$
$$\longrightarrow H_2O + CO_2 \qquad (13.1)$$

この反応は，通常，最終段階の $H_2O + CO_2$ までいかず，$(2n+4)H_2CO$［ホルムアルデヒド］生成の過程で止まる場合が多く見られる。

つぎに，上述の式 (13.1) の高温反応のほかに低温度の分解と重合反応がある。D_4 分子には環状と鎖状とがあり，室温で環状から鎖状に変化したり，あるいは鎖状から環状に変化し，平衡状態を保っている。この様子を**図 13.4** に示す。図において環状シリコーンは 85 %が気体状態，鎖状シリコーンは 15 %が液体状態で，平衡状態でこの気体と液体の間を行ったり来たりしているものと思われる[20]。

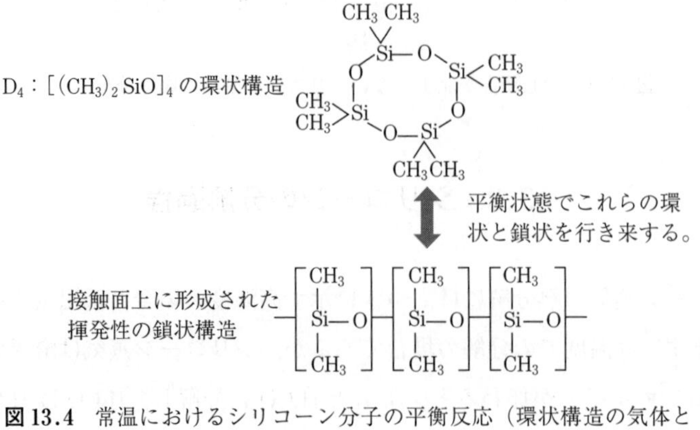

図 13.4　常温におけるシリコーン分子の平衡反応（環状構造の気体と鎖状構造の液体が混在する。）

さらに，**図 13.5** に示す鎖状のシリコーンの分子構造において，最初に側鎖の CH_3 の酸化によって CHO となり，さらに酸化した CHO の酸化によって OH が生じる酸化過程が存在する。すなわち

$$CH_3 + O_2 = CHO + H_2O,\quad CHO + O_2 = \underline{OH} + CO_2 \tag{13.2}$$

この酸化過程で生じた各分子の OH は互いに反応して，この D_4 分子を結合させる。すなわち，複数の単体 D_4 どうしが重合して長い鎖状のシリコーン分子を作り，液体の D_4 から固体やフィルム状の高分子生成物を生じる。この分解反応は式 (13.1) で説明した高温度による完全分解過程とは異なり，低温度でシリコーンの重合化が徐々に生じることを意味している[20]。

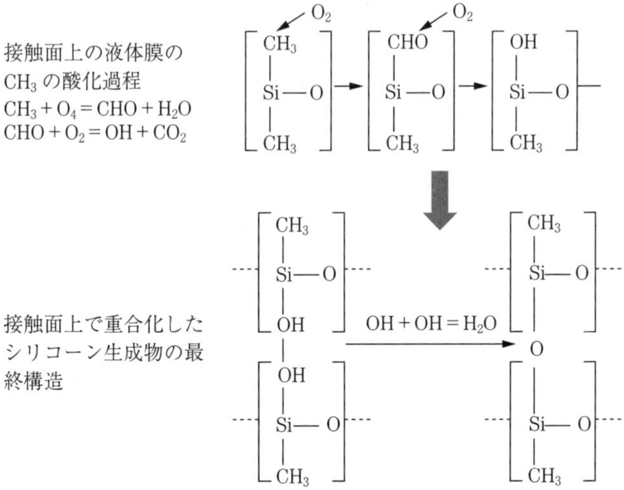

比較的低い温度で D_n の CH_3 部分が酸化し，CHO となり，さらに CHO が酸化されて OH となる。複数の D_n の OH どうしが結合して，O を介して高分子化する。液体が皮膜状高分子に変化する。

図 13.5　比較的低い温度で D_n が酸化して高分子化が起こる

13.3　シリコーンの高温度分解の静的生成とその接触抵抗への影響

シリコーン蒸気が表面に吸着し，どのようにして熱分解が始まり，どのような形態で生成物が生じるかをここで D_4 に着目して取り上げる。密閉した反応容器（5 リットル）内に，清浄空気で希釈した D_4（0.1 ～ 1 000 ppm の範囲）をそれぞれ注入し，その雰囲気内で板状の Au などの接触部試料表面を下部から電気ヒータで加熱（100 ～ 750 ℃）することを行った。吸着した D_4 蒸気は熱分解してガラスフィルム状の生成物が表面を均一に覆う。各温度や濃度で生成したこの試料をエリプソメトリによって膜厚と生成物の分析を行った。その結果を SiO，SiO_2-α，SiO_2-amorphous の三つの光学定数に着目して**図 13.6** に示す。図が示すように，Ψ-Δ 系の偏光角の座標において SiO_2-amorphous の特性曲線上を測定点が動くことがわかる。この結果から，生成物はアモルファス（amorphous）の SiO_2 であるといえる。すなわち，板ガラス状の化合物が生成したのである。ここで念のため，生成物を XPS で分析した結果を**図 13.7** に示

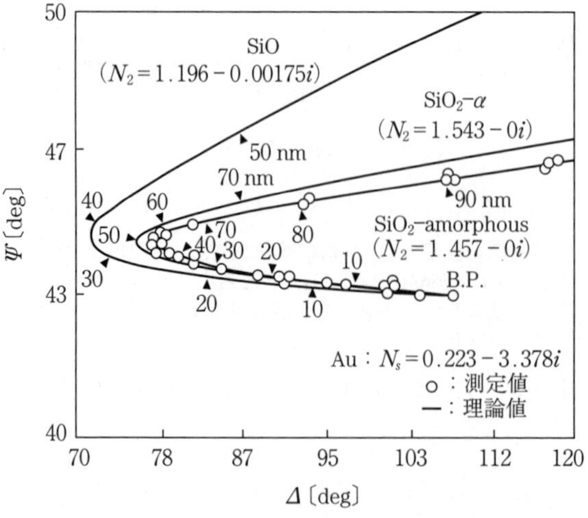

図 13.6　エリプソメトリ解析による SiO_2 皮膜の成長膜厚とその同定

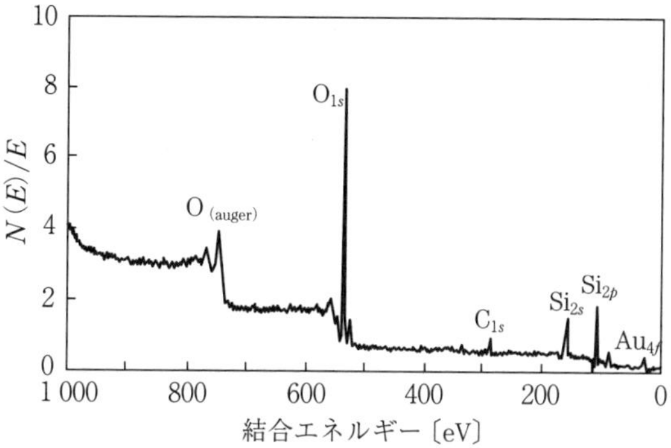

図 13.7　SiO_2 皮膜の生成を示す XPS 分析による結合エネルギーのスペクトル

す。結合エネルギーのスペクトルのピーク O_{1s}，Si_{2s}，Si_{2p} から生成物は SiO_2 であることがわかる。つぎに，下地の金属に対してはその影響は検出されない。SiO_2 皮膜の成長と加熱時間の関係は，**図 13.8** に示すように，加熱初期では直線的に増加し，ついで飽和する。この飽和はシリコーン蒸気が流れてつねに補給されていないためである。このプロセスを繰り返すと皮膜は直線的に増加する。すなわち，生成反応ごとに皮膜が積み重なっていくことを物語っている[12)]。

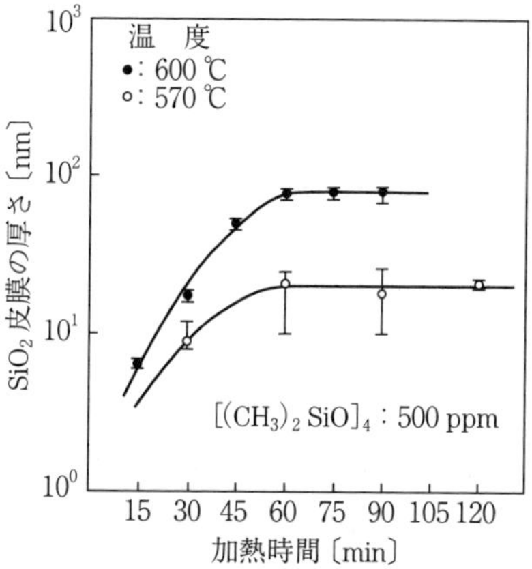

図 13.8　SiO_2 皮膜の成長に対する温度と加熱時間の関係

つぎに，SiO_2 の膜厚と接触抵抗の関係は，**図 13.9** に示すように，ある膜厚を過ぎると接触抵抗は急激に増加する。これは，相手の接触部に 1.0 mmϕ の Au 合金プローブを用いて測定しているので，薄い皮膜では荷重を支えきれず破壊して金属接触が起こり，低接触抵抗を示す。破壊できないほど厚くなると絶縁性の皮膜が接触部に介在するので，抵抗値は急激に高い値を示す。つまり，ガラス質の皮膜が生じていることを示している。これらから，シリコーン蒸気濃度，加熱温度，皮膜の厚さ，および接触抵抗の 4 者の関係をまとめると**図 13.10** に示すような特性となる。図から接触不良の生じる限界条件を見きわめることができる。

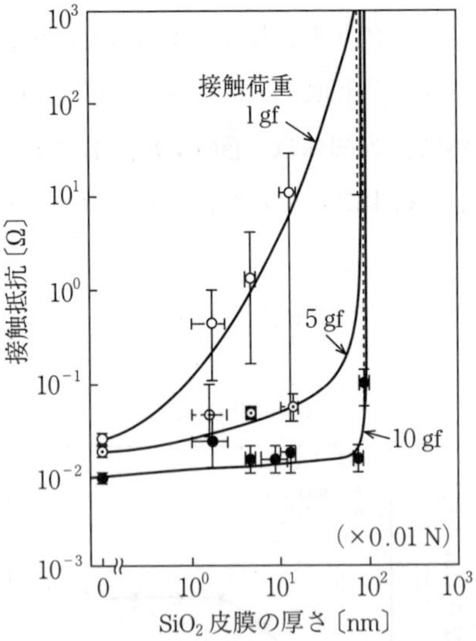

図 13.9　SiO_2 皮膜の膜厚に対する接触抵抗の関係

開閉接触部で放電の熱でシリコーンが分解する場合，接触部間には電圧が印加されているので印加電圧の影響があるはずである。そこで，静止状態で開放状態の電極に電圧を印加して，ヒータで加熱してみると，熱分解で生成した SiO_2 は負電極面にのみ発生し，正電極面にはその存在は認められなかった。SiO_2 の発生メカニズムは $[(CH_3)_2\,SiO]_4$ が SiO と $(CH_3)_2$ とに分解し，これら

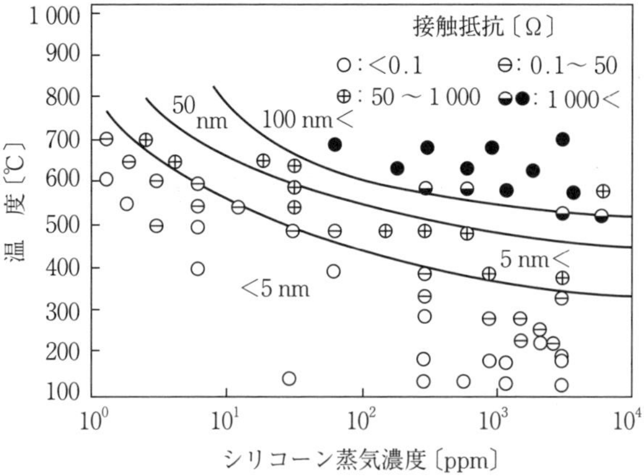

図 13.10　シリコーン蒸気濃度と加熱温度に対する SiO_2 皮膜の厚さと接触抵抗の分布

がそれぞれ O_2 と反応する。この過程で，$4SiO \longrightarrow 4SiO^{2+} + 8e^-$ となり，SiO は 2 価の電子を持った $4SiO^{2+}$ にイオン化する。この＋イオンは $2O_2 + 8e^- \longrightarrow 4O^{2-}$ から生じた O^{2-} イオンと反応して SiO_2 になる。この反応過程から SiO_2 の生成には接触部の印加電圧の極性に依存する。

さらに，この反応過程時に電極間にイオン電流が流れるが，その時間に対する変化を**図 13.11** に示す。イオン電流が長いことから，シリコーン分子が電

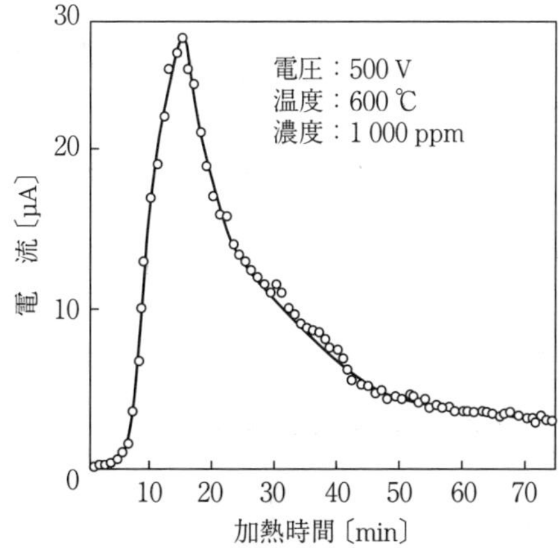

図 13.11　SiO_2 生成時のイオン電流の経時変化

極表面に吸着し，そこで分解反応が生じて，分解すると同時に新しいシリコーン分子が供給されるプロセスが存在しているといえる。

13.4 シリコーン蒸気の吸着と吸着膜厚

接触不良とシリコーン蒸気の吸着との関係を知るには，シリコーン蒸気濃度や放置時間に対して吸着膜厚，すなわち吸着量を論じる必要がある。1 300 ppm（飽和濃度）と 7 ppm（不良発生の限界濃度）について D_4 の Ag 表面と Au 表面への吸着について，その膜厚を放置時間に対して調べた結果が**図 13.12** の特性である。この膜厚はエリプソメトリで測定されたものである。図が示すように，放置時間の経過とともに膜厚はほぼ直線的に緩やかに増加し，高濃度の雰囲気ではほぼ 10 時間で飽和し，低濃度に雰囲気でも 800 時間で同一膜厚の 1.3 nm に収束している。この結果は，予想に反して吸着速度が非常に遅く，しかも非常に薄い膜にとどまるということである[14]。

ここで，D_4 シリコーンの単分子モデルとその大きさを**図 13.13** に示す。図に示すスケールから単分子の大きさはほぼ飽和膜厚に等しい 1.3 nm 程度であ

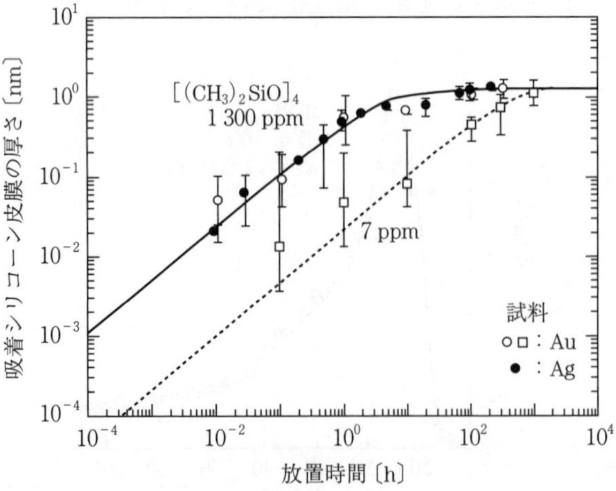

図 13.12　吸着シリコーン皮膜の厚さとシリコーン蒸気雰囲気における放置時間の関係

る。このことから，測定された飽和吸着膜は単分子膜である。ここで，飽和に至るまでに測定される単分子膜以下の膜厚はなにを意味するかという疑問が生じる。これは，金属表面に時間の経過とともにシリコーンの単分子が島状に離散的に吸着していくと考えられる。すなわち，エリプソメトリでは表面に照射するレーザ光ビームの中に入った膜の厚さを計測するものであるから，ビーム中に島状に点在するシリコーンは平均膜厚として測定される。ビーム中の単分子の数が少なければ，単分子より薄い膜厚として計測されることになる。

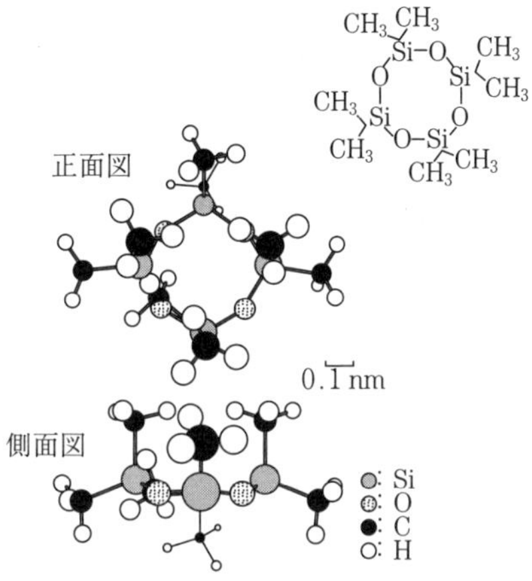

図 13.13　D_4:[$(CH_3)_2SiO$]$_4$ の分子構造

つぎに，単分子のモデルに示されているように，4 個の O（酸素）が結合しており，この O には二つの結合に関与していない電子対（lone electron）が存在する。表面への分子の吸着は，金属表面に存在するダングリングボンドへのこの電子対が取りつき，吸着が行われる。そして，単分子膜がすべて表面を覆ってしまうと，金属側からのダングリングボンドがなくなるので，第 2 層目を形成するはずのシリコーン分子は，吸着の手を持たない第 1 層目のシリコーン分子のまわりを漂うこととなる。その結果，シリコーン膜は厚さ方向へ成長することができず，単分子膜にとどまることになる。

さらに，図 13.4 に示したように，はじめは分子構造が環状シロキサンを構成しているが，室温において，環状の一部が切れて鎖状となり，平衡状態で鎖状が環状に変化したり，環状が鎖状になったりを繰り返していると考えられる。これらの状態は液体と気体の混合状態と考えられる。それゆえ，膜厚は単分子膜程度となるものと考えられる。

13.5　開閉接触部や摺動接触部に及ぼすシリコーン蒸気の動的影響

13.5.1　接触抵抗特性に及ぼすシリコーン蒸気濃度の影響

シリコーン蒸気分子の表面への吸着は最終的に吸着分子が表面全面を覆い，単分子膜を形成する。単分子膜を形成するまでは，吸着分子の量に明らかに濃度依存性が認められる。そこで，ここでは接触抵抗の増大による障害に対するシリコーン濃度の影響を考察する[15)]。

はじめに，マイクロリレーとマイクロモータに着目して，密閉の一定の大きさ（5 リットル）の密閉容器中に D_4 濃度を 0.1 ～ 300 ppm の範囲で濃度を変えて，接触不良が生じるまで動作させると，シリコーン濃度と動作時間の関係は**図 13.14**，**13.15** に示すとおりである。

マイクロリレーでは，図 13.14 のように動作時間とシリコーン濃度との間に直線関係のあることがわかる。そのうえで，このリレーでは濃度が 10 ppm 以下になるとほとんど接触障害が起こらないことを示している。これは，これ以下の濃度でも SiO_2 は生成するとしてもその量は微量で，接触力や接触時の微摺動で金属接触を妨げないためである。すなわち，SiO_2 生成物はアモルファ

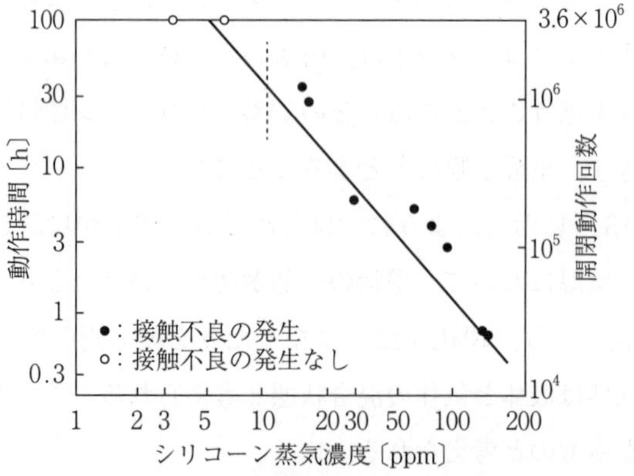

図 13.14　シリコーン蒸気濃度とマイクロリレーが不良に至るまでの動作時間の関係

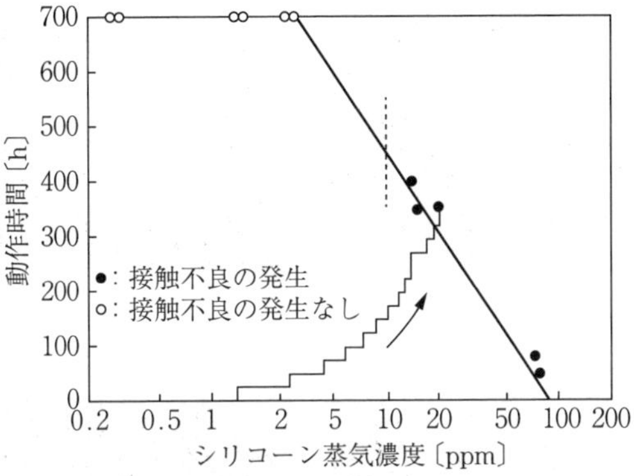

図 13.15　シリコーン蒸気濃度とマイクロモータが不良に至るまでの動作時間の関係

スガラスであるため，機械的強度が低く，接触力や摺動によって SiO_2 は除去され，金属接触が得られることになる。したがって，接触障害の発生の限界濃度はデバイスの接触条件で変化することになる。つぎに，マイクロモータでのシリコーン蒸気濃度と動作時間を示す図 13.15 では，リレーの場合と同様に反比例の関係にあることがわかる。濃度が 10 ppm 以下では不良が発生していない。このあたりの状況はマイクロリレーの場合と同様である。なお，順次シリコーン濃度を上げていくと上述の関係ライン上で不良になることがわかる。接触不良後の開閉面と摺動面，および SiO_2 の生成状況を EPMA によって得た映像を**図 13.16** に示す。

結局，濃度は SiO_2 の発生量に関係し，接触部の機械条件が生成皮膜の破壊に関係するので，その発生と破壊除去のバランスで接触不良が決まることになる。

つぎに，上述した D_4 の安全限界は 0.13 mg/l に対応する。環状シロキサン D_n の重合度 n と温度，および蒸気圧の 3 者の関係は式 (13.3) で与えられる[16]。

$$\log p = 7.07 - \frac{1190}{T} + \left(0.265 - \frac{294}{T}\right)n \qquad (13.3)$$

ここに，p は蒸気圧，T は温度〔K〕，n は重合度である。

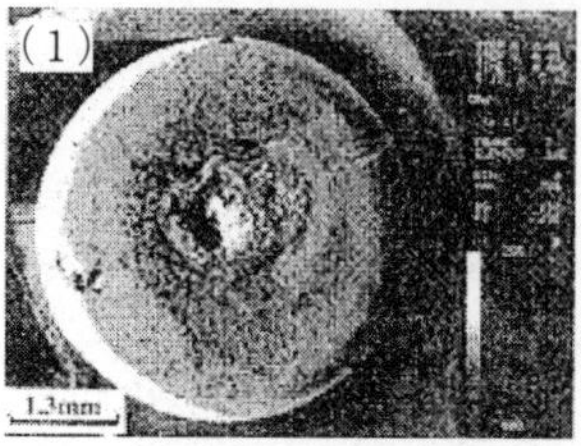

（1） 接触不良に陥ったマイクロリレー接触面の SEM 像

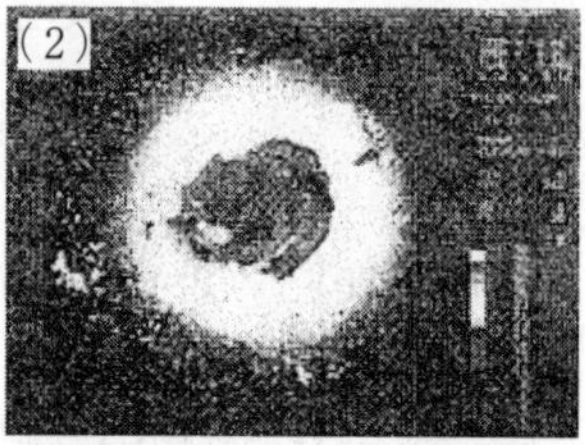

（2） SEM 像（1）に対する EPMA による Si 像

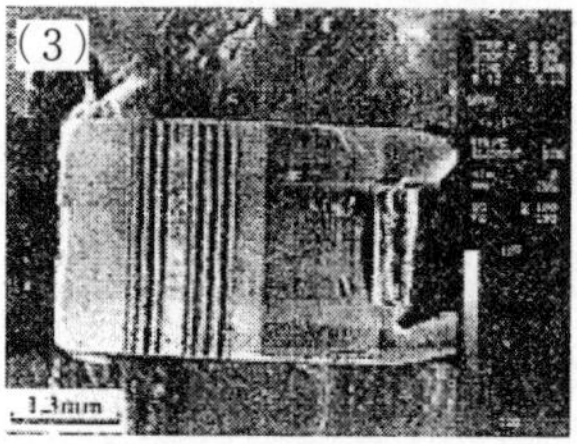

（3） 接触不良に陥ったマイクロモータ SEM 像

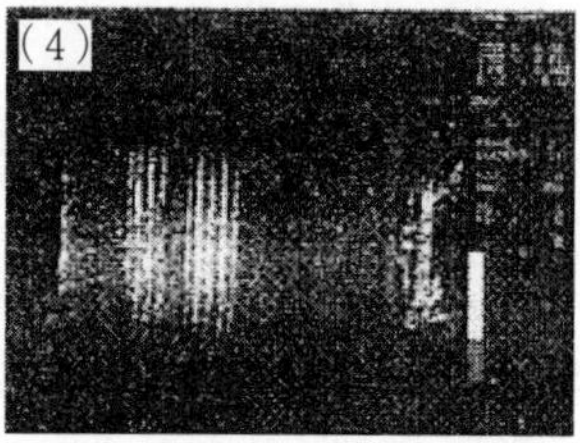

（4） SEM 像（3）に対する EPMA による Si 像

図 13.16　接触不良に陥った接触面に生じた SiO_2

安全限界濃度 10 ppm の値を用いて，1 分子当りの Si の数で校正した飽和蒸気圧を上式に代入すると，**図 13.17** に示す温度と重合度 n の関係が得られる。すなわち，重合度 n が 10 ppm の理論曲線より上の領域にあるシリコーンでは接触不良は生じないことになる。これに対して，重合度 n が 10 ppm の曲線より下の領域にあると，そのシリコーン飽和蒸気圧が 10 ppm より高くなるので，接触不良が発生することになる。また，室温（25 ℃）においては $n=7$ より重合度が高いことで揮発性が低く，接触不良を生じな

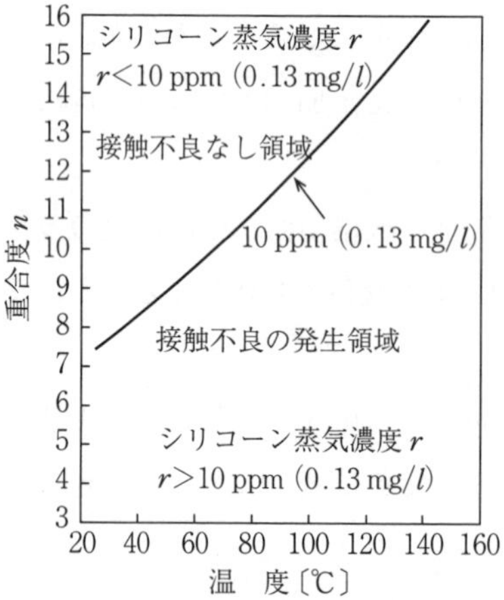

図 13.17　温度とシリコーンの重合度との関係（安全領域を示す。）

いシリコーンであるといえる[17)]。

13.5.2　シリコーン雰囲気中における接触抵抗特性に及ぼす開閉頻度の影響

上述のように，表面にシリコーン蒸気が吸着して単分子膜を形成するまでには時間がかかるので，リレーやスイッチのような開閉接触部では，開閉頻度が接触面へのシリコーン分子吸着膜の吸着量に影響することになる。吸着量が少なければ生成する SiO_2 の量も少なくなるので，接触不良になる程度が軽減される。そこで，開閉頻度を 0.05 ～ 20 Hz に変化させ，シリコーン濃度を 1 300 ppm と 7 ppm の 2 水準とした場合のマイクロリレー試験での結果を，接触不良までの時間と開閉頻度との関係にまとめたものを**図 13.18** に示す。すなわち，開閉頻度が低くなるほど接触不良発生までの時間が長くなり，開閉頻度が 4×10^{-5} Hz 以下になると，蒸気濃度に関係なくなることを示している[15)]。この交点は上述の開閉頻度で 220 回の開閉に対応する。このことは，図 13.12 に示した吸着シリコーン皮膜の厚さとシリコーン蒸気雰囲気における放置時間の関係のように，上述の記雰囲気中への放置が 800 時間以上になると，単分子膜が完成し，蒸気濃度に関係なく単分子膜が形成することと関係している。

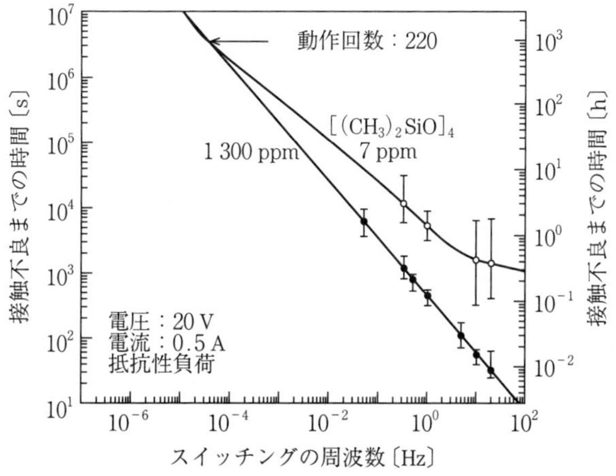

図 13.18　2 水準のシリコーン蒸気濃度に対する開閉頻度と接触不良に至るまで累積開放時間の関係

13.5.3 接触抵抗に及ぼす電気負荷条件の影響

リレーなどの開閉接触部に対するシリコーン蒸気の影響は，主として電気負荷条件とシリコーン蒸気濃度が挙げられる。開閉接触部の放電に関係する電気条件で，接触不良の発生する領域とそうでない領域のあることがすでに明らかにされている[1),4),5)]。接触不良の発生とそうでない領域を分ける電気条件と，シリコーン濃度の関係を小型リレーの開閉動作について調べた結果を**図 13.19** に示す。図において，シリコーン蒸気濃度は蒸気の飽和状態である 1 300 ppm と，接触障害が発生する限界といわれる 7 ppm の雰囲気で動作した場合について比較して示している。電気負荷条件としてつぎの 4 領域がある。すなわ

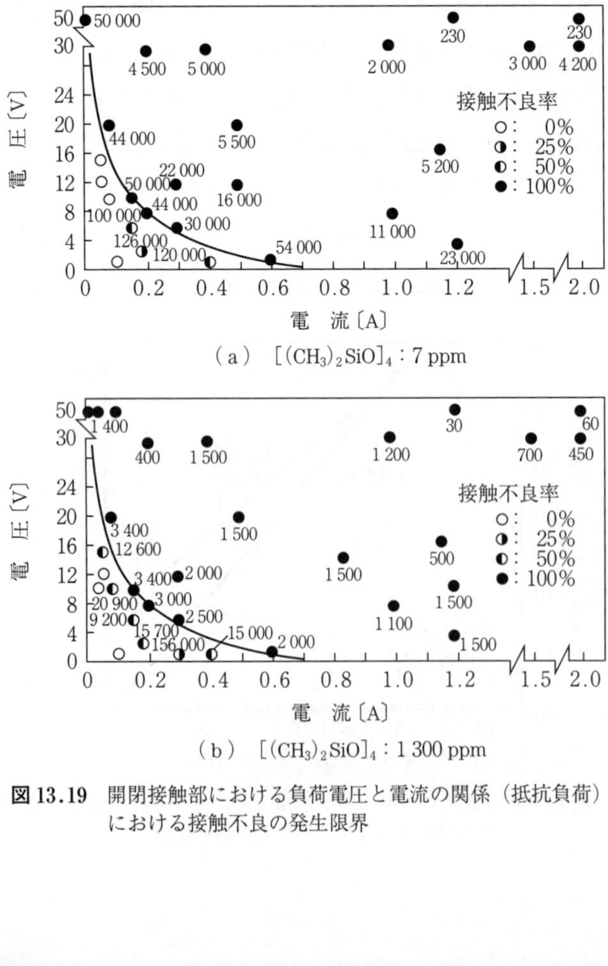

図 13.19　開閉接触部における負荷電圧と電流の関係（抵抗負荷）における接触不良の発生限界

ち，接触不良の発生と非発生を分ける電気条件は電力で明瞭に1.6 Wであって，この値はシリコーン濃度に影響されないことが示されている。境界電力1.6 Wは放電の状態と強く影響していると思われる。そこで，図13.19に示されている電気条件から放電条件などを区分してみるとつぎのようになる。その結果を**図13.20**に示す。すなわち，電圧電流値から分けてアーク放電領域，二つのマイクロアーク放電領域，およびブリッジ領域である。この図13.20に境界条件1.6 Wを重ねると，図のようにこの境界ラインは第1マイクロアーク領域と第2マイクロアーク領域，およびブリッジ領域を通ることがわかる。アーク領域は接触部金属の種類によって最小アーク電圧-電流特性が規定されるので，強い材料依存性がある。図13.20に示す特性では，ホルムによるAu最小電圧-電流特性を合わせて示してある。

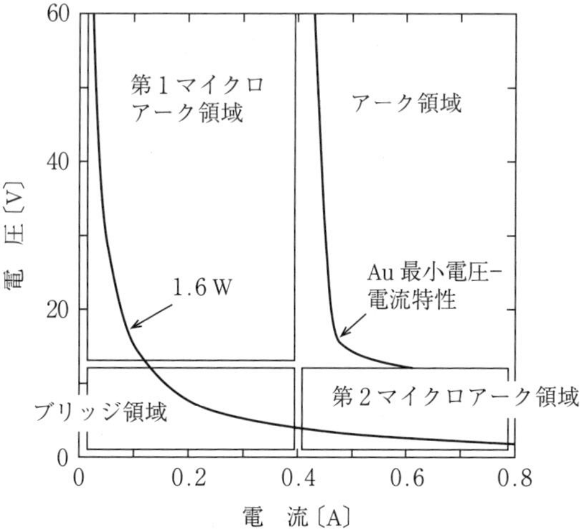

図13.20 抵抗負荷における電圧-電流特性における各放電条件〔Auの放電発生の最小電圧-電流特性と接触不良発生限界特性（1.6 Wライン）を示している。〕

このメカニズムはつぎのように考えられる。1.6 W以下の負荷条件では，吸着したシリコーン分子を熱分解するには十分な温度上昇が得られないということを意味する。例えば，SiO_2が生成したとしても，その量が微量であるため，開閉時の衝撃で機械的に除去されて，金属接触が得られ，低接触抵抗が維持できるということである。1.6 W 以上では放電が生じるので SiO_2 が発生し，接触不良は必ず生じている。したがって，ここで示した 1.6 W の安全限界ラインは接触力の大きい開閉機器では，生成した SiO_2 の破壊除去が活発に行われると考えられるので，もっと高い値へ推移することが予測される。また，Pt 族系の触媒作用のある接触部では，電流電圧を開閉しない機械的な動作だけでも SiO_2 が発生することが判明している。したがって，接触抵抗にその影響を及ぼすことになる。

13.5.4　接触痕跡における特徴

上述の開閉試験で得られた接触面の顕微鏡観察では，つぎの特徴のあることが判明した[18]。すなわち，**図 13.21** に示すように，シリコーン濃度に関係なく 1.6 W の安全ラインを境として接触痕跡の状態が著しく異なる。1.6 W の安全ラインより高い電気条件では，接触痕跡は図 13.21（c）のように黒化していることが特徴である。この成分は EPMA や XPS の分析で SiO_2 と C の混合物であることが判明した。1.6 W ライン以下の接触不良が生じない領域では図 13.21（a）のように，接触部の開閉によって変形した接触痕跡のみが認められ，低接触抵抗を示すことがわかる。これに対して，1.6 W ライン上の電気条件では，図 13.21（b）に示すように，接触部痕跡周辺に生成物の飛散が特徴的に認められる。この飛散は負荷の電圧や電流を変えても 1.6 W が保たれればつねに発生する。

つぎに，1.6 W ライン上でのその状況を**図 13.22** に 3 水準の負荷条件で示してある。このような特徴的な痕跡が生じる原因として，シリコーンの熱分解が放電によるものではなく，ジュール熱の発生が作用していると考えられる。図 13.5 に示したように，鎖状シリコーン分子の側鎖の CH_3 の酸化によって CHO となり，さらにこれの酸化によって OH が生じる酸化過程が存在し，これによってシリコーン分子は高温度にさらされた場合のような分解反応は生じず，単分子の重合化が生じることになる。つまり，吸着分子が重合化して生じたシ

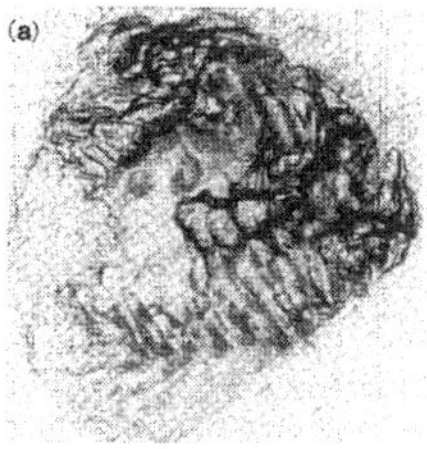

（a） 接触不良発生限界線以下の場合（0.08 A，10 V）

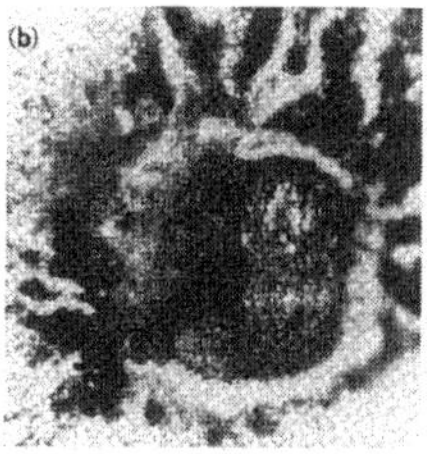

（b） 接触不良発生限界線上（0.2 A，8 V）

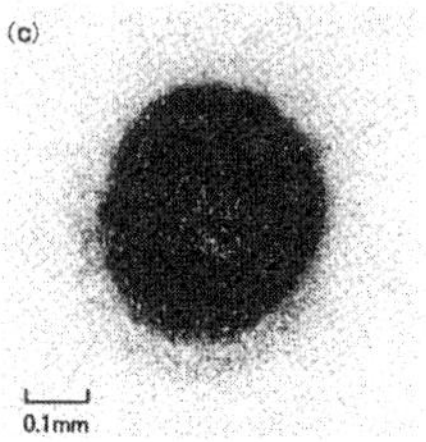

（c） 接触不良発生限界線以上の場合（0.5 A，20 V）

図 13.21 3種類の異なる負荷条件で開閉した後の接触面の顕微鏡像

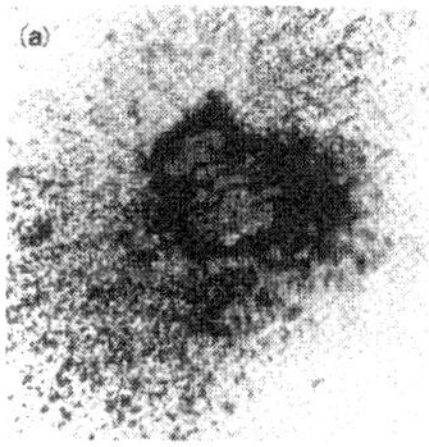

（a） 1.6 W ライン上の低電流（0.08 A，20 V）

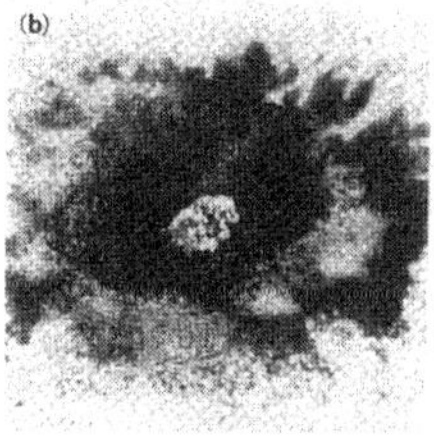

（b） 1.6 W ライン上の中電流（0.32 A，5 V）

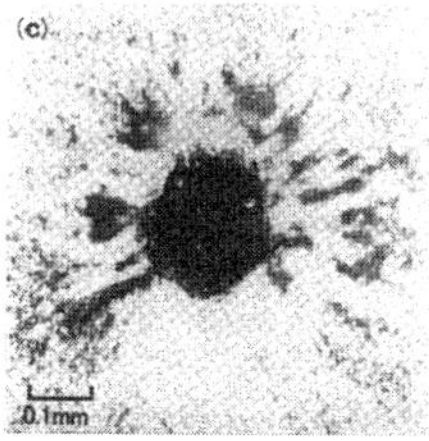

（c） 1.6 W ライン上の大電流（0.55 A，3 V）

図 13.22 異なる負荷条件による 1.6 W 安全限界ライン上の特徴ある痕跡像[19]

リコーン化合物が皮膜状に表面を覆うことになり，その皮膜が接触部に介在すると接触抵抗を上昇させることになる。さらに，1.6 W ライン上では金属ブリッジが切れても放電には至らず，ブリッジの切断による溶融金属の飛散に伴い，飛散パターンが生じると思われる[20]。

つまり，シリコーン蒸気の接触抵抗への影響は高温度による SiO_2 の生成とその接触部への介在が挙げられるが，このほかに低温での平衡状態で生じる鎖状シリコーン分子の側鎖の酸化と重合による高分子化したシリコーン生成物が接触部に介在することに起因する接触抵抗の増大が挙げられる。

13.5.5 フィールドデータと接触不良の発生限界 1.6 W ラインの相関性について

ここでは，シリコーン汚染による接触不良の発生限界の電圧電流ラインである 1.6 W が，ここで得られた負荷条件の電気条件以外のデバイスで 1.6 W ラインが成り立つか調査した。**図 13.23** に示す特性は，図 13.20 で小型リレーの抵抗負荷で得た 1.6 W の場合と同様なリレーの結果である。接触不良発生領域を 1.6 W ラインが横切っており，1.6 W ラインの成立を実証している。

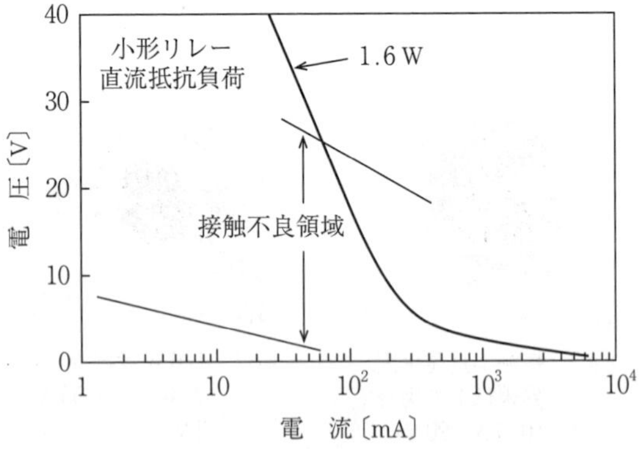

図 13.23　小形リレーの接触不良発生（抵抗負荷）のフィールドデータと 1.6 W ラインとの比較

リレーがケーブル負荷を開閉する場合を**図 13.24** に示す。接触抵抗が 1 Ω 以下の場合が 1.6 W 以下で生じており，1 Ω 以上の場合は 1.6 W 以上の領域で生じていて，この場合も 1.6 W ラインの存在を検証している。

さらに，自動ドアの開閉を制御するリレーでの不良の発生と正常の関係は，

図 13.25 に示すように，0.1 W 以下の領域で清浄で，このライン以上で接触不良が生じている。この場合の負荷条件は誘導性で，接触部の開離時に放電が生じやすいので，安全ラインは抵抗負荷の場合の 1/10 の 0.1 W となっている。

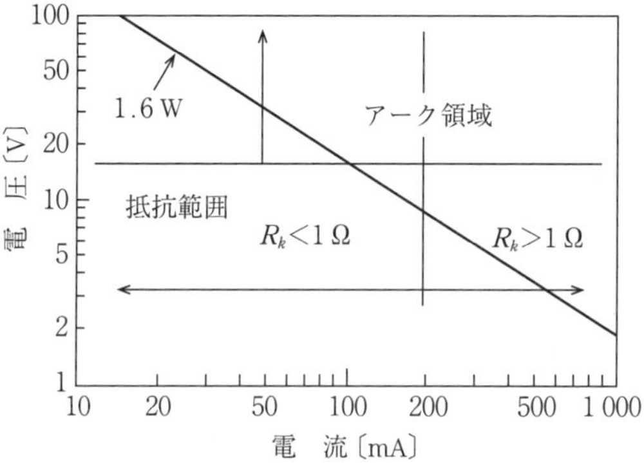

図 13.24　ケーブル負荷のリレーの不良発生と 1.6 W ラインとの比較

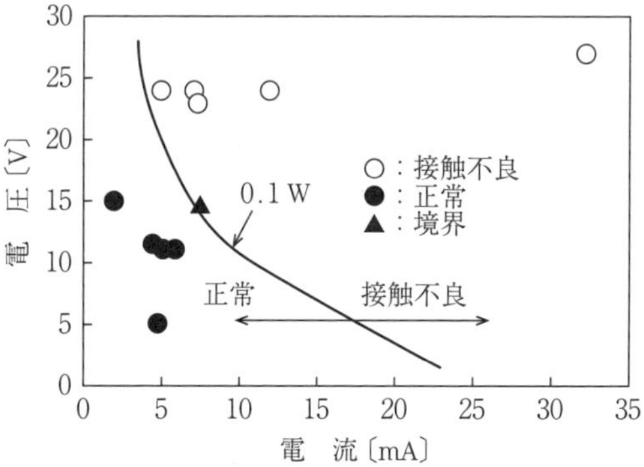

図 13.25　自動ドア関係のリレー（誘導性負荷）の不良とその発生限界ライン

13.6　ま　と　め

シリコーン製品は優れた特性からほかのもので置き換えることはなかなか難しい。本質的にはシリコーン汚染は避けられないが，揮発性の低分子量のシリコーンを加熱などにより除去するなど，その注意深い取扱いやシリコーン汚染のメカニズムを十分に理解したうえで取り扱えば，可能な限りシリコーン汚染は食い止められる。ここでは，新しい知見を交えてシリコーンの分解過程から，接触障害のメカニズムまでを詳しく解説した。

引用・参考文献

1）芳村　隆，伊藤貞則：シリコーン化合物の接触信頼性に与える影響，電子情報通信学会技術報告，**EMC76-41**（1976）

2）Kitchen, N. M. and Russell, A.：Silicone oils on electrical contacts-effects, sources, and countermeasures, IEEE Trans. Parts, Hybrids and Packaging, **PHP-12**, 1, pp.24-28（March 1976）

3）Ishino, M. and Mitani, S.：On contact failure caused by silicones and accelerated life test method, Holm Conf. Electrical Contacts, Twenty-Third Annual Meeting, Electrical Contacts 1977, pp.207-212（1977）

4）青木　武，及川　弘：金属接点に及ぼす Si ゴムからの発生ガスの影響，電子情報通信学会技術報告，**EMC79-42**（1977）

5）青木　武，及川　弘：シリコーンガス発生の接点への影響，昭 56 電子情報通信学会総合大会，148（1981）

6）Witter, G. J. and Leiper, R. A.：A comparison for the effects of various forms of silicone contamination on contact performance, IEEE Trans. Compon. Hybrids Manuf. Technol., **CHMT-2**, 1, pp.56-61（March 1979）

7）Witter, G. J. and Leiper, R. A.：A study of contamination levels measurement technics, testing method, and switching results for silicone compounds on silver arcing contacts, Proc. 38th IEEE Holm Conf. Electrical Contacts, Electrical Contacts 1992, pp.173-180（1992）

8）長峰長次，小宮龍夫：最近の生活環境変化がおよぼす接触部品への影響―ヘアートリートメントを中心に，電子情報通信学会技術報告，**EMC88-57**（1989）

9）高野栄介，佐藤秀信，斎藤智玲：ゴム接点のシリコーン皮膜の生成と接触抵抗特性，電子情報通信学会技術報告，**EMC89-14**（1989）

10）信越化学工業株式会社：技術資料―シリコーンによる電気接点障害の現状について

11）徳山義博，高見正利：シリコーン雰囲気中の接触抵抗に関する一考察，昭 50 電子情報通信学会全国大会，187，p.188（1975）

12）Tamai, T.：Formation of SiO_2 on contact surface and its effect on contact reliability, IEEE Trans. Compon. Hybrids Manuf. Technol., **CHMT-16**, 4, pp.439-441（June 1993）

13) 玉井輝雄：機構デバイスに及ぼすシリコーン汚染の影響とその対策，電子情報通信学会論文誌，**J86-C**，3，pp.219-228 (March 2003)

14) 玉井輝雄：シリコーン汚染とシリコーンの分解過程，電子情報通信学会技術報告，**EMD96-93** (1997)

15) Tamai, T.：Adsorption of silicone vapor on the contact surface and its effect on contact failure of micro relays, IEICE Trans. Electron., **E83-C**, 9, pp.1402-1408 (Sept. 2000)

16) Tamai, T. and Aramata, M.：Effect of silicone vapour contamination and its polymerization degree on electrical contact failure, IEICE Trans. Electron., **E79-C**, 8, pp.1137-1143 (Aug. 1996)

17) Eilcock, D. F.：Vapor pressure-viscosity relation in methylpolysiloxanes, J. Am. Chem. Soc., **68**, 4, pp.691-696 (1946)

18) Tamai, T.：Effect of silicone vapor and humidity on contact reliability of micro relay contact, IEEE Trans. Compon. Packaging Manuf. Technol. A, **19**, 3, pp.329-338 (Sept. 1996)

19) Tamai, T.：Peculiar pattern of SiO_2 contamination on the contact surface of a silicone vapor environment, IEICE Trans. Electron., **E82-C**, 1, pp.81-85 (Jan. 1999)

20) Tamai, T., Sawada, S., and Hattori, Y.：Manifold decomposition processes of silicone vapor and electrical contact failure, Proc. 26th Int. Conf. Electrical Contacts and jointly held with 4th Int. Conf. Reliability of Electrical Products and Electrical Contacts, Beijing, China, pp.261-266 (May 2012)

付　　　録

1 個の真の接触面についての集中抵抗の求め方

直交座標系から円座標へ変換するには，測座標定数が $h_1=1$，$h_2=r$，$h_3=1$ となるので，式 (3.3) は式 (付. 1) のように与えられる。

$$\nabla^2 V=\frac{\partial^2 V}{\partial r^2}+\frac{1}{r}\cdot\frac{\partial V}{\partial r}+\frac{1}{r^2}\cdot\frac{\partial^2 V}{\partial \phi^2}+\frac{\partial^2 V}{\partial z^2}=0 \qquad (付. 1)$$

$R(r)$，$\Phi(\phi)$，$Z(z)$ をそれぞれ r，ϕ，z のみの関数として，変数分離法を適用する。つまり，電位 V を $V=R(r)\cdot\Phi(\phi)\cdot Z(z)$ と仮定して，式 (付. 1) に代入する。両辺を $R\cdot\Phi\cdot Z$ で割ると

$$\frac{r}{R}\cdot\frac{d}{dr}\left(\frac{rd}{dr}\right)+\frac{r^2}{Z}\frac{d^2 Z}{dz^2}=-\frac{1}{\Phi}\frac{d^2\Phi}{\phi^2}$$

左辺は r，z の関数で，右辺は ϕ のみの関数であるので，n を分離定数として次式のように分離する。

$$\frac{-1}{\Phi}\frac{d^2\Phi}{d\phi^2}=n^2$$

$$\frac{r}{R}\frac{d}{dr}r\cdot\frac{dR}{dr}+\frac{r^2}{Z}\frac{d^2 Z}{dz^2}=n^2 \qquad (付. 2)$$

これを解くと，式 (付. 3) となる。

$$\Phi(\phi)=An\cos n\phi+Bn\sin n\phi \qquad (付. 3)$$

つぎに，式 (付. 2) の両辺を r^2 で割ると

$$\frac{1}{rR}\frac{d}{dr}r\cdot\frac{dR}{dr}-\frac{n^2}{r^2}=-\frac{1}{Z}\frac{d^2 Z}{dz^2}$$

となり，左辺は r のみの関数，右辺は z のみの関数となる。そこでさらに分離すると式 (付. 4) となる。

$$\frac{1}{Z}\frac{d^2 Z}{dz^2}=m^2$$

$$\frac{1}{rR}\frac{d}{dr}r\cdot\frac{dR}{dr}-\frac{n^2}{r^2}=-m^2 \qquad (付. 4)$$

式 (付. 4) を解くと式 (付. 5) を得る。

$$Z(z)=Ame^{mz}+Bme^{-mz} \qquad (付. 5)$$

ここで，式（付. 3）を書き換えると，式（付. 6）のようになる。

$$\frac{d^2R}{dr^2}+\frac{1}{r}\frac{dR}{dr}+\left(m^2-\frac{n^2}{r^2}\right)R=0 \qquad (付. 6)$$

この式（付. 6）は常微分方程式で，2 個の独立した式（付. 7）で示される解を持っている。

$$R(r)=Anm\,J_n(mr)+Bnm\,J_{-n}(mr) \qquad (付. 7)$$

ここに，$J_n(mr)$ はベッセル（Bessel）関数である。

したがって，$\nabla^2V=0$ の解は式（付. 8）のようになる。

$$V=\Sigma m\Sigma m\,\{Anm\,J_n(mr)+Bnm\,J_{-n}(mr)\}\cdot(An\cos n\,\phi+Bn\sin n\,\phi)\cdot(Am\,e^{mz}+Bm\,e^{-mz}) \qquad (付. 8)$$

さて，ここで話を円板状の接触面に話を戻すと，電界は z 軸について対象であるので，式（付. 8）において，$n=0$ となる。これを満足するためには，式（付. 3）から式（付. 9）が得られる。

$$\Phi(\phi)=Bm \qquad (付. 9)$$

つぎに，$z\rightarrow\infty$ で，$V=0$ となるので，式（付. 9）でこの関係を満たすには式（付. 10）でなければならない。

$$Z(z)=Bm\cdot e^{-mz} \qquad (付. 10)$$

さらに，z 軸上，$r=0$ で解が有限である。つまり，式（付. 8）で $n=0$ であるから，右辺第 1 項が作用することになり，式（付. 11）となる。

$$R(r)=A_0m\,J_0(mr) \qquad (付. 11)$$

したがって，式（付. 11）の解は接触部円板に対して式（付. 12）のようになる。

$$V=\int_0^\infty A(m)\cdot e^{-mz}\cdot J_0(mr)dm \qquad (付. 12)$$

ここで，$A(m)$ は未定関数である。この $A(m)$ を決定するために式（付. 13）に着目する。

$$\int_0^\infty\frac{\sin ax}{x}J_0(bx)dx=\sin^{-1}\left(\frac{a}{b}\right)\quad(b^2>a^2)$$
$$=\frac{\pi}{2}\qquad\qquad(b^2<a^2) \qquad (付. 13)$$

ここで，式（付. 13）を式（付. 14）と仮定してみる。

$$V=C\int_0^\infty\frac{\sin ma}{m}\cdot e^{-mz}\cdot J_0(mr)dm\quad(C\text{ は定数}) \qquad (付. 14)$$

$z=0$ における平面円板の電位は，式（付. 14）で $z=0$ とすればよく，式（付. 14）は式（付. 15）となる。

$$V=C\int_0^\infty\frac{\sin ma}{m}\cdot J_0(mr)\cdot e^{-mz}\cdot dm$$

$$=C\cdot\frac{\pi}{2}\quad(r^2<a^2)$$

$$=C\cdot\sin^{-1}\left(\frac{a}{r}\right)\quad(r^2>a^2)\tag{付. 15}$$

ここで，$C\cdot(\pi/2)=V_0$ とすれば，この V_0 は円板上の電位に対応する。

したがって，$C=(2/\pi)\cdot V_0$ より式（付. 14）は式（付. 16）のようになる。

$$V=\frac{2}{\pi}\cdot V_0\int_0^\infty\frac{\sin ma}{m}\cdot J_0(mr)dm\cdot e^{-mz}\cdot J_0(mr)dm\quad(z>0)\tag{付. 16}$$

z 方向の電界 E_z は式（付. 1）の $-(\partial V/\partial z)$ を求めればよいので，式（付. 17）のようになる。

$$E_z=-\frac{\partial V}{\partial z}=\frac{2}{\pi}\cdot V_0\int_0^\infty\frac{\sin mr}{m}\cdot e^{-mz}\cdot J_0(mr)dm\tag{付. 17}$$

また，円板の表面上で中心から r だけ離れた場所の電流密度は $-(1/\rho)\cdot(\partial V/\partial z)$ となるので，式（付. 14）より

$$-\frac{1}{\rho}\cdot\frac{\partial V}{\partial z}=\frac{2V_0}{\pi\rho}\int_0^\infty\frac{\sin mr}{m}\cdot J_0(mr)dm\cdot e^{-mz}\cdot J_0(mr)dm$$

$$=\frac{2V_0}{\pi\rho}\cdot\frac{1}{(a^2-r^2)^{1/2}}\quad(r<a)\tag{付. 18}$$

したがって，円板を通り抜ける全電流は式（付. 19）で与えられる。

$$I=\frac{2V_0}{\pi\rho}\int_0^a(2\pi rdr)/(a^2-r^2)^{1/2}$$

$$=\frac{4V_0a}{\rho}\tag{付. 19}$$

結果として，式（付. 19）より $R_c=(1/2)\cdot(\rho/2a)$，すなわち，一方の電極による半分の集中抵抗が求まる。

索　　　　引

【す】

【せ】

【そ】

【た】

【ち】

【つ】

【て】

【と】

【な】

【ね】

【は】

【ひ】

――著 者 略 歴――

1964 年　工学院大学電子工学科卒業
1979 年　東京大学工学博士
1983 年　兵庫教育大学大学院助教授
1987 年　兵庫教育大学大学院教授
2007 年　兵庫教育大学名誉教授
2007 年　三重大学大学院客員教授
2007 年　住友電装株式会社オートネットワーク研究所顧問
2011 年　エルコンテックコンサルティング代表
現在に至る

電気接触現象とその表面・界面 — 接触機構デバイスの基礎と応用 —
Electrical Contact Phenomena and their Surface and Interface
— Fundamentals and Applications of Electromechanical Contact Devices —

2019 年 5 月 23 日　初版第 1 刷発行　★

検印省略

著　者　玉《たま》　井《い》　輝《てる》　雄《たか》
発 行 者　株式会社　コ ロ ナ 社
代 表 者　牛 来 真 也
印 刷 所　萩 原 印 刷 株 式 会 社
製 本 所　牧 製 本 印 刷 株 式 会 社

112-0011　東京都文京区千石 4-46-10
発 行 所　株式会社　**コ　ロ　ナ　社**
CORONA PUBLISHING CO., LTD.
Tokyo Japan
振替 00140-8-14844・電話(03)3941-3131(代)
ホームページ　http://www.coronasha.co.jp

ISBN 978-4-339-00920-0　C3054　Printed in Japan　（大井）

	配本順			頁	本 体
C-8	(第32回)	音声・言語処理	広瀬啓吉著	140	2400円
C-9	(第11回)	コンピュータアーキテクチャ	坂井修一著	158	2700円
C-10		オペレーティングシステム			
C-11		ソフトウェア基礎			
C-12		データベース			
C-13	(第31回)	集積回路設計	浅田邦博著	208	3600円
C-14	(第27回)	電子デバイス	和保孝夫著	198	3200円
C-15	(第8回)	光・電磁波工学	鹿子嶋憲一著	200	3300円
C-16	(第28回)	電子物性工学	奥村次徳著	160	2800円
		展開			
D-1		量子情報工学			
D-2		複雑性科学			
D-3	(第22回)	非線形理論	香田徹著	208	3600円
D-4		ソフトコンピューティング			
D-5	(第23回)	モバイルコミュニケーション	中川正雄・大槻知明共著	176	3000円
D-6		モバイルコンピューティング			
D-7		データ圧縮	谷本正幸著		
D-8	(第12回)	現代暗号の基礎数理	黒澤馨・尾形わかは共著	198	3100円
D-10		ヒューマンインタフェース			
D-11	(第18回)	結像光学の基礎	本田捷夫著	174	3000円
D-12		コンピュータグラフィックス			
D-13		自然言語処理			
D-14	(第5回)	並列分散処理	谷口秀夫著	148	2300円
D-15		電波システム工学	唐沢好男・藤井威生共著		
D-16		電磁環境工学	徳田正満著		
D-17	(第16回)	VLSI工学 ―基礎・設計編―	岩田穆著	182	3100円
D-18	(第10回)	超高速エレクトロニクス	中村徹・三島友義共著	158	2600円
D-19		量子効果エレクトロニクス	荒川泰彦著		
D-20		先端光エレクトロニクス			
D-21		先端マイクロエレクトロニクス			
D-22		ゲノム情報処理			
D-23	(第24回)	バイオ情報学 ―パーソナルゲノム解析から生体シミュレーションまで―	小長谷明彦著	172	3000円
D-24	(第7回)	脳工学	武田常広著	240	3800円
D-25	(第34回)	福祉工学の基礎	伊福部達著	236	4100円
D-26		医用工学			
D-27	(第15回)	VLSI工学 ―製造プロセス編―	角南英夫著	204	3300円

定価は本体価格+税です。
定価は変更されることがありますのでご了承下さい。